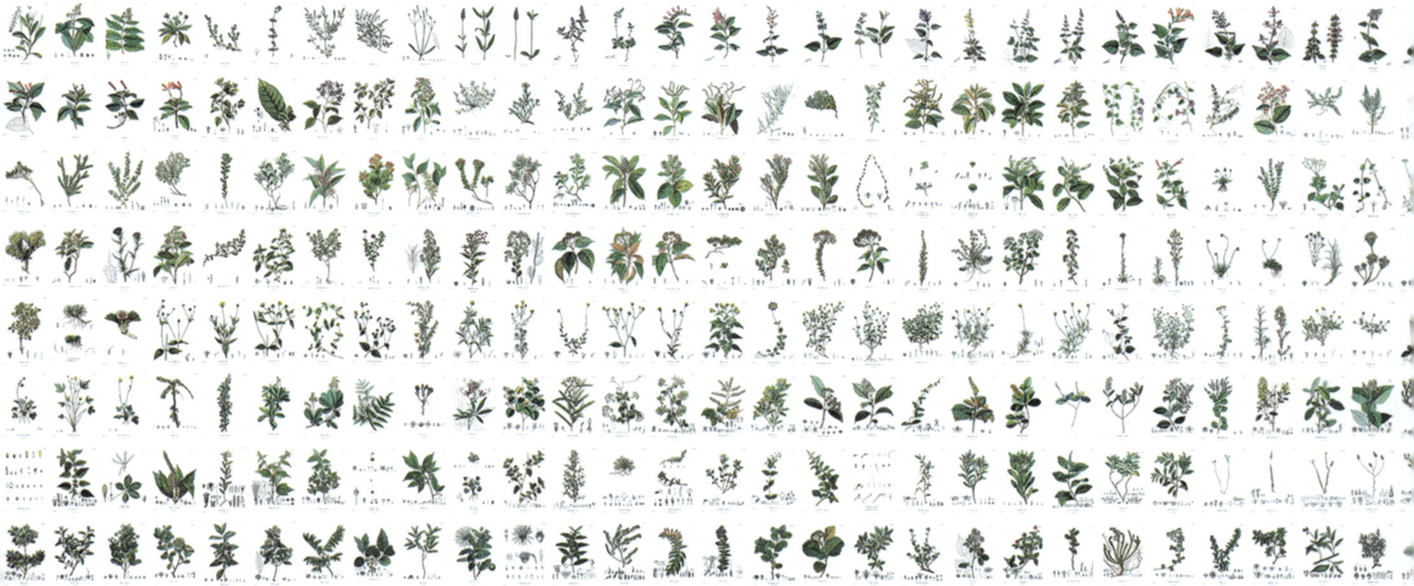

Oliver Lubrich, Adrian Möhl

Botanik in Bewegung

Mit herzlichem Dank an
Thomas Nehrlich, Sarah Bärtschi,
Flavia Castelberg, Markus Fischer,
Nicolas Küffer und Katja Rembold.

Oliver Lubrich & Adrian Möhl

BOTANIK IN BEWEGUNG

Alexander von Humboldt und die Wissenschaft der Pflanzen

Ein interdisziplinärer Parcours

Haupt Verlag

Oliver Lubrich ist Professor für Vergleichende Literaturwissenschaft an der Universität Bern. Er hat verschiedene Werke Alexander von Humboldts herausgegeben (z. B. *Zentral-Asien,* 2009) und ist Projektleiter der Berner Ausgabe von dessen *Sämtlichen Schriften* (2019). Darüber hinaus erforscht er u.a. die Zeugnisse internationaler Autoren aus Nazi-Deutschland (*Reisen ins Reich,* 2004).

Adrian Möhl studierte an den Universitäten Neuchâtel und Bern Pflanzensystematik und Biogeografie. Er ließ sich zum Wissenschaftlichen Zeichner weiterbilden und wirkte bei verschiedenen Buchprojekten als Illustrator mit (z. B. *Flora vegetativa*). Er ist Botaniker und Naturpädagoge und ausgezeichneter Kenner der mitteleuropäischen Flora (*Flora amabilis,* 2017).

Autoren und Verlag danken folgenden Institutionen für die finanzielle Unterstützung zur Herausgabe des Buches:
Lotteriefonds des Kantons Bern
Burgergemeinde Bern
Paul Schiller Stiftung

Der Schweizerische Nationalfonds (SNF) unterstützte die Ausstellung «Botanik in Bewegung» im Rahmen seines Programms «Agora».

Der Haupt Verlag wird vom Bundesamt für Kultur mit einem Strukturbeitrag für die Jahre 2016–2020 unterstützt.

1. Auflage 2019
Diese Publikation ist in der Deutschen Nationalbibliografie verzeichnet. Mehr Informationen dazu finden Sie unter http://dnb.dnb.de.

Projektleitung: Regine Balmer
Lektorat und Korrektorat: Frauke Bahle, Nicolas Küffer und Ute Koßmagk
ISBN: 978-3-258-08107-6

Printed in Germany
Gedruckt auf 100 % Recyclingpapier mit Blauem Engel

Inhaltsverzeichnis

Einladung zur Expedition 9

I Träumen 12

1. Fernweh 15
Berlin 1789

2. Bergbau 29
Freiberg 1791

3. Vorbereitung 41
Paris 1798

Bohon-Upas – der Javanische Giftbaum 22

Grottenbotanik oder warum Pilze keine Pflanzen sind 34

Aimé Bonpland – der Schattenbotaniker 44

II Beobachten 52

4. Drachenbaum 55
Teneriffa 1799

5. Tropen 67
Orinoco 1800

6. Wissenschaft als Kunst 81
Quindío-Pass 1801

7. Anden und Alpen 95
Quito 1802

8. Drogen 111
Guayaquil 1803

9. Die Vermessung der Welt 123
Havanna 1804

Der Kanarische Drachenbaum 60

Der Berliner in den Tropen und die Botanische Deutung eines Gemäldes 73

Die höchste Palme der Welt 86

Die Botanik kommt in Bewegung – Von der Linnéschen Taxonomie zu pflanzengeografischen Gebirgsprofilen 102

Niopo, Pfeilgift und Chinarinde – Humboldts Cocktails unter der botanischen Lupe 114

Cyanometer & Sextant – Messen mit Humboldt 127

III Auswerten 134

10. **Taxonomie versus Tableau** 137
Paris 1807

Linnés Botanik oder wie man vor lauter Bäumen den Wald kaum sieht 147

11. **Die andere Reise** 155
Sankt Petersburg 1829

Herbst, Gräser und Trockenheit – die zweite grosse Expedition 158

12. **Der andere Kosmos** 165
Tübingen 1845

Die Botanik bewegt sich weiter: Humboldt, Darwin und die Geburtsstunde der evolutionären Botanik 170

IV Nachwirken 176

13. **Kunst als Wissenschaft** 179
Chimborazo 1859

Im Herzen der Anden oder wie Wissenschaft die Malerei erobert 187

14. **Schattenseiten** 195
Islas Chinchas 1879

Guano – Fluch und Segen eines Mitbringsels 200

15. **Das zerstörte Herbarium** 207
Berlin 1943

Herbargeschichten 210

16. **Kultur und Popkultur** 217
Reinbek 2005

Humboldt heute – ein Gespräch am Pazifik 220

17. **Humboldts Pflanzen** 225
Bern 2019

Humboldtiella, Humboldtia und humboldtii 232

Epilog: Botanische Generationen 241

Humboldts Forschung in Zeiten globaler Erwärmung 243

Rückblicke und Aussichten 251

Endnoten 254
Abbildungsverzeichnis 260
Literaturverzeichnis 263
Register 271

RHINOCARPUS excelsus.

Turpin del. et direx.

De l'Imprimerie de Langlois.

« Là, tout n'est qu'ordre et beauté,
Luxe, calme et volupté. »

Charles Baudelaire (1857)[1]

Alexander von Humboldts amerikanische Reise (Karte von 1869)

Einladung zur Expedition

Folgen wir Alexander von Humboldt auf eine Expedition in die Natur! Erleben wir die Faszination botanischer Feldforschung. Und erfahren wir, wie sich das Verständnis unserer Umwelt dabei verändert. Begeben wir uns in die «Neue Welt» und nach Zentral-Asien – von Berlin und Paris zum Orinoco und auf den Chimborazo, nach Sibirien und zum Kaspischen Meer.

Während er seine Expedition vorbereitete, die spanischen Kolonien in Amerika bereiste und anschließend seine Beobachtungen auswertete, entwickelte Humboldt ein neues Verständnis der Natur und ein innovatives Programm der Botanik. Er ergänzte Linnés statische Taxonomie, die Pflanzen unabhängig von ihrer Umgebung erfasst und in ein abstraktes System einfügt, durch eine dynamische Pflanzengeografie, die sich für Wanderungen und Wechselwirkungen interessiert. Er verstand Pflanzen in geografischen und klimatischen, aber auch in historischen, kulturellen und wirt-

schaftlichen Zusammenhängen und verfolgte ihre weltweite Verbreitung. Humboldts maßgebende Leistung im Feld der Botanik besteht darin, sie im doppelten Sinn «in Bewegung» gesetzt zu haben: als Feldforscher und als Pflanzengeograf. Sein Naturbegriff ist, *avant la lettre,* ein ökologischer.

Dabei entwarf Humboldt grafische Darstellungsformen für seine wissenschaftlichen Befunde. Er inspirierte Maler zu einer Wiedergabe von Pflanzen und Landschaften, die ästhetisch und zugleich wissenschaftlich präzise war. Bei Humboldt wurde die Wissenschaft zur Kunst – und die Kunst zur Wissenschaft.

Als er 30 Jahre später seine zweite Weltreise nach Asien unternahm, gelangte der vielseitige Forscher, der zugleich Schriftsteller und Künstler war, zu einer weiteren weitreichenden Erkenntnis über unsere natürliche Umwelt. Er stellte fest, dass der Mensch die Natur durch seine Eingriffe großräumig und langfristig veränderte. Entwaldung und Verfeuerung, so beobachtete er, senken die Niederschlagsmenge und erhöhen die Temperatur, das heißt: Sie führen zu einem menschengemachten Klimawandel.

Wenn wir Alexander von Humboldts botanische Arbeiten in den Blick nehmen, können wir die Tätigkeit dieses ungewöhnlichen Forschers und Denkers entlang eines roten Fadens veranschaulichen. Dabei können wir einer Reihe von Fragen nachgehen: Wie ist Humboldts Leben als Pflanzenwissenschaftler zu verstehen? Wie lässt sich die lebenslange Faszination für Gewächse anhand seiner Schriften nachzeichnen? Welche pragmatischen Voraussetzungen und Bedingungen hatte Humboldts Botanik – auf seinen Reisen, in der Feldforschung, in Form seiner Herbarien und Sammlungen? Welche Rolle spielen dabei Botanische Gärten, als Inspiration und Archiv? Wie kooperierte Humboldt mit seinen Reisebegleitern und Kollegen? Wie studierte er Pflanzen und Landschaften in freier Natur? Welchen Pflanzen widmete er sich besonders? Welche Arten haben für ihn symbolische oder künstlerische Bedeutungen? Und welche Folgen haben seine Entdeckungen? Inwiefern denkt er Pflanzen nicht mehr individuell und isoliert, sondern in den Zusammenhängen ihrer Umwelt? Wie versteht er sie als Teil der Biosphäre, als Elemente von Ökosystemen? Wie lässt sich sein nach heutigem Begriff «ökologisches» Denken anhand seiner botanischen Studien begreifen? Inwiefern ist er in seinen Schriften, die zahlreiche pflanzenwissenschaftliche Gegenstände behandeln, als Botaniker neu zu entdecken? Welchen Anteil hat die Botanik als naturwissenschaftliche Leitdisziplin seiner Zeit an Humboldts fächerübergreifender Forschung? Und welchen Anteil hat Humboldt, indem er die Verbreitung der Arten beschreibt, bevor Darwin ihre Veränderung erfasst, an einem naturwissenschaftlichen Umdenken, am Übergang von der Inventarisierung der Natur zu ihrer Verzeitlichung? Viele dieser historischen Fragen eröffnen aktuelle Perspektiven auf Probleme der Biodiversität, des Klimawandels und des Artensterbens.

Humboldts *Schriften,* zu denen zahlreiche botanische Beiträge gehören, werden in der «Berner Ausgabe» 2019 erstmals gesammelt herausgegeben – zum 250. Geburtstag ihres Verfassers.[2] An ihnen können wir seine kontinuierliche Beschäftigung mit der Pflanzenwissenschaft über sieben Jahrzehnte nachvollziehen. Auf ihrer

Grundlage wurde Humboldts «Botanik in Bewegung» zum Gegenstand einer Ausstellung, die im Sommer 2018 im Botanischen Garten Bern ihre Premiere hatte und 2019 im Botanischen Garten und am Centrum für Naturkunde in Hamburg fortgesetzt wurde.[3]

Diese Ausstellung ist angelegt als ein Entdecker-Parcours – ebenso wie das vorliegende Buch. Wir begleiten Humboldt aus seiner Heimat Berlin (1789), wo sein Interesse an Pflanzen erwacht, zunächst in den Bergbau nach Freiberg (1791), wo er unterirdische Gewächse beobachten kann, und dann nach Paris (1798), wo er seine große Reise in die Tropen plant. Wir folgen ihm auf seiner Forschungsreise in die «Neue Welt» – über Teneriffa (1799) nach Südamerika, in die Urwälder des Orinoco (1800) und über die Anden (1801), auf den Chimborazo (1802), mit dem Schiff durch die Südsee (1803) und von Mexiko über Kuba (1804) und die USA schließlich zurück nach Europa. Hier wertet er seine Forschungsreise aus und veröffentlicht sein wegweisendes Werk über die *Geografie der Pflanzen* (1807).

Drei Jahrzehnte, nachdem er westwärts in See gestochen ist, bricht Humboldt nach Russland auf und gelangt quer durch Zentral-Asien bis zur chinesischen Grenze (1829). Die Ergebnisse seiner jahrzehntelangen Forschung fasst er schließlich zusammen im monumentalen *Kosmos* (1845) – und in dem ‹Anderen Kosmos› seiner verstreuten kleineren Schriften: Er beschreibt die ganze Welt in einem Buch und die ganze Welt in tausend Essays. Dabei beeinflusst er Künstler wie Frederic Edwin Church, der auf seinen Spuren die Anden malt (1859). Aber seine Forschung hat auch ungewollte Folgen, etwa die Ausbeutung des Guano, die eine ganze Region ruiniert (1879). Große Teile seines Herbariums werden im Krieg durch einen Bombenangriff zerstört (1943).

In den letzten Jahren kommt es zu einer «Wiederentdeckung» – Alexander von Humboldt ist in unserer Kultur heute so präsent wie kein anderer deutschsprachiger Wissenschaftler des 19. Jahrhunderts. Von ihm handelt der erfolgreichste deutsche Roman der letzten Jahrzehnte, Daniel Kehlmanns *Die Vermessung der Welt* (2005). Mit Humboldts Blick können wir unsere eigene Umwelt betrachten, die Pflanzen unserer Umgebung und die Natur unserer Gegenwart – sei es in Berlin, in Bern oder in Hamburg (2019), in den Tiefen des Bergbaus oder in den Höhen der Anden.

Aber beginnen wir bei seinen Anfängen, in Humboldts botanischer Jugend, bei seinen Träumen von exotischer Ferne und tropischer Vegetation.

I Träumen

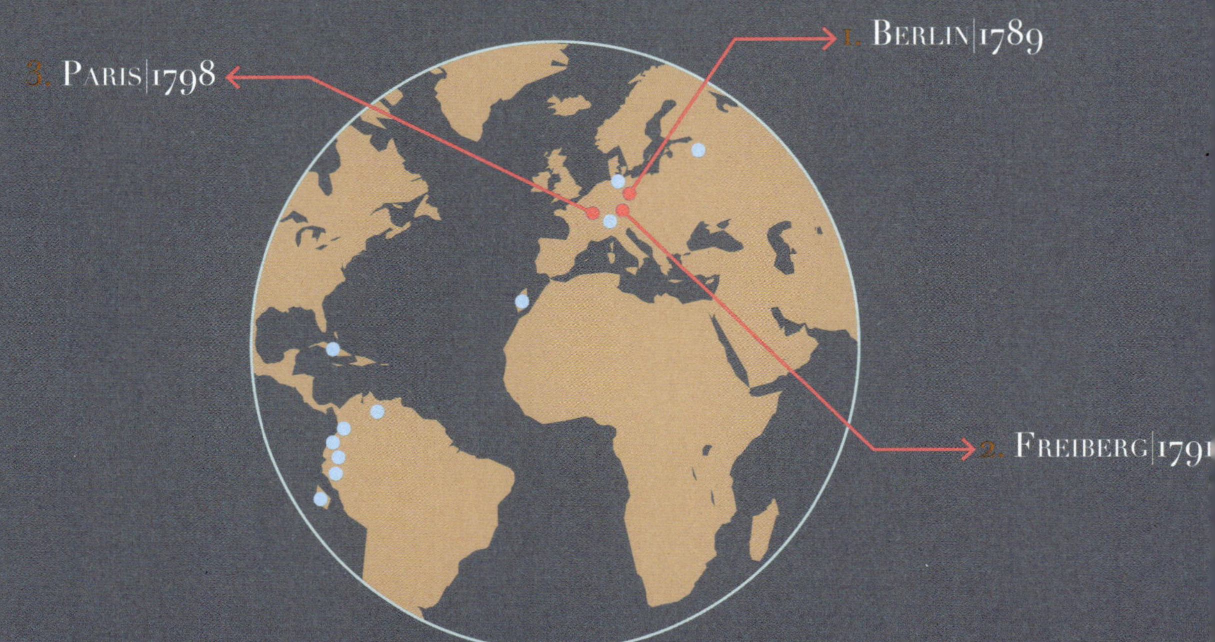

Tab. 203.

Turpin del. et direx.

TOURNEFORTIA fuliginosa.

De l'Imprimerie de Langlois.

“How does a person come to be interested in the exact height at which he or she sees a fly? How does he or she begin to care about a piece of moss growing on a volcanic ridge ten inches wide?”

Alain de Botton, *The Art of Travel*[4]

I. Fernweh

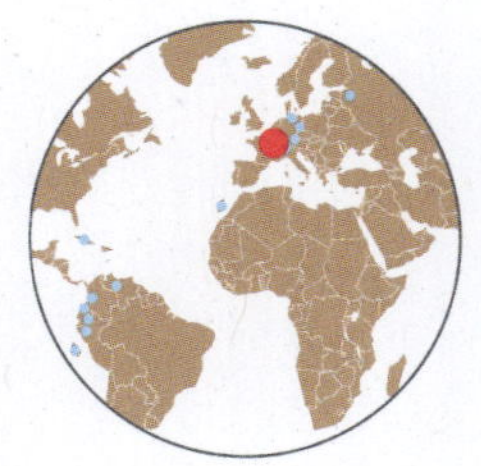

Berlin 1789

Wie wurde aus einem Berliner Aristokraten ein wissenschaftlicher Weltreisender? In seinem letzten Werk, *Kosmos,* erinnert sich der fast 80-jährige Alexander von Humboldt, was in der Jugend sein Reisefieber entfachte und ihn ursprünglich zum Naturstudium anregte. Der Drachenbaum, der ihn im Botanischen Garten in Berlin von allen Pflanzen am meisten faszinierte, wurde zu seinem Lebensbaum, mit dessen Untersuchung und Beschreibung er sich bis ins hohe Alter beschäftigt. So wirkmächtig ist Humboldts botanisches Erweckungserlebnis in seinen eigenen Worten:

> «Wäre es mir erlaubt eigene Erinnrungen anzurufen, mich selbst zu befragen, was einer unvertilgbaren Sehnsucht nach der Tropengegend den ersten Anstoß gab, so müßte ich nennen: Georg Forster's Schilderungen der Südsee-Inseln; Gemälde von Hodges die Ganges-Ufer darstellend, im Hause von Warren Hastings zu London; *einen colossalen Drachenbaum in einem alten Thurme des botanischen Gartens bei Berlin.* Die Gegenstände, welche wir hier beispielsweise aufzählen, gehörten den drei Classen von Anregungsmitteln an […]: der Naturbeschreibung, wie sie einer begeisterten Anschauung des Erdenlebens entquillt, der darstellenden Kunst als Landschaftmalerei, und *der unmittelbaren objectiven Betrachtung charakteristischer Naturformen.*»[5]

Worte, Bilder und Pflanzen, Literatur, Malerei und Gartenbau begreift Humboldt als «Anregungsmittel zum Naturstudium». Unter dieser Überschrift behandelt er sie im *Kosmos* auf 130 Seiten historisch – vom hebräischen, griechischen und römischen Altertum bis in seine Gegenwart. Literarische, künstlerische und landschaftsarchitektonische Inszenierungen von Pflanzen, so lautet seine These, sind immer schon als Keime, als Ansätze eines naturwissenschaftlichen Verständnisses lesbar. Und sie regen ihrerseits an zu einer weiteren Auseinandersetzung mit der Natur.

Dabei gibt es durchaus auch ein frühes Zeugnis, aus dem hervorgeht, dass Alexander von Humboldt als Kind offenbar nicht unbedingt immer schon ein begnadeter Botaniker war – zumindest kein geborener Freund der akademischen Taxonomie, der systematischen Erfassung

«Schloss Langeweil» in historischer Ansicht (um 1855)

der Arten. Ernst Ludwig Heim schreibt in seinem Tagebuch am 30. Juli 1781 über einen Besuch auf dem Schloss der Familie Humboldt lapidar: «Nach Tegel geritten und bei der Frau Majorin v. Humboldt zu Mittag gespeist; den jungen von Humboldt's die 24 Classen des Linné'schen Pflanzensystems erklärt, welches der Ältere sehr leicht faßte […].»[6] In einem Brief an Wilhelm Gabriel Wegener gesteht Humboldt 1789, dass ihn eine Lehnstuhl-Botanik, ohne Feldforschung, nicht interessiere: «in der Stube die Anfangsgründe der Botanik zu studiren, ohne unmittelbare Vergleichung mit der Natur, ist ein troknes, hyperlangweiliges Studium.»[7]

Zwei Jahre später jedoch bezeichnet sich Humboldt in einem Artikel bereits als «Pflanzenfreund», als «Botanophilus»,[8] aber in einem nachdrücklich anderen Sinn: Ihm geht es um die Beobachtung in der freien Natur.

Erste Erfahrungen im Botanisieren kann er auf dem Schloss seiner Familie sammeln, angeleitet und angeregt von Carl Ludwig Willdenow (1788). Dessen *Grundriß der Kräuterkunde* (1792) wird ein Kapitel zur «Geschichte der Pflanzen» enthalten,[9] in dem es um «die Wanderungen der Gewächse» und «ihre Verbreitung über den Erdball» geht[10] – eine Sichtweise, die für Humboldt wesentlich wird.

Die Ausbildung, die Humboldt in Tegel durch Privatlehrer erhielt, hat Rainer Simon im

Schloss Tegel heute

Spielfilm *Die Besteigung des Chimborazo* (1989) in einer melancholischen Szene als Jugenderinnerung in Sepia veranschaulicht. Hier studiert der junge Humboldt (gespielt von Jan Josef Liefers) die Natur seiner Heimat zusammen mit Willdenow (Peter Mohrdieck), doch in der repressiven Atmosphäre Preußens, im Zeitalter der Französischen Revolution, drängt es ihn in die Ferne.

Seinen *Ansichten der Natur* (1808) stellt Humboldt später ein Zitat von Schiller aus *Die Braut von Messina* (1803) voran, mit dem er der Erforschung der Natur eine politische Bedeutung gibt:

> «Auf den Bergen ist Freyheit! Der Hauch der Grüfte
> Steigt nicht hinauf in die reinen Lüfte,
> Die Welt ist vollkommen überall,
> Wo der Mensch nicht hinkommt mit seiner Qual.»[11]

Am Anfang des *Kosmos* (1845) schließlich fasst er diesen Gedanken in einer Sentenz:

> «Die Natur aber ist das Reich der Freiheit.»[12]

Die Natur, der Humboldt sich zuwendet, ist im doppelten Sinn «frei». Seine Forschungsreise in die Tropen wird auch zu einer Flucht aus der heimischen Enge in eine «Neue Welt».

Seine erste pflanzenwissenschaftliche Studie verfasst der junge Aristokrat indes noch nicht in der freien Natur, sondern am heimischen Schreibtisch: anhand der Zeugnisse weitgereister Forscher. Im Jahr 1789 erscheint – in der französischsprachigen *Gazette littéraire de Berlin* vom 5. und 12. Januar 1789, in zwei Teilen – Humboldts allererste Publikation, und zwar anonym und unter einem kryptischen Titel: *LETTRE À L'Auteur de cette Feuille; sur le Bohon-Upas, par un jeune Gentilhomme de cette ville.*[13] Der Essay hat die Form eines Schreibens *(Lettre)* an den Herausgeber *(Auteur de cette Feuille)*, Claude Étienne Le Bauld de Nans, das auf den 1. Januar 1789 datiert ist. Le Bauld de Nans war Hauslehrer bei den Humboldts.[14] Dass sich hinter dem namentlich nicht genannten «jungen Adeligen dieser Stadt», das heißt aus Berlin, tatsächlich Alexander von Humboldt verbirgt, wird durch einen Brief[15] und spätere Hinweise in seinen Schriften[16] belegt.

Historischer Lageplan des alten Botanischen Gartens in Berlin-Schöneberg im 19. Jahrhundert (1881)

«Der Drachenbaum von Orotava» in Humboldts *Ansichten der Kordilleren* (1813)

Humboldts erste Veröffentlichung: ein Aufsatz über den ostindischen Giftbaum «Bohon-Upas» (1789)

Der Bohon-Upas, mit dem sich der Text auseinandersetzt, ist ein angeblich meilenweit wirksamer Giftbaum im heutigen Indonesien, der seinerzeit als exotische Kuriosität diskutiert wurde.[17] Humboldt bezieht sich auf einen früheren Beitrag in der *Gazette littéraire de Berlin,* der so «Wundersames» berichtet habe, dass er nun die Forschung des schwedischen Botanikers Carl Peter Thunberg mitteilen möchte, der immerhin selbst Niederländisch-Ostindien bereist hatte. In seinem französischen Beitrag bespricht Humboldt dessen elfseitige lateinische Abhandlung über den «Makassarischen Giftbaum» (1788).[18]

Humboldts erste Publikation hat also einen pflanzenwissenschaftlichen Fokus. Doch schon hier verbindet er verschiedene Wissensgebiete: die Botanik (des Baums), die Chemie (seines Gifts) und die Medizin (der Gegenmittel), aber auch die Ethnologie (der Gewinnung des Gifts) und die Geschichte (seines Einsatzes als Waffe). Am Ende scheint Humboldts eigener Wunsch anzuklingen, selbst in die Tropen zu reisen: Der Artikel schließt mit dem Desiderat einer neuen Expedition. Und in der Tat setzt sich Humboldt in Amerika gut ein Jahrzehnt später nicht nur ethnografisch und naturwissenschaftlich, sondern auch empirisch-experimentell mit einem aus Pflanzen gewonnenen Pfeilgift auseinander: Curare.[19]

Ein Leitmotiv des Aufsatzes über den Bohon-Upas ist der Kolonialismus.[20] Gleich im ersten Satz kommt Humboldt auf exotische Länder zu sprechen: *«les Indes»,* das eigentliche Ziel des Kolumbus, gemeint ist hier Ostindien. Vergleichend zitiert er einen Bericht über den Umgang mit Gift bei den «Hottentotten». Er diskutiert Entdeckungs- und Forschungsreisen, welche die Erde erschließen und damit zu dem Prozess beitragen, den er ein halbes Jahrhundert später im *Kosmos* als «Geschichte der physischen Weltanschauung» beschreiben wird. Er kritisiert entschieden die Diskurse des Kolonialismus, vor allem «leichtgläubige» oder «irreführende» Reiseberichte und die Religion als Mittel der Herrschaft: «Die Priester» hätten ein «Interesse» daran, die Eingeborenen unmündig zu halten, schreibt Humboldt – und ergänzt durchaus polemisch, indem er sich auf Voltaire beruft: «Die Priester ändern sich auch unter dem Äquator nicht.» *(«les Prêtres ne changent pas de nature sous l'équateur.»)*

Der junge Autor geht auf die Geschichte der Eroberung ein (1670), als die Indigenen versuchten, den Europäern die Kenntnis des Baumgifts vorzuenthalten; und auf die folgenden Kolonialkriege, bei denen sie es als Waffe einsetzten. Die Holländer wappneten sich dagegen mit lederner Schutzkleidung. Ihren Verwundeten verabreichten sie «menschliche Exkremente» als «Brechmittel». Das bedeutet, die Europäer fraßen in der Kolonie buchstäblich Kot. Nachdem Humboldt in seinem Artikel zuvor die Gier nach Gold erwähnt hat, ist kein weiterer Kommentar nötig.

Als Erklärung für die mysteriöse Wirkung des Giftbaums bietet Humboldt eine pflanzengeografische Hypothese an, die tendenziell sogar evolutionsbiologisch ist: Nicht der Baum zerstöre alles um sich herum, sondern er habe sich womöglich an eine besonders karge Umwelt nur angepasst.

> «Il y a bien à douter encore si la stérilité dont tous les Auteurs font mention, est attribuée à juste titre aux exhalaisons vénéneuses du *Boa-Upas*. Il se peut fort bien que cet arbre se plaise dans un sol duquel aucune autre plante ne pourrait tirer sa nourriture. Un Genévrier solitaire qui croît dans la fente d'un rocher ne prouve sûrement pas qu'il opprime toute végétation autour de lui.»[21]

> («Man darf daran zweifeln, daß die Unfruchtbarkeit, die alle Autoren erwähnen, zu Recht den giftigen Ausdünstungen des *Boa-Upas* zugeschrieben wird. Es kann gut sein, daß dieser Baum sich in einem Boden wohlfühlt, aus dem keine andere Pflanze ihre Nahrung ziehen könnte. Ein einsamer Wacholderstrauch, der in einer Felsspalte wächst, beweist ganz sicher nicht, daß er jede Vegetation um sich herum unterdrückt.»)

Humboldts Interesse für den Bohon-Upas ist damals nicht singulär, es zeigt im Gegenteil sein Gespür für ein aktuelles Thema, das mythologische, poetische und sogar politische Deutungen zulässt. Zur selben Zeit behandelt Erasmus Darwin den Bohon-Upas in seinem Naturgedicht *The Loves of the Plants* (1789).[22]

> «Fierce in dread silence on the blasted heath
> Fell Upas sits: the Hydra-Tree of Death.»
> (Canto III, Verse 238–239)

Darwin beschreibt die Natur mit dem doppelten Blick des wissenschaftlichen Aufklärers und des romantischen Dichters. Die Allegorie vom Giftbaum, der alles Leben bis auf jenes der Schlangen in seiner Nähe vernichtet, wird zu einer Szene des *Gothic Horror*, aber Darwin versieht sie auch mit einem Apparat gelehrter Anmerkungen: mit einer Fußnote, einer Quellenangabe und einer 20-seitigen Endnote, in der er auf Thunberg eingeht. Sein eigentümlich literarisch-wissenschaftliches Werk erscheint auf Französisch im Jahr VIII der Revolution in Paris, wo Humboldt soeben seine Reise in die Tropen vorbereitet hat.[23] Die Ergebnisse dieser Reise wiederum sollten den Enkel von Erasmus Darwin entscheidend anregen: Charles Darwin.

Bohon-Upas – der Javanische Giftbaum

(Antiaris toxicaria)

Der allererste Aufsatz von Humboldt ist also die botanische Schrift zum Javanischen Giftbaum *(Antiaris toxicaria)* – eine Lektüre, die nicht nur vergnüglich ist, sondern auch einiges über den gerade einmal 19-jährigen Humboldt aussagt. Dieser Baum, der Maler und Dichter zu romantischen Schwärmereien und gruseligen Fantasien anregte, war zu Humboldts Zeit viel mehr ein Mythos, als dass man botanisches Wissen über ihn hatte.

Humboldt weist ganz zu Beginn seiner Abhandlung über den Bohon-Upas darauf hin, dass sich alles, was über diesen Baum geschrieben wurde, unglaublich anhört. So unglaublich, dass man die Geschichte für eine Fabel halten könnte. Dennoch scheint er zumindest Teilen der Legenden, die man über den Baum erzählt, Glauben zu schenken. Als wichtige Quelle nennt der junge Humboldt die Schrift des berühmten Botanikers Carl Peter Thunberg. Eine verlässliche Quelle, so mag man meinen, denn Thunberg war ein Schüler des großen Botanikers Carl von Linné und Humboldt ein Vorbild.

Ein schrecklich giftiger Baum

In Humboldts Bericht über den Bohon-Upas erfahren wir Unglaubliches: Der Baum wachse mit Vorliebe in dürren Landstrichen und sei derart giftig, dass er alles um sich herum vergifte und so in eine Wüste verwandele. Je nach Quelle tötet der Baum vieles oder gar alles in seiner unmittelbaren Umgebung, und diese Todeszone kann mehrere Meilen weit reichen. Gerade weil diese Angaben so unterschiedlich sind, spürt man bei Humboldt eine deutliche Skepsis. Er weist den Leser darauf hin, dass man ja auch bei einem Wacholder, der in einer

«Der Javanische Giftbaum sei so giftig, dass er alles um sich vergifte.» Dieser Stich aus dem 18. Jahrhundert zeigt eine Szene nach dem Bericht des holländischen Arztes Foersch, bei der ein Verurteilter den todbringenden Saft des Baumes sammelt.

Felsspalte gedeiht, behaupten könnte, er vergifte alles um sich, dabei gelingt es diesem Überlebenskünstler einfach, in einer sehr unwirtlichen Umgebung zu gedeihen. Mit einem Vergiften der Umgebung hat das herzlich wenig zu tun!

Eine erstaunliche Erkenntnis für eine Zeit, in welcher der Gedanke der Ökologie noch nicht einmal annähernd formuliert ist und sich niemand mit den Lebensbedingungen einzelner Pflanzen befasst hat. Humboldt wägt die Möglichkeit einer Allelopathie (ein Vergiften der Nachbarpflanzen) gegen eine Reaktion auf die Wuchsbedingungen ab: Vergiftet der Baum wirklich seine Umgebung – oder wächst er einfach an einem Ort, wo sonst kein anderer zu wachsen vermag?

Die Ausdünstungen des Giftbaumes sollen so stark sein, dass sogar die Vögel tot von den Bäumen fallen – dieser Mythos hat auch den Zeichner dieser Abbildung beflügelt.

Trotz aller Vorbehalte scheint die ungeheuerliche Giftigkeit des Baums auf Humboldt eine Faszination auszuüben: Berichte über Vögel, die verenden, sollten sie sich ins Geäst des Baumes verirren, gibt er unkritisch weiter. Fabelhaft ist auch der Bericht über eine Giftschlange, der es als einzigem Wesen unter dem tödlich giftigen Baum behaglich sei und die zudem wilde Hahnenschreie von sich gebe. Hier scheint der sonst so sachliche Humboldt selbst ganz wunderbar zu fabulieren oder zumindest die ihm zugetragenen Fabeln wiederzugeben.

DIE BOTANIK DES TODES

Nüchtern botanisch betrachtet, ist der Bohon-Upas ein Vertreter der Gattung *Antiaris* in der Familie der Maulbeergewächse (Moraceae). Diese Familie ist in Mitteleuropa kaum verbreitet und hier nur bekannt, weil wir die süßen Früchte der Feige *(Ficus carica)* genießen oder die Birkenfeige *(Ficus benjamina)* als Zimmerpflanze schätzen. Maulbeerbäume, ursprünglich aus Westasien stammend und zu Beginn des 20. Jahrhunderts zur Seidenraupenzucht angepflanzt, sind heute in Mitteleuropa weitgehend wieder verschwunden. Die Familie umfasst weit über 1.000 Arten, die sich auf 40 Gattungen verteilen. Maulbeergewächse finden sich fast auf der ganzen Welt, ihre Hauptverbreitung liegt aber insbesondere auf den tropischen Inseln Asiens.

Eine wissenschaftliche Illustration des Javanischen Giftbaums von Karl Ludwig Blume.

Der immergrüne Javanische Giftbaum *(Antiaris toxicaria)* kann eine stattliche Höhe von 40 Metern erreichen und ist die einzige Art seiner Gattung. Monospezifische Gattungen, also solche, die nur eine Art umfassen, stehen in der Evolutionsgeschichte meist isoliert. Zum Javanischen Giftbaum sind verschiedene Unterarten beschrieben worden, die je nach Quelle auch als eigenständige Arten betrachtet werden. Mit seinem hellgrauen Stamm und der regelmäßigen gerundeten Krone hat er überhaupt nichts Unheimliches an sich. Die Darstellungen in alten Reiseberichten und romantischen Schriften haben denn auch gar nichts mit dem wirklichen Baum zu tun.

Es handelt sich um eine getrenntgeschlechtliche, einhäusige (also *monözische*) Art. Dies bedeutet, dass sich beim Giftbaum rein männliche und rein weibliche Blüten auf der gleichen Pflanze befinden. Werden die unscheinbaren Blüten befruchtet, so trägt der Baum kleine, rote oder purpurfarbene Steinfrüchte. Die Früchte des Giftbaums sind keineswegs unbeliebt, wie man aufgrund des Namens meinen könnte – Vögel, Fledermäuse, Flughunde und Affen streiten sich darum, und fallen die Früchte zu Boden, so werden sie auch gerne von Antilopen und nicht zuletzt von Menschen verzehrt. Meist werden die Samen von verschiedenen Tieren weitergetragen, was das große Verbreitungsgebiet dieser Art erklärt.

Links: Ein Riese im Pflanzenreich: Der Javanische Giftbaum wird über 40 Meter hoch, einige Individuen werden sogar 60 Meter hoch!

Rechts oben: Aus dem weißen Latex im Stamm wird durch Einkochen ein Pfeilgift hergestellt.

Rechts unten: Die Blätter des Javanischen Giftbaums werden bis 20 Zentimeter lang und weisen eine deutliche Nervatur auf.

Das Verbreitungsgebiet des Javanischen Giftbaums umfasst beinahe die gesamten Tropen der alten Welt (Asien und Afrika sowie die tropischen Gebiete Australiens). Der deutsche Name, der den Baum mit der indonesischen Insel Java assoziiert, ist also eher irreführend. Bohon-Upas, was nichts anderes bedeutet als «giftiger Baum», ist da treffender. Während eine besonders angepasste Form eher in Savannenland zu finden ist, bevorzugen zwei andere Varietäten feuchte Wälder. Der Bohon-Upas ist in der Forstwirtschaft beliebt, weil er einerseits schnell wächst und andererseits ein festes und doch leichtes Holz liefert. Sein spezifisches Gewicht entspricht dem des Balsaholzes. Es wird oft für Furnier verwendet. Aus den Fasern des Baumes soll auch Bast und sogar Kleidung hergestellt worden sein.

EIN KÖRNCHEN GIFTIGER WAHRHEIT

Warum hat ein Baum mit so vielen nützlichen Eigenschaften die dunklen Fantasien von Dichtern, aber auch von Musikern und Kinderbuchautorinnen dermaßen beflügelt? Handelt es sich dabei nur um Lügenmärchen und Fabelgeschichten?

Die Giftigkeit von *Antiaris toxicaria* ist unbestritten. Sein Milchsaft enthält zwei Glykoside, die zum Herzstillstand führen. Weil der Tod schnell eintritt, wurde der Milchsaft von den Ureinwohnern im malaiischen Archipel als Pfeilgift eingesetzt. Im Javanischen bedeutet «upas» nicht nur Gift, sondern auch Pfeilgift.

Die erstaunlichen Geschichten über die angeblichen Giftdämpfe, die der Baum abgeben soll, gründen auf den Erzählungen des holländischen Arztes John Nichols Foersch, der als Erster 1753 darüber berichtete und seine Ausführungen mit allerhand Schauerelementen ausschmückte. Auf diese erste Erzählung bezog sich Thunberg, und ihm folgte Humboldt. Die Idee von einem Baum, dessen Dämpfe derart giftig seien, dass Vögel bei einem Überflug stürben, und die alles Leben in seiner Umgebung auslöschten, mit Ausnahme giftiger Schlangen, hat etwas Faszinierendes, das viele Künstler schauerromantisch in den Bann zog. Mit der botanischen Realität allerdings haben diese Geschichten wenig zu tun.

«Ich erstaune täglich über den Reichthum unterirrdischer Vegetation.»

Alexander von Humboldt (1791)[24]

2. Bergbau

Freiberg 1791

Seine ersten wissenschaftlichen Beiträge zur Botanik, die auf eigene Beobachtungen in der Natur zurückgehen, leistet Humboldt an einem ungewöhnlichen Ort: unter Tage. Er denkt Pflanzen vom Extrem her: ohne Sonnenlicht. Das heißt, was man damals für Pflanzen hielt. Denn es geht eigentlich um Pilze und Flechten.

Im Sommer 1791 nimmt Humboldt das Studium an der Bergakademie Freiberg in Sachsen auf. Anschließend wird er im Frühjahr 1792 zum Assessor im preußischen Bergdepartement ernannt. In den folgenden Jahren durchläuft er die Karriere im preußischen Bergbau – mit Beförderungen zum Oberbergmeister (1792) und Oberbergrat (1795). Nach dem Tod seiner Mutter scheidet er Ende 1796 aus dem Dienst aus, um eine außereuropäische Forschungsreise vorzubereiten.

Seine Tätigkeit im Bergbau führte Humboldt unter die Erde – zur Höhlenbotanik. Hier hat er die Gelegenheit, unterirdische «Pflanzen» zu studieren, *plantas subterraneas*. Wie können Gewächse ohne Sonnenlicht gedeihen? Warum haben sie auch ohne Licht eine grüne Farbe? Die Ergebnisse dieser Forschung veröffentlicht er in mehreren Aufsätzen.[25] «Die unterirdische Vegetation, die ich hier fast täglich zu beobachten Gelegenheit habe, zeigt mir», wie er in einem Artikel mitteilt, «daß einige Pflanzen auch ohne Sonnen-

53

VI.

Plantas ſubterraneas deſcripſit Fr. A. ab Humboldt.

— *iuuat integros accedere fontes. Lucret.*

Plantas cryptogamicas Fribergenſes enumeraturus, ea quæ de algis fungisque ſubterraneis quibusdam ſedulo obſervavi antequam Floræ ipſius Prodromus typis mandatus fuerit, in lucem proferre volui, non ingratum id fore Botanices ſtudioſis ratus.

1. Lichen verticillatus, *filamentoſus, pendulus, ramis omnibus verticillatis, teretibus, glabris, intus tomentoſis.*

Hab. (*) copioſiſſime auf Kurprinz Fr. Auguſt Erbſt. zu Grosſchirma (im Stroſſenbau unter der 3ten Gezeugſtrecke 10 Lr. vom Treibſchacht gegen Oſt) Nuperrime quædam ſpecimina legi auf Seegen Gottes u. Herz. Auguſtus Fdgr. (im Joh. Georgs Stoln) & auf Krieg und Frieden Fdgr. (im Thurmhöfer Hülfs-Stoln, wo der Donather ſpat überſetzt.)

Synonim. nullum inueni.

Diagn. Planta longitulinis vncialis — quatuor pedum, pendula, cinereo-fusca, aqua irrigata nigra, ramoſiſſima, ramis omnibus verticillatis, latitudinis 2-5 linear. teretibus, glabris, quandoquidem anaſtomoſantibus. Specimina ſicca valde fragilia dum vruntur crepitant, quod Cele-

*) Omnem quam potui curam in ſtationibus plantarum rite iudicandis contuli, quum mea aliorumque experientia edoctus ſciam, quamlibet fere algae ſpeciem per longum temporis ſpatium vno eodemque loco provenire. Hinc ſpero fore, ut quisquis in poſterum cuniculos noſtros peruagetur, plantas a me deſcriptas ſine moleſtia inueniat.

Wissenschaftliches Latein: «Friedrich Alexander von Humboldt hat unterirdische Pflanzen beschrieben» (1792)

licht grün und hauptsächlich bunt gefärbt sind.»[26] Humboldt erklärt seine Begeisterung für dieses eigenartige Phänomen: «das Grünwerden der Pflanzen in athmosphärischer Luft beym bloßen Lampenschein u.s.f.» sei «ein so wichtiger Theil der Naturkunde, dem ich alle meine künftige Muße unablässig zu widmen gedenke».[27]

Seine erste «pflanzenwissenschaftliche» Monografie veröffentlicht Humboldt auf der Grundlage dieser Studien über die Freiberger Bergwerksflora: *Florae Fribergensis specimen* (1793).[28] Er widmet sie Carl Ludwig Willdenow. In ihrem ersten Teil, «Plantae cryptogamicae», beschreibt er Flechten und Pilze, «Algae» und «Fungi»; im zweiten Teil entwirft er allgemeinere Thesen, «Aphorismi», zur Physiologie, aber auch zur Philosophie der Gewächse. Diese *Aphorismen* erschienen ein Jahr später auch in deutscher Übersetzung.[29] Ihre «Vorrede» beginnt mit einer programmatischen Distanzierung von Linné: Auch wenn dieser durchaus «etwas mehr» gewesen sei «als ein bloßer Systematiker», so habe er doch «den nachtheiligen Einfluß auf das Studium der Naturgeschichte» gehabt, dass diese auf «Klassification und System» verengt wurde.[30] Der Gegensatz von Systemdenken und Erfahrungswissen

Die Bergakademie in Freiberg, historische Darstellung

Die Bergwerke von Freiberg (1802)

beschäftigt Humboldt in vielen seiner Jugendschriften. Dagegen setzt er ein breiteres und interdisziplinäres Verständnis der Botanik, das gleich im ersten Satz von der Vorstellung ausgeht, «die Natur mit *einem* Blick» zu umfassen.[31] Aus empirischen Beobachtungen und experimentellen Befunden entwickelt er theoretische Überlegungen.[32]

«Ich zeichne die neuen Species ab», berichtete Humboldt schon 1791.[33] Das Werk *Florae Fribergensis specimen* enthält seine ersten botanischen Illustrationen, die zugleich seine ersten publizierten Grafiken überhaupt sind: insgesamt 19 nummerierte Motive auf vier Bildtafeln.[34] Unter den Darstellungen ist ein Vermerk hinzugesetzt, der ihn als Zeichner ausweist: «A. de Humboldt. del. Frib. 1791» (oder «1792»), das heißt: «Alexander de Humboldt delineavit Friberga 1791», «gezeichnet von Alexander von Humboldt in Freiberg 1791» (oder «1792»); «Capieux. sculps. 1792», «Capieux sculpsit 1792», «gestochen von Capieux 1792».

Sein Interesse an Pflanzen wird Humboldt vom Inneren der Erde auf die Hänge der Anden führen – und von Schloss Tegel an die Südsee.

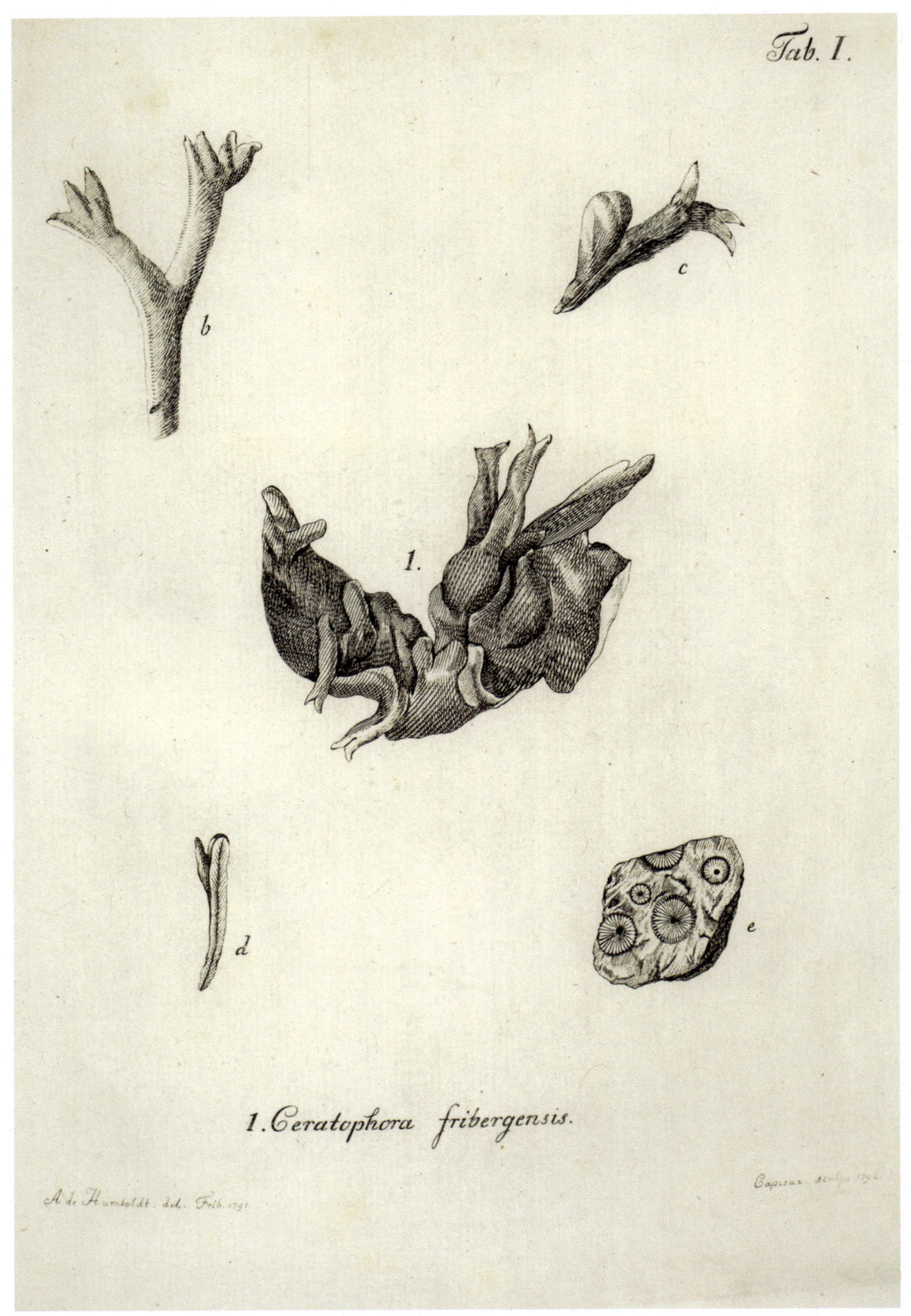

Florae Fribergensis specimen (1793), Tafel I, nach einer Zeichnung von Humboldt

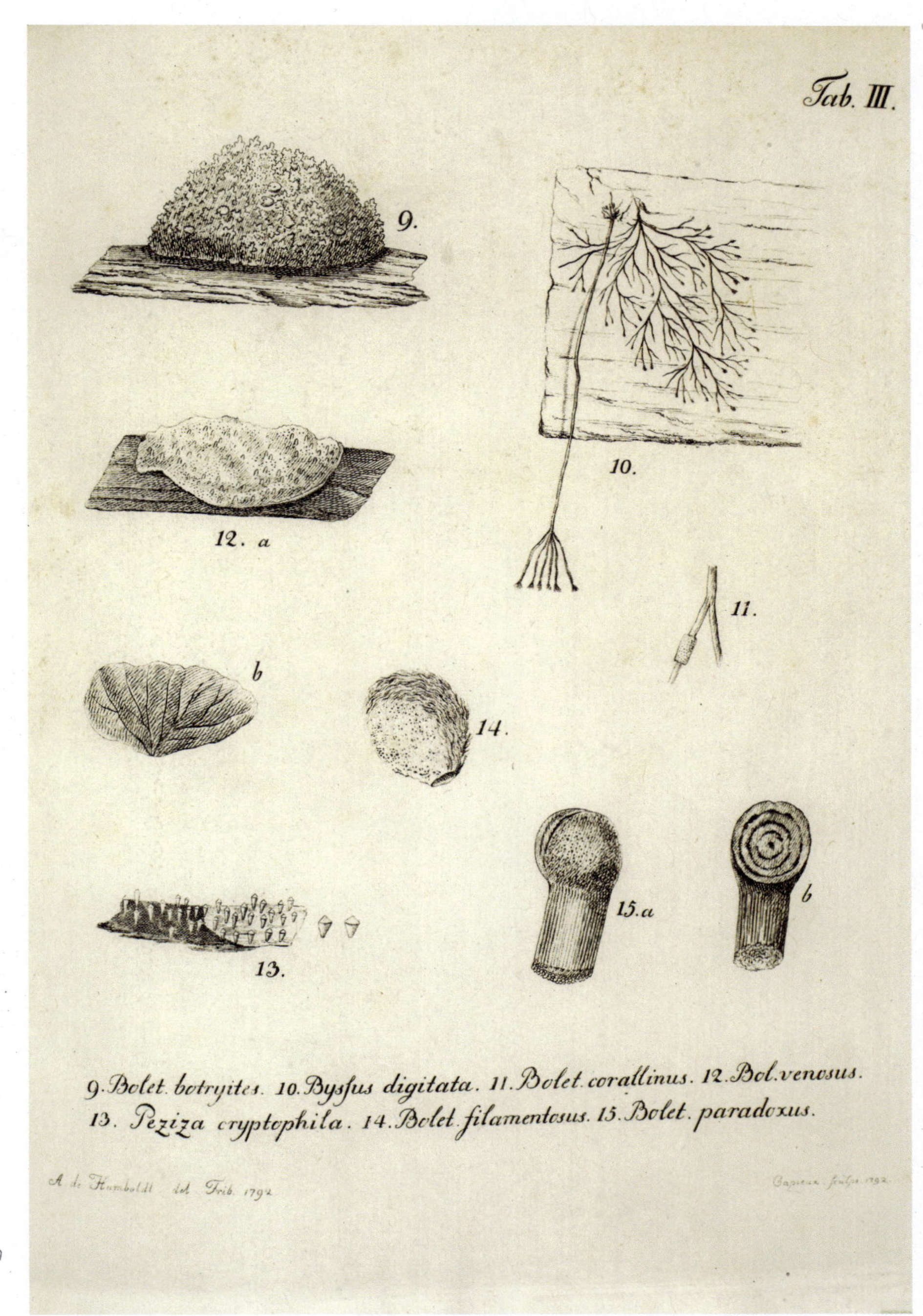

Florae Fribergensis specimen (1793), Tafel III, nach einer Zeichnung von Humboldt

Grottenbotanik oder warum Pilze keine Pflanzen sind

Wahrscheinlich waren die Tage an der Bergakademie in Freiberg nicht die glücklichsten in Alexander von Humboldts Leben. Schwer die Last seiner Aufgaben, herausfordernd die Arbeit unter Tage, groß auch der Druck, Karriere im Bergbau zu machen. Seinem liebsten Zeitvertreib, dem Studium der Natur, kann er in dieser Zeit nur beschränkt nachgehen. Doch ganz wendet er sich auch unter Tage nicht von der Erforschung der Natur ab: In seiner Zeit in Freiberg widmet sich Humboldt den Gewächsen in den Höhlen und Gängen des Bergwerks. Er folgt damit seinem botanischen Lehrmeister, dem Berliner Botaniker Willdenow, den er 1788 kennengelernt hat. Willdenow ist es auch, der ihn auf die unerforschte Welt der Kryptogamen aufmerksam machte.

In seiner *Florae Fribergensis specimen* beschreibt Alexander von Humboldt Pilze, Schleimpilze und Flechten, denen er in den düsteren, unwirtlichen Höhlen und Gängen begegnet ist. Minutiös charakterisiert er die im Dunkeln wachsenden Organismen. Er ist fasziniert von den Lebensformen, die sich im Bergwerk finden: «Ich bringe fast alle Morgen von 7–12 Uhr in den Gruben zu, den Nachmittag habe ich Unterricht, und den Abend jage ich Moose, wie es Forster nannte» [Ilse Jahn & Frits G. Lange (Hrsg.), *Die Jugendbriefe Alexander von Humboldts: 1787–1799*, Brief vom 23. Juni 1791, Berlin: Akademie Verlag 1973, p. 143], schreibt er 1791 in einem Brief an Johann Leopold Neumann.

Vom Leben in der Dunkelheit

Wer allerdings in der *Freiberger Flora* nach Moosen sucht, wird nicht fündig werden. Im Gegensatz zu Flechten und Pilzen gehören Moose in das Reich der Pflanzen. Schaut man sich Humboldts erste *Flora* an, findet man aber keine Pflanzen. Dies hat einen guten Grund: In den

Pilze bilden ein eigenes Reich und sind den Pflanzen ebenso fremd wie den Tieren. Dennoch wurden sie zu Humboldts Zeiten dem Pflanzenreich zugeordnet.

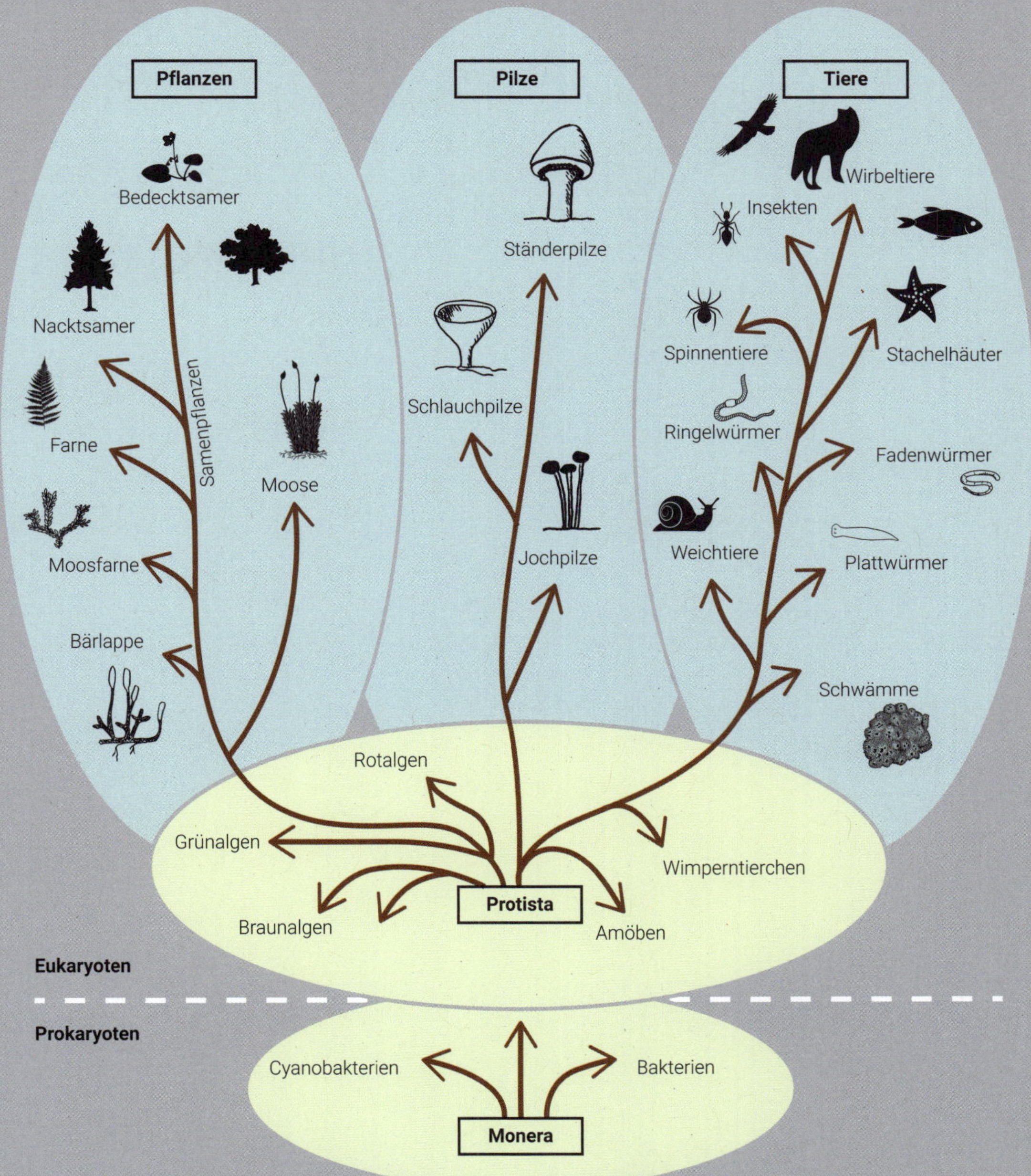

Pflanzen
Pilze
Tiere
Bedecktsamer
Nacktsamer
Samenpflanzen
Farne
Moose
Moosfarne
Bärlappe
Ständerpilze
Schlauchpilze
Jochpilze
Wirbeltiere
Insekten
Spinnentiere
Stachelhäuter
Ringelwürmer
Fadenwürmer
Weichtiere
Plattwürmer
Schwämme
Rotalgen
Grünalgen
Braunalgen
Protista
Wimperntierchen
Amöben
Eukaryoten
Prokaryoten
Cyanobakterien
Bakterien
Monera

dunklen Gängen eines Bergwerks dürfen wir keine Pflanzen erwarten. Da die allermeisten Pflanzen für ihr Wachstum Licht benötigen, finden sich in Höhlen, seien es natürliche oder vom Menschen geschaffene, kaum welche. In Grotten oder an Höhleneingängen wachsen in einer lichtarmen Umgebung manchmal noch wenige Überlebenskünstler, denen das Restlicht ausreicht, um Fotosynthese zu betreiben. Flechten, die sich mit einer für die Fotosynthese zuständigen Alge verbinden, sind dabei bezüglich des Lichts noch etwas anspruchsvoller als Pilze. Letztere sind zwar in vielem noch unerforscht, fest steht aber, dass sie auch ganz ohne Licht auskommen können.

Zum Lichtbedürfnis von Pilzen betreibt Humboldt während seiner Freiberger Zeit «Feldforschung». Er untersucht, wie sich die unterschiedlichen Lichtverhältnisse auf die verschiedenen Pilzarten auswirken. Hierfür siedelt er die Pilze an hellen und an dunklen Stellen an und protokolliert ihr Wachstum minutiös. Humboldts *Freiberger Flora* listet also nicht nur Arten auf, sondern gibt auch Hinweise auf ihr Leben im Dunkeln: Während sich der erste Teil des Buches vor allem mit Flechten- und Pilzarten befasst, ist der zweite Teil ökologischen Beobachtungen und Versuchen gewidmet. Humboldt ist damit seiner Zeit voraus, denn die Ökologie als wissenschaftliche Disziplin vom Leben der Arten in ihrer Umwelt wurde erst im 19. Jahrhundert entwickelt. Der zweite Teil richtet sich so an ein breiteres Publikum, das an größeren Zusammenhängen und physiologischen Fragen interessiert ist.

VERSTECKTE HOCHZEITEN

Man kann die *Flora Fribergensis* also getrost als «Pilzbuch» bezeichnen. Während Moose, Farne und Blütenpflanzen ganz fehlen, sind Flechten mit 124 Arten zahlreich vorhanden und Pilze sogar mit 134 Arten repräsentiert. Viele dieser Pilze wurden in Humboldts Werk zum ersten Mal beschrieben. Somit hat es auch heute noch eine Bedeutung für Flechten- und Pilzforscher, für Lichenologen und Mykologen.

Flechten werden bei Humboldt noch den Algen zugeordnet – was nicht mehr dem heutigen Forschungsstand entspricht, aber doch ein

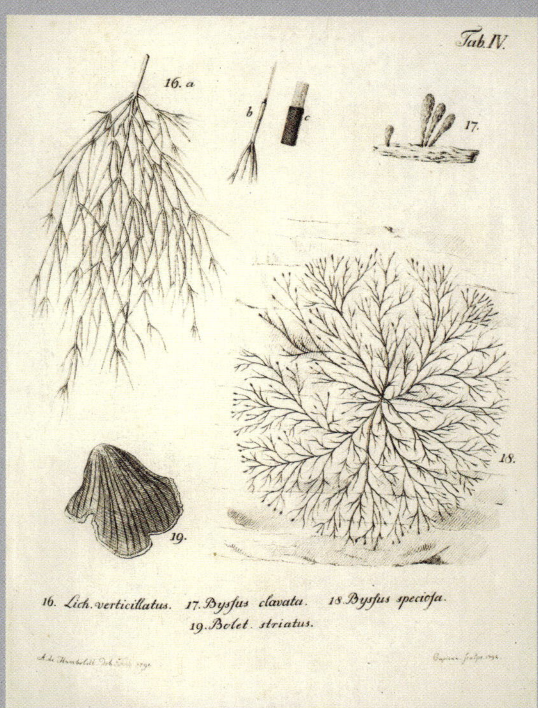

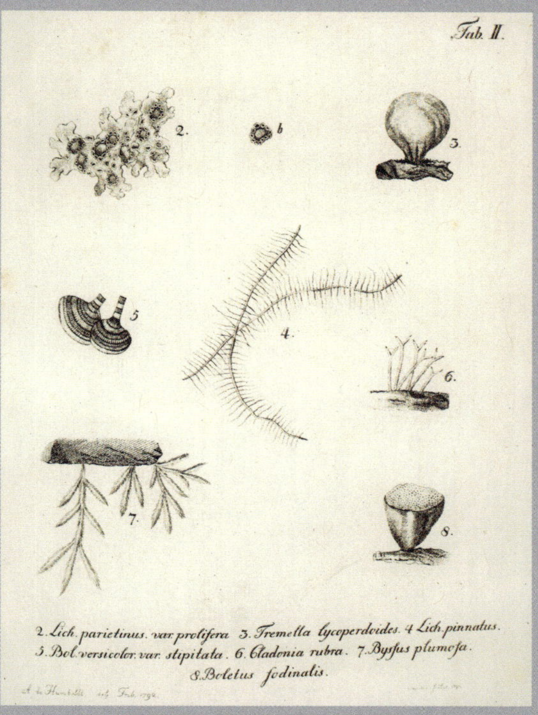

Links: Illustration verschiedener Pilze, denen Humboldt in den Stollen begegnet ist. Die Legende verrät: *Lichen verticillatus, Byssus clavata, Byssus speciosa, Boletus striatus*.

Rechts: In der Freiberger Flora finden sich viele seltsame Pilzarten.

Quäntchen Wahrheit enthält. Flechten sind eine Lebensgemeinschaft von einem Pilz mit einer Alge (also einer Pflanze). Dabei kann man nicht wirklich von einem Mutualismus (also einer Symbiose, bei der beide Partner profitieren) sprechen, denn für die Alge ergibt sich aus dem Zusammenleben kein Vorteil, sie kann auch ohne Pilz überleben.

Flechten sind äußerst anpassungsfähige Organismen. Sie gedeihen oft an Stellen, wo das Überleben für Pflanzen unmöglich ist. So kommen sie noch in eisigen Höhen, aber auch unter äußerst lichtarmen Bedingungen vor. Weltweit kennt man etwa 25.000 Flechtenarten, davon leben in Mitteleuropa heute 2.000. Zu Humboldts Zeit bemühte sich jedoch kaum jemand, diese oft unscheinbaren und wirtschaftlich unwichtigen Lebewesen zu beschreiben. Der schwedische Botaniker und Vater der Systematik, Carl von Linné, bezeichnete Flechten als «armseligstes Bauernvolk» der Vegetation, und es war nur ganz wenig über sie bekannt.

Pilze bilden ein eigenes Reich, sie sind weder Tiere noch Pflanzen. Traditionell wurden Pilze jedoch der Botanik zugeordnet, wahrscheinlich deshalb, weil sie sesshaft sind und bei einer oberflächlichen Betrachtung den Pflanzen ähnlicher scheinen. Zu Humboldts Zeit war erst wenig über die Biologie der Pilze bekannt. Erst 1969 wurde vorgeschlagen, sie in ein eigenes Reich zu stellen. Für Humboldt aber waren Pilze noch Pflanzen, und nach der Linnéschen Systematik waren sie innerhalb der Pflanzen den Kryptogamen zuzuordnen. Carl von Linné war der Auffassung, dass Pilze, deren sexuelle Vermehrung über Sporen stattfindet, zusammen mit den Moosen und Farnen zu den Kryptogamen oder Geheimblühern zu zählen seien. (Das griechische Wort «kryptos» bedeutet «verborgen», und «gamein» bedeutet «heiraten».)

Die Kryptogamen bilden aber keine einheitliche Gruppe. Mit genauerer Erforschung der Pilze fand man heraus, dass sie mit Tieren mehr Ähnlichkeiten aufweisen als mit Pflanzen. Wahrscheinlich trennten sich die Pilze in der Evolution etwa zeitgleich von den Pflanzen und Tieren, in vielen Merkmalen entwickelten sich aber Pilze mit Tieren ähnlicher als mit Pflanzen. Allein die Tatsache, dass Pilze wie Tiere *heterotroph* sind, sich also von organischer Materie ernähren, ist ein großer Unterschied zu Pflanzen, die *autotroph* sind und ihre Energie aus dem Sonnenlicht beziehen, indem sie Fotosynthese betreiben.

Allein die Pilzwelt der unterirdischen Gänge hätte nicht ausgereicht, um ein ganzes Buch zu füllen. Deswegen ergänzte Humboldt seine *Freiberger Flora* mit Beobachtungen von Pilzen und Flechten, die er während seiner Jugendjahre an anderen Orten gemacht hatte. So fand auch ein *Agaricus acheruntius* aus einer Holzkohlegrube in Südpolen Eingang, und er berichtet, bereits 1791 einen *Lichen radiciformis* bei Wandsbeck bei Hamburg gesammelt zu haben. Auch mit diesen Angaben ist die *Flora Fribergensis* eine wertvolle Quelle, denn sie verrät uns einige Schauplätze der Exkursionen des jungen Humboldt, die er sonst nirgends festgehalten hatte. Zuallererst aber ist sie ein historisches Dokument der Kryptogamenforschung und ein Steinchen im großen Mosaik von Humboldts Werk.

Oben: Der Fenchelporling *(Gloeophyllum odoratum)* baut totes Holz ab und war auch unter dem wissenschaftlichen Namen *Ceratophora fribergensis* bekannt.

Unten: Der Stäubende Zwitterling *(Asterophora lycoperdoides)* ist auf der Tafel 2 als *Tremella lycoperdoides* abgebildet.

« Den großen Zweck aller Naturforschung, dies Zusammenwirken der Kräfte »

Alexander von Humboldt (1798)[35]

3. Vorbereitung

Paris 1798

Paris, Gemälde von Nicolas-Jean-Baptiste Raguenet (1763)

Als das Erbe seiner Mutter ihn unabhängig macht, beschließt Alexander von Humboldt, Europa zu verlassen und den Traum von einer großen Expedition zu verwirklichen. An Carl Ludwig Willdenow schreibt er Ende 1796, er habe sich schon seit längerer Zeit vorbereitet und nunmehr entschieden:

«Meine Reise ist unerschütterlich gewiss. Ich präpariere mich schon einige Jahre und sammle Instrumente.»[36]

Als er sich schließlich in La Coruña zu der Forschungsreise in die «Neue Welt» (1799–1804), die ihn weltberühmt machen wird, einschifft, beschreibt Humboldt in einem Brief vom 5. Juni 1799 seine wissenschaftlichen Pläne:

— 229 —

Schiller, Wilhelm und Alexander von Humboldt und Goethe
in Jena.
Originalzeichnung von Andr. Müller.

der deutschen Dichtkunst, Heinr. v. Waldecke, Walther von der Vogelweide und Wolfram v. Eschenbach, gemeinschaftlich sangen und die Blüthen mittelalterlicher christlicher Bildung nach allen Seiten hin ausstreuten; Thüringens größter und kühnster Sohn, der Doctor Martin Luther, warf von dort aus zuerst die zündenden Funken seines Protestes gegen geistige Knechtung und Verdummung in die Welt; und in Thüringen wieder war es, wo sich Ende des achtzehnten Jahrhunderts ein Kreis von Dichtern und Philosophen zusammenfand, wie er zum zweiten Male schwerlich wieder in Deutschland zusammentreten wird. Mitten in dem blutigen Kampfe der Autorität gegen das aufstrebende Geistesleben sehen wir im kleinen Thüringerlande die echte und wahre Flamme des Geistes auftauchen, nicht die wilde, düstere, fanatisch zerstörende, sondern die sanft erwärmende und bildende, und was einer der Hauptträger dieser edlen Geistesflamme, Friedrich Schiller, in seinem lyrischen Lebenspanorama, dem herrlichen Liede von der Glocke, vom materiellen Feuer sagt, das paßt Wort für Wort auch auf das Feuer des Geistes:

Wohlthätig ist des Feuers Macht,
Wenn sie der Mensch bezähmt, bewacht;
Denn was er bildet, was er schafft,
Das dankt er dieser Himmelskraft.
Doch furchtbar wird die Himmelskraft,
Wenn sie der Fessel sich entrafft,
Einhertritt auf der eignen Spur,
Die freie Tochter der Natur!

Während in Paris die hohe Himmelskraft des Geistes nach gesprengter Fessel furchtbar einherschritt auf der eignen Spur, wurde sie in dem kleinen bescheidenen Jena von keuschen Händen zur „wohlthätigen" Bildnerin des künftigen Geschlechtes gepflegt und genährt. Wieder fand die heilige Geistesarbeit unter dem Schutze eines Fürsten statt, dessen Ahnherr der Landgraf Hermann gewesen und dem die Wartburg als Eigenthum gehörte.

Und wie die schönsten Gebilde des schaffenden Genius in der letzten Verlaufszeit des Mittelalters an jenen sittlich und politisch verkommenen Höfen Italiens in's Leben traten, so fällt die Blüthe der deutschen Poesie, der Aufschwung zur sittlichen Freiheit mit der tiefsten Erniedrigung des deutschen Reichs und der Fäulniß des politischen und socialen Lebens in unserm Vaterlande zusammen.

Die Brüder Humboldt mit Schiller und Goethe in Jena in den 1790er-Jahren (*Die Gartenlaube*, 1860)

> «Ich werde Pflanzen und Foßilien sammeln, mit einem vortreflichen Sextanten von *Ramsden,* einem Quadrant von *Bird,* und einem Chronometer von *Louis Berthoud* werde ich nüzliche astronomische Beobachtungen machen können; ich werde die Luft chemisch zerlegen.»[37]

Humboldts Agenda umfasst diverse Wissensgebiete, sie ist bereits jetzt multidisziplinär. Aber an erster Stelle erwähnt er hier die Pflanzen, die er in freier Natur beobachten will. («Ich werde Pflanzen und Foßilien sammeln […].») Technische Medien sind für seine Feldforschung unentbehrlich (Sextant, Quadrant, Chronometer etc.). Aber Sammeln und Vermessen, Beobachtung und Analyse sind kein Selbstzweck: «dieß alles ist», erklärt Humboldt entschieden, «nicht Hauptzwek meiner Reise.»[38] Er verfolgt ein Forschungsprogramm, das sich keineswegs im Aufnehmen von Daten und Fakten erschöpft:

> «Auf das Zusammenwirken der Kräfte, den Einfluß der unbelebten Schöpfung auf die belebte Thiere- und Pflanzenwelt; auf diese Harmonie sollen stäts meine Augen gerichtet seyn.»[39]

Denn:

> «Der arbeitsame Mensch muß das Gute und Grosse wollen.»[40]

Dieser wissenschaftsprogrammatische und zugleich ethische Gedanke weist weit über die Botanik im engeren Sinn hinaus: auf ein Verständnis der Natur, das von Wechselwirkungen ausgeht, und auf das Leben der Arten in ihrer Umwelt.

Humboldt quittiert den preußischen Staatsdienst (1796) und geht nach Paris (1798). Dort begegnet er einem französischen Botaniker, der einen verheißungsvollen Namen trägt: Aimé Bonpland, «Geliebte gute Pflanze».[41] Bonpland schließt sich ihm an und wird zu einem engen Freund und Kollegen. Später in Amerika ist er wesentlich für die botanische Feldforschung verantwortlich.

Humboldt erwirbt und erprobt neueste Instrumente, die er in Übersee zum Einsatz bringen will. Zu Beginn des Berichts über seine amerikanische Reise, in der dreibändigen *Relation historique du Voyage aux régions équinoxiales du Nouveau Continent* (1814–1831), zählt er die Apparate auf, die er mitgeführt hat:[42] Fernrohr und Mikroskop, Thermometer, Barometer, Hygrometer, Hypsometer, Hyetometer, Elektrometer, Eudiometer, Aräometer, Graphometer, Chronometer, Quadrant, Sextant, Theodolith, Magnetometer, Deklinatorium, Inklinometer, Pendel, einen künstlichen Horizont, eine Leidener Flasche, elektroskopische und galvanische Apparate, einen Kompass sowie ein Cyanometer. Mit diesen Instrumenten bestimmt er die geografische Länge, die Breite und die Höhe von Orten, Richtung, Neigung und Intensität des Erdmagnetismus, Fallen und Streichen von Gesteinsschichten, Temperatur, Feuchtigkeit, Druck, Elektrizität und Zusammensetzung der Luft, Dichte, Bestandteile und Wärme von Niederschlag, Gewässern oder Gasen – und sogar das Blau des Himmels.

Historische Mikroskope (Mitte 18. Jahrhundert)

Eine grundlegende Praxis empirischer Naturforschung aber ist das Botanisieren, das systematische Sammeln von Exemplaren, mit denen sich unbeschriebene Arten dokumentieren und mikroskopisch analysieren lassen. Humboldt und Bonpland nehmen in der «Neuen Welt» Tausende von Pflanzen auf, die sie nach Europa schicken. Teile dieser Sammlungen gehen auf See verloren. Andere werden später im Krieg zerstört. Aber viele Herbarbelege sind noch erhalten.

Aimé Bonpland – der Schattenbotaniker

Aimé Bonpland war Humboldts wichtigster Begleiter während der Amerikareise. Er trug sehr viel zur botanischen Erschließung der Flora der Neuen Welt bei.

Das Gemälde von Friedrich Georg Weitsch, *Alexander von Humboldt und Aimé Bonpland am Fuß des Vulkans Chimborazo* (siehe Seite 46), ist mehr als eine Reiseszene der großen amerikanischen Expedition. Sie sagt sehr viel über die Wahrnehmung der beiden Naturforscher aus: Während Humboldt in der Sonne steht und einem Einheimischen den Sextanten vorführt, sitzt Bonpland im Schatten eines Baumes und ist damit beschäftigt, die gesammelten Pflanzen zu beschreiben und zu konservieren. Verschiedene Publikationen zu Aimé Bonpland beklagen, dass dem Botaniker nie der Ruhm zugekommen sei, den er verdient hätte, weil ihn Humboldt in den Schatten gestellt habe. In der Tat wird Bonpland, wenn es um die Amerikareise geht, meist erst an zweiter Stelle erwähnt.

Der Mitläufer aus La Rochelle

«Eines Abends saß auf der Treppe von Humboldts Wohnhaus ein junger Mann, trank Schnaps aus einer Silberflasche und schimpfte fürchterlich, als Humboldt ihm aus Versehen auf die Hand trat. Humboldt entschuldigte sich, die beiden kamen ins Gespräch. Der Mann hieß Aimé Bonpland und hatte ebenfalls mit Baudin reisen wollen. Er war fünfundzwanzig, hochgewachsen, etwas zerlumpt, hatte nur wenige Pockennarben und bloß eine Zahnlücke, ganz vorn» (Daniel Kehlmann, *Die Vermessung der Welt*, Rowohlt, Reinbek bei Hamburg, 2005). So wird Bonpland in Kehlmanns Gelehrtensatire *Die Vermessung der Welt* eingeführt, und selbst wenn vielen Lesern bewusst ist, dass Kehlmann uns als Romancier nicht über das wahre Leben seiner Figuren berichtet, ist seine Karikatur des französischen Botanikers alles andere als schmeichelhaft. Als willensschwacher Mitläufer mit verschiedenen Lastern entspricht er der Einschätzung vieler Wissenschaftler, insbesondere derjenigen, welche die Leistung eines Forschers einzig an dessen Publikationsliste messen. Für einen Mann, der den größten Teil seines Lebens mit intensiver Forschung verbrachte, gibt es in der Tat nur recht wenige Veröffentlichungen von Bonpland.

Aimé Jacques Alexandre Bonpland wurde 1773 in La Rochelle als Sohn eines Mediziners geboren. Ab 1790 lebte er mit seinem Bruder in Paris und besuchte wie dieser Vorlesungen in Medizin. Die beiden Brüder, die sich seit jungen Jahren für Botanik interessierten, folgten auch Vorlesungen von Jean-Baptiste de Lamarck, Antoine Laurent de Jussieu und René Desfontaines, den berühmtesten Pflanzenwissenschaftlern ihrer Zeit. Beim Abschluss seines Arztstudiums bekam Bonpland die beste Note im Fach Botanik. Nach einer Dienstzeit als Mediziner beim Militär träumte er von einer botanischen Exkursion in die Tropen. Er verbrachte lange Stunden im Jardin des Plantes, wo er viele Pflanzen aus Übersee kennenlernte. Wie Humboldt wollte Bonpland, was auch Kehlmann erwähnt, an der Expedition von Baudin teilnehmen, der dieser für den berühmten Bougainville organisieren sollte, aber schließlich absagen musste. Humboldt und Bonpland lernten sich in dieser Zeit kennen, und Humboldt fand den idealen Begleiter für die Verwirklichung seines Traumes: eine Entdeckungsreise in botanisch unerforschte Gebiete. Während sich Humboldt um die Finanzierung der Reise gekümmert haben soll, sei Bonpland derjenige gewesen, der eine möglichst vollständige Ausrüstung zusammenstellte.

In Südamerika ist Aimé Bonpland weitaus bekannter als in Europa. Argentinien ehrte ihn sogar mit einer Briefmarke..

DER SAMMLER UND DER SCHRIFTSTELLER

Wie die gemeinsame Reise, auf der die beiden Weggefährten immer wieder auf größere Gefahren und Hindernisse stießen, genau ablief und wie sich die doch recht gegensätzlichen Charaktere mit ihrer gemeinsamen Leidenschaft, der Botanik, tagtäglich vertrugen, darüber sind nur Zeugnisse von Humboldt überliefert. Humboldt fand für seinen Begleiter nur lobende Worte: «Hr. Bonpland hat mit dem lobwürdigsten Muth und Geduld viele Hundert Pflanzen in

Der Schattenbotaniker: Das Bild von Georg Weitsch könnte sinnbildlicher nicht sein. Humboldt steht kommunizierend im Licht …

diesen Hornitos-Behältern (Öfen) der Indianer getrocknet.» [Alexander von Humboldt & Aimé Bonpland, *Reise in die Aequinoctial-Gegenden des neuen Continents in den Jahren 1799, 1800, 1801, 1802, 1803 und 1804*, Stuttgart: Cotta 1823. Band 4, Kapitel XX, S. 93] Oder er stellte ihn sogar als (wenn auch etwas tollkühnen) Helden dar:

«Die Nacht rückte heran, und mit ihr ein furchtbares Gewitter. Der Regen fiel stromweise. Schon besorgten wir, unser leichtes Fahrzeug möchte an den Felsen zerschlagen, und die Indianer, nach ihrer gewohnten Gleichgültigkeit bey fremder Noth, in die Mission zurückgekehrt seyn. Wir waren nur drey Personen, alle durchnässt, um das Schicksal unserer Piroge bekümmert, und besorgt, eine lange Nacht der heissen Zone, mitten im Lärm der Raudales, durchwachen zu müssen. Hr. Bonpland fasste den Entschluss, mich mit Don Nicolas Sotto allein auf der Insel zurückzulassen, und schwimmend über die Flussarme zu setzen, welche die Granitdämme von einander sondern. Er hoffte, den Wald zu erreichen, und in Atures beym Pater Zea Hülfe zu suchen. Wir hatten Mühe, ihn von diesem gewagten Unternehmen zurückzuhalten. Das Labyrinth der kleinen Kanäle, in die der Orenoko sich theilt, war ihm unbekannt.» [Alexander von Humboldt & Aimé Bonpland, *Reise in die Aequinoctial-Gegenden des neuen Continents in den Jahren 1799, 1800, 1801, 1802, 1803 und 1804,* Stuttgart: Cotta 1823. Band 4, Kapitel XXIV, S. 549].

Bonpland schien unter dem tropischen Klima mehr zu leiden als Humboldt. Dieser schrieb immer wieder besorgt über die Krankheiten seines Reisegefährten: «Unter allen Körperleiden sind die erschöpfendsten jene, welche, einförmig andauernd, durch lange Geduld nur bekämpft werden können. Wahrscheinlich hat Hr. Bonpland in den Ausdünstungen der Waldungen des Casiquiare sich den Keim der furchtbaren Krankheit geholt, die ihn bald nach unserer Ankunft in Angostura dem Tod nahe brachte.» [Alexander von Humboldt & Aimé Bonpland, *Reise in die Aequinoctial-Gegenden des neuen Continents in den Jahren 1799, 1800, 1801, 1802, 1803 und 1804*, Stuttgart: Cotta 1823. Band 4, Kapitel XXIII, S. 385] oder «Der Zustand des Hrn. Bonpland war sehr bedenklich; er verursachte uns mehrere Wochen lang die grösste Besorgniss und Unruhe. Zum Glück behielt der Kranke so viel Kraft, um sich selbst behandeln zu können.» [Alexander von Humboldt & Aimé Bonpland, *Reise in die Aequinoctial-Gegenden des neuen Continents in den Jahren 1799, 1800, 1801, 1802, 1803 und 1804*, Stuttgart: Cotta 1823. Band 4, Kapitel XXIV, S. 604].

Diese Beschreibungen entnehmen wir dem Reisetagebuch, das Alexander von Humboldt verfasste. Das *Journal botanique* hingegen wurde von Aimé Bonpland geführt. Die beiden Handschriften lassen sich gut unterscheiden. An ihnen wird sichtbar, dass Bonpland einen großen Teil der botanischen Notizen im Feld verfasste. Humboldt hätte es fern gelegen, diese Tatsache zu unterschlagen. So hielt er am 12. Juli 1851, knapp 47 Jahre nach der Rückkehr von der Amerikareise fest: «Quoiqu'une partie de ces documents … soit de ma main, je dois regarder le tout comme la propriété de Monsieur Bonpland.»

… während Bonpland im Schatten sitzt und sich den Pflanzen widmet.

[Auch wenn ein Teil dieser Schriften ... aus meiner Hand stammt, so ist doch das Ganze als Besitz von Herrn Bonpland zu betrachten.] [Henri Cordier, *Papiers inédits du naturaliste Aimé Bonpland*, Comptes rendus des séances de l'Académie des Inscriptions et Belles-Lettres, 1910, S. 461].

SCHREIBSTAU IM KAISERLICHEN GARTEN

Nach ihrer fünfjährigen Amerikareise kehrten Humboldt und Bonpland gemeinsam zurück nach Frankreich. Humboldt machte sich sogleich daran, die Ergebnisse der Expedition zu publizieren, während Bonpland zu seiner Familie nach La Rochelle zurückkehrte. Als er Humboldt später nach Paris folgte, war er zunächst enttäuscht, dass ihm am «Musée national de l'histoire naturelle» nicht die Stelle angeboten wurde, die er sich erhofft hatte. Dennoch übergab er dem Museum die über 60.000 mitgebrachten Pflanzen-Belege und begann sogleich, die Herbarblätter zu ordnen. Humboldt, der zwischenzeitlich nach Berlin berufen wurde, war mit den Fortschritten von Bonpland, der die Feldarbeit der trockenen Büroarbeit vorzog, nicht zufrieden. Er bat ihn deshalb, einen Teil der Sammlung Carl Ludwig Willdenow zu überlassen, damit dieser bei der Beschreibung der Arten behilflich sein konnte. Erst 1807 kam Bonpland diesem Wunsch endlich nach, wobei er vornehmlich die Belege schickte, von denen es mehrere Doubletten gab. Der größte Teil der Sammlung blieb in Paris und wurde später von Karl Sigismund Kunth beschrieben.

Bonpland, dem das Schreiben und Publizieren nicht lag, wurde Vorsteher der kaiserlichen botanischen Gärten von Malmaison an der Residenz der Kaiserin Josephine. Hier gelang ihm die Kultur zahlreicher bisher unbekannter Arten. Von verschiedenen Europareisen brachte er der Kaiserin neue Arten für ihren Garten. Doch so richtig glücklich mochte der ruhelose Bonpland in Europa nicht werden. Als seine Arbeitgeberin, Kaiserin Joséphine, 1814 verstarb, bewegte er sich mehr und mehr in den Kreisen des Freiheitskämpfers Simón Bolívar und schließlich zog es ihn zurück in die Neue Welt. Als er auf eine Professur in

Die Art *Bonplandia trifoliata* aus der Familie der Zitrusgewächse ehrte Bonpland. Heute heißt die Art *Angostura trifoliata.* Trotzdem gibt es in der modernen Systematik noch immer eine Gattung *Bonplandia*. Sie umfasst zwei Arten und gehört zur Familie der Sperrkrautgewächse.

Buenos Aires berufen wurde, verließ er Frankreich 1816 – mit zahlreichen Samen europäischer Gewächse im Gepäck.

Doch dieser zweite Aufenthalt in Südamerika verlief weniger glücklich als die Amerikareise mit Humboldt. Bonpland verließ Argentinien nach verschiedenen Querelen bald wieder. Er ließ sich im heutigen Paraguay nieder, wo er seine Forschungen und Experimente wieder aufnahm. Es gelang ihm, die Stechpalmen für den begehrten Mate-Tee zu vermehren und in größeren Mengen anzubauen. Dadurch zog er den Unmut des Diktators von Paraguay, José Gaspar Rodríguez de Francia, auf sich, der um sein Mate-Tee-Monopol fürchtete. Bei einem Überfall mit 800 Soldaten wurden Bonplands Plantagen zerstört und der Botaniker festgenommen. Auch Humboldts Einfluss genügte nicht, Bonpland aus der Gefangenschaft zu befreien. Erst nach zehn Jahren wurde er entlassen.

Als er wieder auf freiem Fuß war, zog der mittlerweile 58-Jährige nach Brasilien, wo er sich weiterhin der Kultur von Pflanzen widmete. Aus seinen Plänen, nach Europa zurückzukehren, wurde nichts – bis zu seinem Tod 1853 blieb er in der Neuen Welt. Angeblich starb er in Armut. Auch wenn er in Europa in Vergessenheit geriet, so war und ist er in Südamerika ein berühmter Mann. Das Dorf Santa Ana im Departement Paso de los Libres in Paraguay, wo er seine letzten Lebensjahre verbrachte, trägt heute den Namen Bonpland.

DER FALL IN DIE VERGESSENHEIT UND DIE EUROZENTRISCHE SICHT DER DINGE

Humboldt verschwieg die wichtige Rolle nie, die Bonpland während der Amerikareise gespielt hatte. Als manche Autoren seine Errungenschaften priesen, ohne Bonpland zu erwähnen, betonte er immer wieder, dass es sich um ein Gemeinschaftswerk handelte. In der Titelei seines vielbändigen Werkes zur amerikanischen Expedition setzte er den Namen des Freundes hinzu, auch wenn Bonpland als Autor gar nicht beteiligt war: *Voyage aux régions équinoxiales du Nouveau Continent. Fait en 1799, 1800, 1801, 1802, 1803 et 1804 par Al. de Humboldt et A. Bonpland, rédigé par Alexandre de Humboldt*. Die Reise hatten sie gemeinsam unternommen, den Reisebericht hat Humboldt alleine verfasst.

Es gibt sicher zahlreiche Gründe, die erklären, warum Bonpland und Humboldt so unterschiedlich wahrgenommen werden. In botanischen Kreisen kennt man Bonpland durchaus, doch wer sich nicht für Botanik interessiert, hat kaum von ihm gehört. Humboldt hatte als multidisziplinärer Forscher einen weiteren Wirkungskreis und ein größeres Publikum. Der vielleicht wichtigste Grund ist aber, dass Humboldt die gemeinsamen Erlebnisse und Erkenntnisse gleich nach Rückkehr von der Amerikareise publizierte. Humboldt, der gut vernetzt und schon damals bekannt war, erreichte zudem mit Vorträgen und zahlreichen Zeitungsartikeln eine breitere Öffentlichkeit. Bonpland hingegen publizierte nur sehr wenige seiner Aufzeichnungen. Ohne Humboldts unermüdliches Drängen wären viele botanische Ergebnisse vielleicht nie veröffentlicht worden. Womöglich ist Bonpland auch der Linnéschen Tradition einer rein deskriptiven Botanik verhaftet geblieben, während Humboldt globalere Erkenntnisse und neue Synthesen aus der Feldforschung zog. Es war schließlich Karl Sigismund Kunth, der an Bonplands Stelle die botanischen Entdeckungen der Expedition nach und nach publizierte und sich so in der europäischen Gelehrtenwelt profilieren konnte.

Aimé Bonpland dagegen war spätestens seit seiner Abreise nach Südamerika von der akademischen Welt in Europa abgeschnitten. Selbst wenn er sich in Südamerika als ausgezeichneter Pflanzenkenner einen Namen machen konnte, war er in Europa nicht länger vernetzt und bekannt. So schrieb der Historiker und Geograf Stephen Bell in seinem Buch über Bonpland: «The leading theme in the existing literature is that Bonpland met a tragic fate in South America, in my judgement a rather Eurocentric idea that does nothing to explain why he chose to stay – borrowing Mary Louise Pratt's phrase – in the 'contact zone' or what was then commonly viewed as the periphery. Any examination of Bonpland's manuscripts will show that, while he might be considered obscure from the perspectives of Paris, Berlin, or London, the argument will never hold for South America.» [Stephen Bell, *A Life in Shadow: Aimé Bonpland in Southern South America, 1817–1858*, Stanford University Press, 2010, S. 16].

[Das Leitmotiv der vorliegenden Literatur ist, in Südamerika habe Bonpland ein tragisches Schicksal ereilt, was meiner Meinung nach eine eurozentrische Vorstellung ist und nichts zur Erklärung beiträgt, warum er sich entschied, in der ‹Kontaktzone› zu bleiben – um einen Begriff von Mary Louise Pratt zu gebrauchen – oder was man damals für die Peripherie hielt. Eine Untersuchung von Bonplands Manuskripten zeigt, dass man ihn vielleicht aus der Sicht von Paris, Berlin oder London für unbedeutend halten konnte, dies für Südamerika aber keineswegs zutrifft.]

II Beobachten

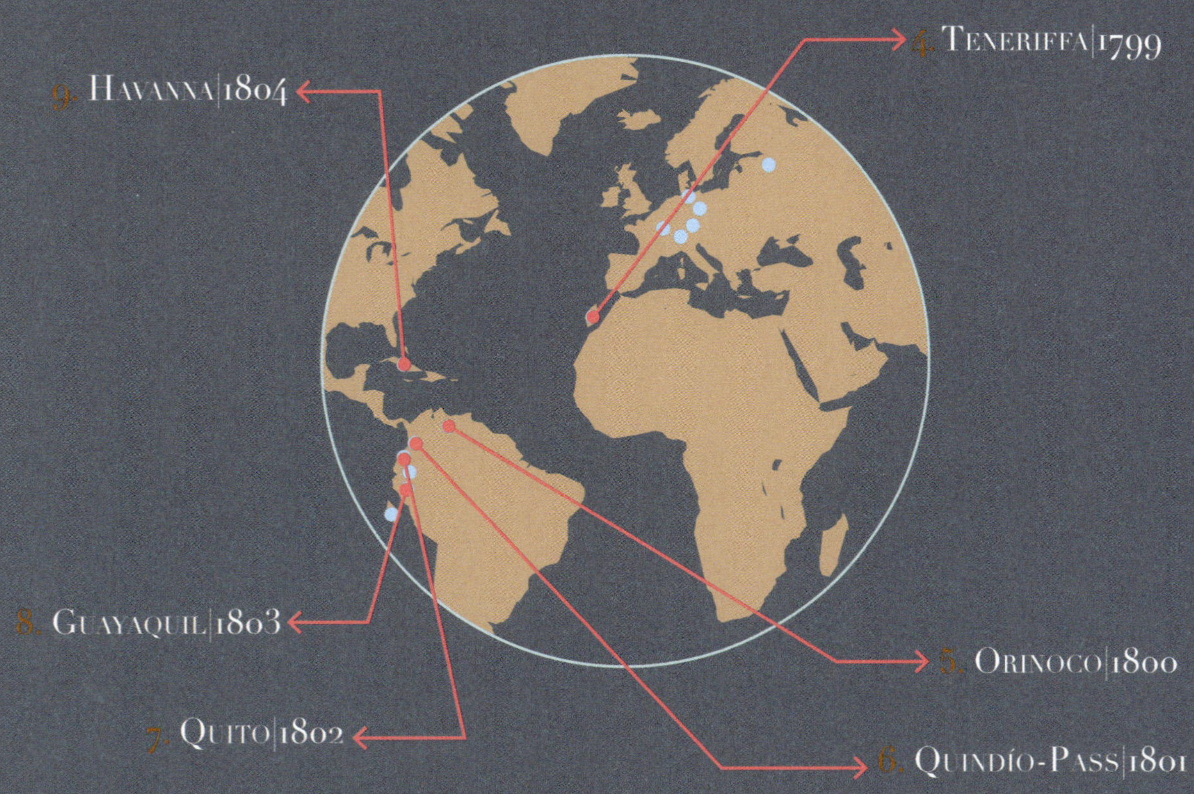

Turpin del. et direx.t

SALVIA tortuosa.

De l'Imprimerie de Langlois.

«Die edelste und wichtigste Beschäftigung der Menschen, der Pflanzenbau»

Alexander von Humboldt (1798)[43]

4. Drachenbaum

Teneriffa 1799

«Le dragonier d'Orotava», Illustration eines Textes von Humboldt in der Zeitschrift *La Belgique Horticole* (1852)

Von Frankreich aus versucht Humboldt zunächst, in den Orient zu gelangen. Aber Napoleons Feldzüge durchkreuzen seine Pläne. In seinen Briefen berichtet er:

> «Ich schrieb Ihnen von Marseille aus, wie meine Reise um die Welt mit dem Cap. *Baudin,* zu der mich das franz. Gouvernement eingeladen, sich in dem Augenblick zerschlug, da ich nach dem Hafen zum Einschiffen abgehen sollte. Dann sollte ich mit der zweyten Expedition von Toulon aus zu Bonaparte stoßen. Meine Freunde erwarteten mich mit Sehnsucht: die Bataille von Abukir vereitelte aber die Expedition. Meinem Vorsatze getreu, wollte ich nun mit einer schwedischen Fregatte, die man in Marseille erwartete, nach Algir gehen, um von dort aus mit der Caravane von Mecha den gefahrvollen Landweg durch die Wüste Selima nach Cairo einzuschlagen. Die Fregatte blieb aus, und nach zweimonatl. vergeblichen Harren in der Provence und nach Ausbruch des Krieges zwischen Frankreich und Algir begab ich mich nach Spanien.»[44]

Entschlossen, Europa zu verlassen, muss Humboldt improvisieren:

> «Der zwischen *Alger* und der Republik ausbrechende Krieg machte *Africa* unzugänglich für mich, und meinem Plane, eine grosse naturhistorische Reise zu unternehmen, getreu, lief ich bis an's Ende von *Europa.* Ich rechnete damals, als ich nach *Spanien* kam, nur auf eine sichere Ueberkunft nach *Marocco.*»[45]

Aber in Madrid bekommt Humboldt eine Audienz beim spanischen König, die ihm neue Möglichkeiten eröffnet. Karl IV. erteilt ihm die seltene

Teneriffa in historischer Ansicht (1846)

Erlaubnis, seine Kolonien zu bereisen und zu erforschen. In La Coruña, am «Ende von *Europa*», sticht Humboldt in See – auf einem Schiff, das den Namen eines Eroberers trägt: «Pizarro». Was er jedoch aus Amerika mitbringen wird, sind keine Goldschätze, sondern Erkenntnisse – und Pflanzen.

Die erste Station der Reise, auf der Überfahrt über den Atlantik, ist Teneriffa. Hier sieht Humboldt die Pflanze, die in seiner Jugend im Botanischen Garten von Berlin seinen Wunsch, Naturforscher zu werden und in die Tropen zu reisen, angeregt hat, endlich zum ersten Mal in freier Natur: den Drachenbaum.

Diese «Dracaena de l'Orotava» beschreibt er in seinem Reisetagebuch.[46] Und er erinnert sich an sie erneut, als er in Amerika ankommt. Besonders ihr Alter hat ihn beeindruckt, er vergleicht es mit jenem der indigenen Monumente, die den spanischen Kolonialismus überdauern. Die «Dracaena Draco in Orotava», schreibt Humboldt in Venezuela, sei «einer der ältesten Bewohner der Erde, schon zur Zeit der Conquista vorgefunden». Und er setzt einen pathetischen Ausruf hinzu:

> «Der Zustand der Menschheit, die Gestalt der Erde ändert sich täglich, aber die Monumente des Alterthums wie die noch älteren Werke der Natur trotzen der Veränderung!»[47]

Der Drachenbaum wird zu Humboldts Lebenspflanze. Als Jugendlicher war er von seiner Größe und von seinem Alter fasziniert, jetzt begegnet er ihm in freier Natur, und er wird ihn noch als 80-Jähriger beschreiben und abbilden. Der Baum ist dabei zugleich eine symbolische Schlüsselpflanze. Sie verbindet seine Heimat mit den Tropen, seine Zeit mit der Vergangenheit – und mit unserer Gegenwart.

Humboldt zeichnet und beschreibt den Drachenbaum zunächst für sein bebildertes Reisewerk, *Ansichten der Kordilleren* (1813), wo er ihn an eine besondere Stelle setzt. Das letzte Kapitel des Buches führt uns an den Anfang der Reise, nach Teneriffa, zurück (1799), als hätte sie hier nicht ihren Ausgang genommen, sondern als wäre der Baum ihr eigentliches Ziel: «Der Drachenbaum von La Orotava».[48]

> «Diese Tafel zeigt den kolossalen Stamm der Dracæna Draco auf der Insel Teneriffa, von dem alle Reisenden berichtet haben, der jedoch bislang nicht abgebildet worden war. Seine Höhe beträgt 50 bis 60 Fuß; sein Umfang in Wurzelnähe 45 Fuß; ebendiese Dicke hatte er bereits erreicht, als die Spanier zum ersten Mal auf Teneriffa landeten, im fünfzehnten Jahrhundert. Da diese Pflanze aus der Familie der Monokotyledonen äußerst langsam wächst, ist es wahrscheinlich, daß der Drachenbaum von La Orotava älter ist als die meisten Monumente, die wir in diesem Werk beschrieben haben.»[49]

Natur und Kultur denkt Humboldt zusammen. Den indigenen Baum vergleicht er auch hier mit den Monumenten indigener Zivilisation. Der Drachenbaum, der mehrere Hundert Jahre alt werden kann, ist für ihn ein Symbol für die Beständigkeit der Natur und zugleich ein Denkmal der Geschichte. Er lehrt uns Ehrfurcht und Respekt für Umwelt und Kultur – und ermahnt uns, sie zu bewahren. Denn die meisten Monumente der Ureinwohner wurden zerstört. Ob es wohl noch heute einen Drachenbaum gibt, den Humboldt gesehen hat?

Eine weitere Zeichnung des Drachenbaums veröffentlicht Humboldt ein halbes Jahrhundert nach der Expedition mit einem wissenschaftlichen Aufsatz in einer botanischen Fachzeitschrift (1852).[50] In diesem Text erinnert er sich zunächst an seine eigene Reise, die ihn als jungen Mann 1799 nach Teneriffa führte, bevor er zu einem fächerübergreifenden Forschungsbericht ansetzt. In charakteristischer Weise führt der Verfasser der *Ansichten der Kordilleren* darin eigene Beobachtungen und das Studium von Quellen zusammen, er verbindet natur- und kulturwissenschaftliche Fragestellungen. Humboldt diskutiert Größe und Alter, Herkunft und Verbreitung der *Dracaena draco.* Er vergleicht den Drachenbaum, den die Ureinwohner der Kanarischen Inseln, die Guanchen, kultisch gefeiert haben sollen, mit anderen sehr alten Gewächsen, die ihrerseits religiöse Verehrung erfuhren – wie der Ölbaum der Athener, der heilige indische Feigenbaum, der afrikanische Baobab oder der tausendjährige Rosenstock des Hildesheimer Doms. Er zitiert Michel de Montaigne, der auf seiner Reise nach Italien als Erster die Bedeutung der Jahresringe erkannt haben soll. Er bezieht sich auf die Zeugnisse der Weltumsegler James

Cook und Georg Forster, Charles Darwin und Kapitän FitzRoy, um noch größere Gewächse zu berücksichtigen, die unter Wasser gedeihen, wie den Riesenseetang.

Die Bäume sind für ihn dabei nicht nur Gegenstände der Naturforschung und Zeichen religiöser Vorstellungen, sondern auch ästhetische Objekte und historische Zeugnisse. An ihnen lässt sich sogar die Geschichte der Entdeckungen und Eroberungen rekonstruieren, etwa anhand von Inschriften, welche die Europäer in besonders alte Exemplare ritzten. Mithilfe der Bäume als Zeitzeugen kann er so einen Bericht von Amerigo Vespucci überprüfen. Die Drachenbäume verbinden ihn mit der Epoche der Kolonisierung und mit den Ureinwohnern der kolonisierten Kanaren.

Indem die Drachenbäume immer neue Knospen und Triebe bilden, welche die alten ersetzen, scheint ihre Existenz keine natürliche Grenze zu haben, sie können allenfalls durch äußere Ursachen zerstört werden. Der Drachenbaum wird so zu einem Sinnbild des langen, wenn nicht sogar ewigen Lebens. Indem sich Humboldt als Greis mit diesem Baum auseinandersetzt, scheint er sich mit ihm zu identifizieren. So werden seine Worte auch autobiografisch lesbar – etwa wenn der kinderlose alte Herr den nüchternen Satz formuliert: «Für die Langlebigkeit der Pflanzen ist eine Ursache die Unfruchtbarkeit.»

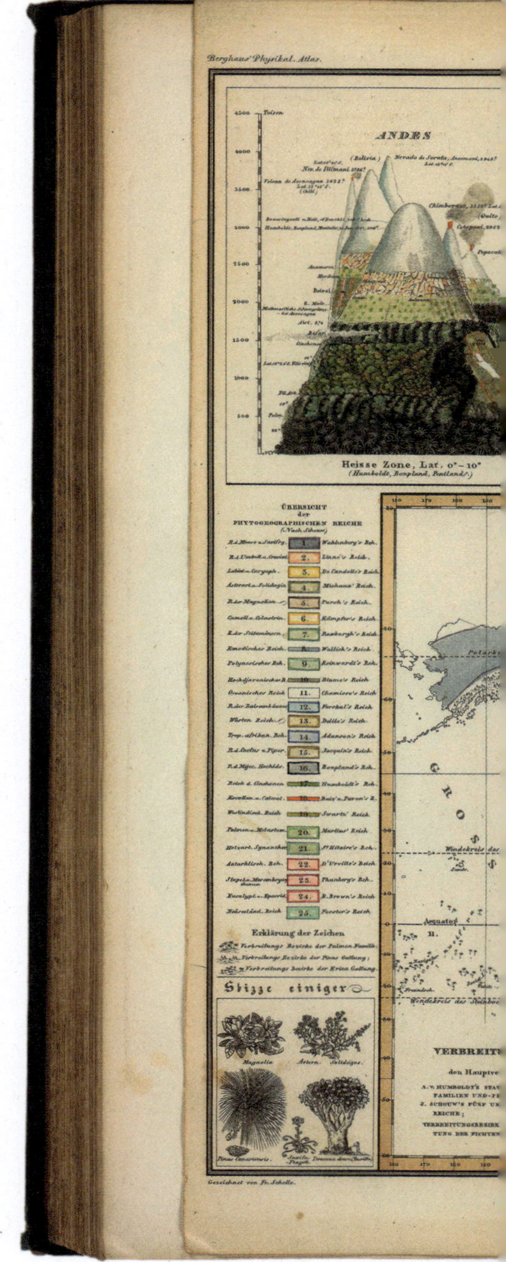

Der Drachenbaum als Miniatur (unten links): Die «Umrisse der Pflanzengeographie» im *Physikalischen Atlas* von Heinrich Berghaus zu Humboldts *Kosmos* (1845–1848)

Der Kanarische Drachenbaum

(*Dracaena draco*)

«Obgleich wir den Drachenbaum in Herrn de Francis Garten aus Reiseberichten kannten, so setzte uns seine ungeheure Dicke doch in Erstaunen» [in: Alfred Gebauer, *Alexander von Humboldt, Seine Woche auf Teneriffa 1799*, Auszug aus dem Reisewerk, Zech Verlag, S. 194], schreibt Alexander von Humboldt in seinem Reisetagebuch bei seinem Aufenthalt auf Teneriffa.

Wer einmal einen ausgewachsenen Drachenbaum auf den Kanarischen Inseln gesehen hat, wird diese Faszination verstehen. Humboldt hat in seinem Leben ohne Zweifel größere, imposantere und von ihrer Systematik her speziellere Pflanzenarten gesehen als den Kanarischen Drachenbaum, denn dieser gehört keineswegs zu den Rekordhaltern in der Pflanzenwelt. Und doch ist es diese Art, mit der er auf rätselhafte Weise verbunden ist, die ihn in ihren Bann gezogen hat. Es ist diese Drachenbaumart, die ihn als jungen Mann im Botanischen Garten in Berlin fasziniert hat und die als sein Initiationsbaum gelten darf. Es ist aber vor allem das uralte Exemplar im Orotava-Tal auf Teneriffa, an das er sich bis zu seinem Lebensende erinnert: *Dracaena draco* ist Humboldts Lebensbaum.

Den Drachenbaum im Garten von de Francis gibt es heute zwar nicht mehr, doch ähnlich große Bäume sind an der Nordostküste von Teneriffa durchaus noch zu finden. Steht man vor einem solchen

Die regelmäßigen, gabeligen Verzweigungen der Äste verleihen dem Kanarischen Drachenbaum eine besondere Ästhetik.

Koloss, glaubt man sich in eine ferne Vergangenheit oder gar in eine andere Welt versetzt. Beim Anblick des Baumes mit seiner Größe und Regelmäßigkeit fühlen wir uns klein und unbedeutend. Ein Baum, der zum Träumen, Zeichnen, Schreiben einlädt – immer wieder.

GAR NICHT SO BESONDERS … UND DOCH!

Mit einer maximalen Höhe von 20 Metern kann der Kanarische Drachenbaum kaum mit den ganz «Großen» der Welt mithalten, gibt es doch zum Beispiel Eukalyptusarten, die fünfmal so hoch werden. Selbst eine Rotbuche *(Fagus sylvatica)* kann die doppelte Höhe erreichen. Dennoch: Stehen wir vor einem ausgewachsenen Drachenbaum, kommt er uns riesenhaft vor. Der Stamm wirkt massig, und die dichotom (zweiteilig) verzweigten Äste haben etwas Architektonisches. Der dicke Stamm erstaunt, wenn man den «familiären» Hintergrund des Drachenbaums berücksichtigt. Denn systematisch gesehen ist der Drachenbaum eine Art der Spargelgewächse *(Asparagaceae)* und somit ein Mitglied aus der großen Gruppe der Einkeimblättrigen Pflanzen, zu denen zum Beispiel die Gräser oder die Orchideen gehören. Einkeimblättrige Pflanzen sind eigentlich dafür bekannt, dass sie kein sekundäres Dickenwachstum ausbilden. Bäume (wenn man die riesige Familie der Palmen außer Acht lässt) sind in dieser Gruppe eher selten. Denn für die meisten Bäume reicht ein primäres Dickenwachstum weder für die Stabilität noch für die Versorgung der einzelnen Organe. Um auch das enorme Gewicht der Äste zu tragen, teilen sich gewisse Zellen weiter und verstärken die älteren Teile der Pflanze. Sie bilden das Leitgewebe aus, in dem Wasser und Nährstoffe transportiert werden. Durch Holzbildung und Durchmesserzuwachs sorgen sie für eine massive Verstärkung der Sprossachse.

Die meisten Einkeimblättrigen hingegen haben in ihrer Stammesgeschichte die Fähigkeit zu einem solchen sekundären Dickenwachstum verloren. Der Drachenbaum bildet hier eine große Ausnahme. Anders als Spargel kennt er ein sekundäres Dickenwachstum, denn sonst wäre die Last seiner Krone gar nicht zu tragen. Im Gegensatz zu Buchen oder Linden findet das Dickenwachstum aber außerhalb seiner Leitbündel statt. Diese sind beim Drachenbaum schön regelmäßig über den ganzen Sprossquerschnitt verteilt. Jahresringe, wie man sie bei unseren einheimischen Waldbäumen aufgrund von ringförmig angeordneten Leitbündeln findet, gibt es beim Drachenbaum daher nicht.

Ausschnitt aus einer Illustration des Drachenbaums von Oratava. Dieser größte je dokumentierte Drachenbaum ist wenige Jahre nach Humboldts Besuch einem Wintersturm zum Opfer gefallen.

Dennoch kann man wenigstens das ungefähre Alter eines Drachenbaums ermitteln, indem man die Verzweigungen seiner Äste zählt. Wegen seines imposanten Aussehens hat man den Drachenbäumen immer wieder ein sehr hohes Alter zugeschrieben. Die ältesten Exemplare auf Teneriffa sind jedoch nur um die 450 Jahre alt. Das dürfte auch dem Höchstalter entsprechen, das ein Kanarischer Drachenbaum überhaupt erreichen kann. Verglichen mit den ältesten Bäumen der Welt, die mehrere Tausend Jahre alt werden, kann man Drachenbäume also nicht zu den Methusalems zählen.

Um die Drachenbäume der Kanaren ranken sich viele Legenden, lange hielt man sie für einzigartig. Früher wurde das dunkelrote Harz der Bäume mit Gold aufgewogen, man schrieb ihm magische Eigenschaften zu. Tatsächlich kommt der Kanarische Drachenbaum ursprünglich nur auf den Kanaren vor – und auf den Kapverden, wo er inzwischen ausgestorben ist. In Marokko gibt es eine Art, die dem Kanarischen Drachenbaum sehr nahesteht und manchmal sogar als gleiche Art angesehen wird. Andere Drachenbäume, also weitere Arten aus der Gattung *Dracaena*, gibt es auch anderswo, von der Insel Sokotra über Madagaskar bis nach Hawaii. Vielleicht steht sogar einer

Heute ist der Drachenbaum von Icod das größe Individuum dieser Art auf Teneriffa. Humboldt hat zwar ein Exemplar gesehen, das noch viel größer war, aber beeindruckend ist der Drachenbaum von Icod allemal.

in Ihrer Arbeitsstube – der Gebänderte Drachenbaum *(Dracaena marginata)* aus Madagaskar ist eine der beliebtesten und am weitesten verbreiteten Zimmerpflanzen.

Um die 60 Arten wurden in der Gattung *Dracaena* bisher beschrieben, und wenn man die nahe verwandten Schwiegermutterzungen (Gattung *Sansevieria*) einbezieht, sind es sogar mehr als 100. Einige können sehr groß werden und sehen dem Kanarischen Drachenbaum ähnlich, andere wiederum sind klein und zart, und man kann kaum glauben, dass sie mit dem Koloss von Teneriffa verwandt sind. Insofern ist der Kanarische Drachenbaum als Art sehr eigenständig, auch wenn er in seiner Gattung viele Schwestern hat.

BAUMGROSSE SPARGEL

Die Familie der Spargelgewächse, die wissenschaftlich *Asparagaceae* genannt wird und in die man den Kanarischen Drachenbaum heute gruppiert, beschrieb Antoine Laurent de Jussieu 1789 in seinen *Genera Plantarum*. Lange Zeit besaß sie keine große Bedeutung, denn Carl von Linné ordnete sowohl den Drachenbaum als auch den Spargel *(Asparagus officinalis)* der Familie der *Liliaceen* zu. Erst die molekulare Forschung zu Beginn des 21. Jahrhunderts zeigte, dass Spargel und Drachenbaum viel näher verwandt sind als zum Beispiel Drachenbäume und Tulpen. Innerhalb der Spargelgewächse wiederum sind die Schwiegermutterzungen (Gattung *Sansevieria*) die nächsten Verwandten der Drachenbäume (manchmal werden sie sogar in die gleiche Gattung gestellt).

Oben: Charakteristische Verzweigung der Äste. Jede Gabelung entspricht einer ehemaligen Blüte. Anhand dieser Verzweigungen kann man das Alter eines Baumes schätzen.

Mit einem Gemüsespargel hat der Kanarische Drachenbaum aber nichts gemeinsam, zumindest nicht, wenn man die Form betrachtet. Eduard Fenzl schrieb zwar 1857 in seiner *Illustrierten Botanik:* «die grünlichweißen Blüthen sind klein und ähneln einerseiths jenen des Spargels, andernseiths im verjüngten Maßstabe jenen unserer Hyazinthen» – doch damit hat es sich mit der Ähnlichkeit auch schon. Mit ihren schwertförmigen Blättern und den verholzten Stämmen gleichen Drachenbäume eher Yucca-Palmen, mit denen sie auch durchaus nahe verwandt sind. Das typische, zweiteilige Wachstum der Äste stellt sich erst im Alter ein. Junge Bäume haben zwar schon den dicken,

grauen Stamm, können aber bis zu beträchtlicher Größe unverzweigt bleiben. Die Laubblätter stehen bei diesen jungen Exemplaren in einem Schopf am Ende der Äste – man könnte sie für Palmen halten.

Es dauert circa zehn Jahre, bis ein Drachenbaum zum ersten Mal blüht. Aus den weißlichen Blüten, die meist in den Sommermonaten zu sehen sind, gehen rote, kirschenartige Früchte hervor. Nach der Blüte entstehen unter dem Blütenstand die bereits angelegten typischen zweiteiligen Verzweigungen, aus denen sich neue Äste bilden.

Unten: Der Kanarische Drachenbaum blüht meist im Alter von 8 bis 11 Jahren zum ersten Mal und bildet nach der Blüte orangefarbene Beerenfrüchte.

Ein wenig Unsterblichkeit

Für die Guanchen, die Ureinwohner der Kanaren, war der Drachenbaum eine überaus wichtige Art. Glaubt man der Überlieferung, wurde er zur Heilung von Knochenbrüchen verwendet. Das Drachenblut, das Harz des Baumes, diente auch zur Einbalsamierung von Mumien. Das Exemplar, das Humboldt auf Teneriffa sah, war für die Guanchen von kultischer Bedeutung gewesen. Als sich Humboldt auf Teneriffa aufhielt, waren die Guanchen jedoch längst ausgelöscht, der «Riesenbaum von Orotava» war nur noch eine Sehenswürdigkeit. Angeblich fiel das Exemplar, das Humboldt zeichnete, 20 Jahre später einem Sturm zum Opfer.

Fenzl schreibt dazu 1857: «Am 21. Juli des Jahres 1821 riss ein furchtbarer Orcan einen der gewaltigen Hauptäste ab, der in einem Sturze einen grossen neben ihm stehenden Stinklorbeer zerschmetterte, mehrere kleinere Bäume unter seinen Ruinen begrub und weit umher die Erde erbeben machte. Eine Gedächtnistafel deckt gegenwärtig die Bruchstelle, um den Baum noch länger vor der schädlichen Einwirkung der Witterung zu schützen. Zahlreiche, auf verschiedenen Punkten dieser Insel, oft auf unzugänglichen Felsen wachsende, alte mächtige Bäume dieser Art nehmen sich noch wie Zwerge gegen diesen Riesen aus.» [In: Alfred Gebauer, Alexander von Humboldt, *Seine Woche auf Teneriffa 1799*, Auszug aus dem Reisewerk, Zech Verlag, S. 194].

Wer Teneriffa heute besucht, findet von Humboldts Baum keine Spuren mehr. Wahrscheinlich hat der Zahn der Zeit alle Überreste beseitigt. Wo er einst gestanden hat, wuchern Stechwinden und Nesseln. Mit Humboldts Zeichnung aber ist er uns erhalten geblieben.

« Kein Phänomen steht einzeln in der Natur da. »

Alexander von Humboldt[51]

5. Tropen

Orinoco 1800

Nach ihrer Überfahrt über den Atlantik landen Alexander von Humboldt und Aimé Bonpland am 16. Juli 1799 in Cumaná im heutigen Venezuela. Der erste Eindruck der Tropen ist überwältigend, fast zum Wahnsinnigwerden. Die Vielfalt der tropischen Natur begeistert die beiden Männer, vor allem der Formenreichtum der Pflanzenwelt.

> «Welche Bäume! Cocuspalmen, 50–60 Fus hoh! […] Pisang und eine Schaar von Bäumen mit ungeheuren Blättern und handgrossen wohlriechenden Blüthen, von denen wir nichts kennen! […] Wie die Narren laufen wir zuweilen umher, und in den ersten 3 Tagen können wir nichts bestimmen, da man immer einen Gegenstand wegwirft, um einen andern zu ergreifen. Bonplan[d] versichert, dass er noch rasend werde, wenn die Wunder nicht bald aufhörten.»[52]

Humboldt und Bonpland dokumentieren zahlreiche Arten, die in Europa unbekannt sind. Aber die ungeheure Vielzahl «neuer» Species ist kaum zu bewältigen. Die Reisenden erleben einen *mega-diversity shock*. Das Linnésche System ist überfordert. In den besonders artenreichen Regionen im Norden von Südamerika wird offensichtlich, dass es nicht mehr nur darum gehen kann, einfach weiter zu klassifizieren. Viel wichtiger wird das Verständnis der Biodiversität – und ihre ästhetische Wahrnehmung.

In einem Brief an seinen Bruder Wilhelm beschreibt Alexander von Humboldt seine ersten Empfindungen in der «Neuen Welt» als psychosomatischen Gesamteindruck:

> «Die Tropenwelt ist mein Element, und ich bin noch nie so ununterbrochen gesund gewesen als in den letzten zwei Jahren.»[53]

Gefahren, Krankheiten, Moskitos bleiben hier unerwähnt. Die Natur der «Neuen Welt» macht Humboldt nicht krank, sondern sie heilt ihn.

Im folgenden Jahr dringt die Expedition vor ins Innere des amerikanischen Kontinents: in einer monatelangen Bootsfahrt auf dem Orinoco. Humboldt weist nach, dass zwei große Fluss-Systeme, der Orinoco und der Amazonas, verbunden sein können. Als Kartograf zeichnet er den Verlauf der Gewässer. Als Ethnograf besucht er Missionsdörfer und beschreibt indigene Völker.

Humboldt im Licht, Bonpland im Schatten: Gemälde von Eduard Ender (1856)

Und er sammelt Pflanzen. Als Grundlagenforschung für eine interdisziplinäre Botanik erfassen Humboldt und Bonpland durchaus weiterhin neue Arten, die sie in das Linnésche System integrieren. Bonpland führt das gemeinsame *Journal botanique,* ein systematisches Feldbuch, das akribische Beschreibungen von mehr als 4.500 Pflanzen enthält.[54] Die meisten Einträge stammen von ihm selbst, einige aber auch von Humboldt, ebenso wie manche der Zeichnungen.[55]

Die Maler seiner Zeit stellen Humboldt als Forscher im Urwald ikonisch mit Pflanzen dar – eher als zum Beispiel mit Tieren. Friedrich Georg Weitsch malte ihn, ein großformatiges Buch auf den Knien, mit einer Blüte in der Hand (1806).[56] Sie ist so präzise abgebildet, dass dem Künstler der Stich aus Humboldts *Voyage* vorgelegen haben muss:[57] Es handelt sich um eine *Rhexia speciosa,* die in der *Monographie des Melastomacées* abgebildet ist (Band 2, Tafel 4).

Eduard Ender setzte die beiden Forscher in einem improvisierten Urwaldlabor (1856) in Szene, Humboldt im Licht, Bonpland im Schatten.[58] Dieses Gemälde nahm Hans Magnus Enzensberger zum Ausgangspunkt seines bekannten Gedichts «A. v. H. (1769–1859)» aus dem Jahr 1975, in dem er die botanischen Motive des Bildes, Palmen, Farne, Feigen und Orchideen, hervorhebt.[59]

Wie dokumentiert man Pflanzen? Humboldts Feldzeichnung mit Bleistift *(Trichoceros antennifer)* links und ein Selbstdruck mit Tinte *(Escallonia pendula)* rechts

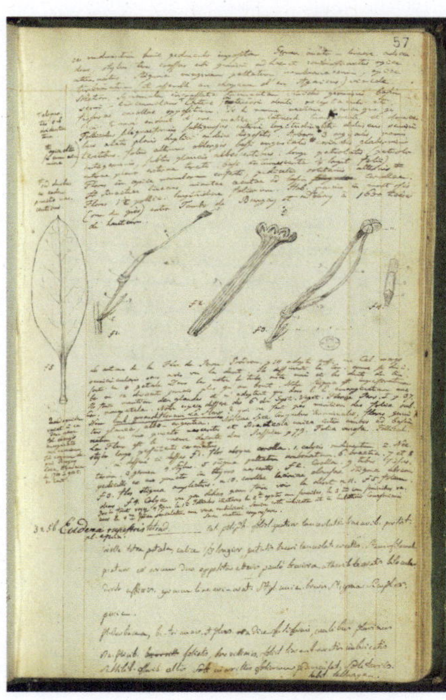

Links eine Seite aus Bonplands *Journal botanique*, das Zusätze und Zeichnungen von Humboldt enthält (1799–1804); rechts ein Herbarbeleg

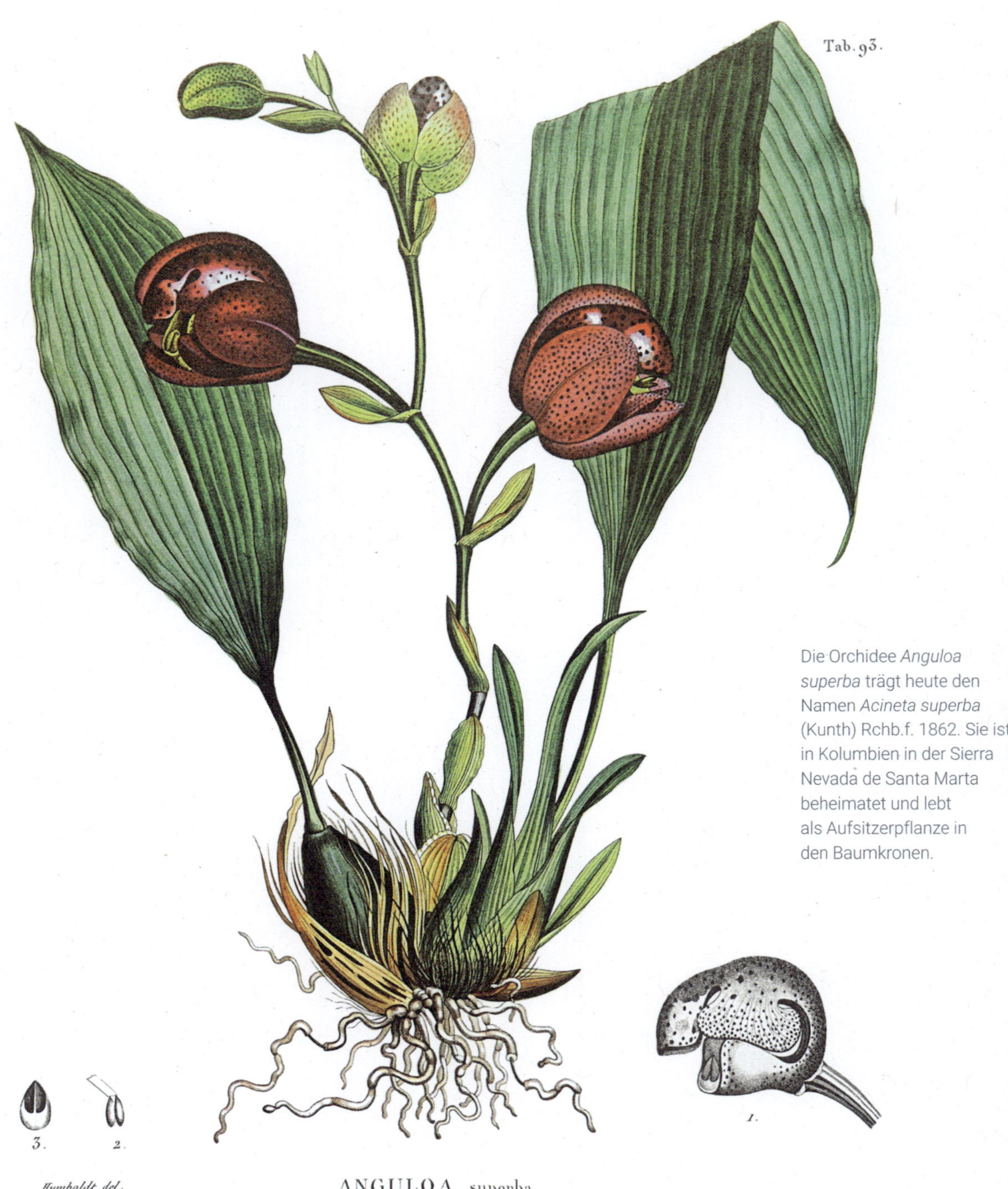

Die Orchidee *Anguloa superba* trägt heute den Namen *Acineta superba* (Kunth) Rchb.f. 1862. Sie ist in Kolumbien in der Sierra Nevada de Santa Marta beheimatet und lebt als Aufsitzerpflanze in den Baumkronen.

Oben: Bonpland und Humboldt haben das Sumpflieb aus der Familie der Froschlöffelgewächse noch als *Limnocharis emarginata* beschrieben. Heute ist dieser Name ein Synonym von *Limnocharis flava*.

«Draußen, in Öl gemalt und sehr blau, die
fernen Gipfel, die Palmen,
die nackten Wilden; drinnen, im Schatten
der laubigen Hütte,
die Wände verhangen mit Fellen und
Riesenfarnen, ein bunter Ara
sitzt auf dem Packsattel, der Gefährte im
Hintergrund hält eine Blüte
unter die Lupe, über die Bücherkisten sind
Orchideen verstreut,
der Tisch ist bedeckt mit Paradiesfeigen,
Karten und Instrumenten:
der Künstliche Horizont, die Bussole, das
Mikroskop, der Theodolit,
und messingglänzend der Spiegelsextant
mit dem silbernen Limbus;
hell in der Mitte auf seinem Feldstuhl sitzt
der gefeierte Geognost
in seinem Labor, im Dschungel, in Öl
gemalt, an den Ufern des Orinoco.»

In den Gedichten seines *Mausoleum*-Zyklus beleuchtet Enzensberger an ausgewählten Akteuren die Ambivalenz der europäischen Modernisierung. Der Untertitel lautet: *Siebenunddreißig Balladen aus der Geschichte des Fortschritts.* Dieser «Fortschritt» bedeutete die Erforschung, aber auch die Kolonisierung der Erde. Die ungewollte «Mittäterschaft» Humboldts, der sich als Wissenschaftler durch die Kolonien bewegte, pointiert Enzensberger im Bild der unerkannten Infektion:

Unten: Die prächtige Orchidee *Restrepia antennifera* ist eine der vielen Arten, die Humboldt und Bonpland in Südamerika gesammelt haben und die Kunth später in Paris beschrieben hat.

«Ein Gesunder war er, der mit sich die Krankheit ahnungslos schleppte, ein uneigennütziger Bote der Plünderung, ein Kurier, der nicht wußte, daß er die Zerstörung dessen zu melden gekommen war, was er, in seinen *Naturgemälden,* bis daß er neunzig war, liebevoll malte.»

Sogar die scheinbar unschuldige Pflanzenkunde konnte, wenn auch ungewollt und unbewusst, im Dienst des kolonialen Projekts stehen. Das Linnésche System wurde als eurozentrischer Versuch einer lückenlosen Erfassung der Welt kritisiert, die ihrer Eroberung ideell Vorschub leistete. Auch die Botanik ist Teil des Imperialismus.

Das Affenmahl im Urwald: Eine Reiseszene von Schick zu einem Reisebericht von Humboldt (1807)

Der Berliner in den Tropen und die Botanische Deutung eines Gemäldes

Für viele Europäer ist das erste Eintauchen in die Welt der Tropen ein ähnlich nachhaltiges Erlebnis. Üppig die Vegetation, vielfältig die Düfte, leuchtend die Farben und vor allem: heiß, schwer und feucht die Luft. Beim Wort «Tropen» denken wir meist an einen Tiefland-Regenwald, wie wir ihn rund um den Äquator finden, obwohl das Klima je nach Meereshöhe oder Relief zwischen den Wendekreisen auch trocken oder kühl sein kann.

Schwindelerregende Artenvielfalt

Der tropische Regenwald faszinierte Botaniker schon immer, aber auch Schriftsteller, Maler und Dichter wurden von den undurchdringlichen Wäldern in ihren Bann gezogen. Alexander von Humboldt war von den Tropen sofort begeistert. Seine Reiseberichte vermitteln, wie groß seine Freude über die Flora des Regenwaldes war und wie wohl er sich im feuchtheißen Klima fühlte.

Anders als in unseren gemäßigten Breiten ist die tropische Vegetation kaum von verschiedenen Jahreszeiten bestimmt. Wegen der Nähe zum Äquator sind die Tage während des ganzen Jahres fast gleich lang («äquinoktial»), und nur die Regenzeiten, die je nach Region etwas stärker oder schwächer ausfallen können, bringen Abwechslung in den Jahresverlauf.

Blick in den tropischen Regenwald in Kolumbien, wie ihn Humboldt erlebt hat. Die Artenvielfalt ist hier so hoch wie nur an wenigen Orten auf der Welt.

Man nimmt an, dass tropische Regenwälder die größte Artenvielfalt von Pflanzen und Tieren auf der Erde beheimaten. Schätzungen bewegen sich im Bereich von 30 Millionen Tier- und Pflanzenarten, was zwischen 40 und 70 Prozent aller bekannten Arten ausmachen dürfte. Aber auch mehr als zwei Jahrhunderte nach Alexander von Humboldt sind der Wissenschaft noch unzählige Arten im südamerikanischen Regenwald unbekannt.

Einige Studien weisen Artenzahlen nach, die sich für Europäer unglaublich anhören: So wurden auf einem einzigen Hektar im Amazonas-Regenwald 280 Baumarten gezählt – in der gesamten Schweiz zählen wir 47, in Deutschland sind es zwischen Bodensee und Nordsee 60 bis 70. Kein Wunder also, dass Humboldt und Bonpland angesichts der Pflanzenvielfalt am Orinoco in Schwärmereien verfielen. Umso bemerkenswerter ist, dass die beiden Forscher sich nicht entmutigen ließen in ihrem Versuch, diese Vielfalt zu dokumentieren.

Sicher war den beiden Entdeckern bewusst, wie wertvoll ihre Sammlung sein würde, waren doch vor ihnen kaum Botaniker so weit ins Innere von Südamerika vorgedrungen. Im *Journal botanique* werden die Funde minutiös festgehalten, mit genauen Informationen über die Fundorte, was dieser Dokumentation auch heute noch einen großen Wert verleiht. Überforderung und Ermüdung ob der Vielfalt scheinen die beiden nicht verspürt zu haben, ganz im Gegenteil: Im Verlauf der Reise nahm die Sammeltätigkeit zu. Wenn man bedenkt, unter welch schwierigen Bedingungen die Pflanzen gesammelt, getrocknet (im feuchten Klima eine besondere Herausforderung), beschrieben und transportiert wurden, ist dies keine Selbstverständlichkeit.

DIE RÄTSELHAFTE ROSA BLÜTE

Bei dieser unermüdlichen Sammeltätigkeit hat der Maler Friedrich Georg Weitsch (1758–1828) den Naturforscher dargestellt. Wieder ist es der Initiator der Expedition, der hier im Mittelpunkt steht, und nicht der spezialisierte Botaniker, Aimé Bonpland.

Weitsch zeigt Humboldt beim Anfertigen eines Herbarbelegs. Der Blick des Botanikers wird wohl zunächst auf die rosa Blüte in Humboldts Händen fallen. Welche Exotik und Eleganz! Um was für ein Gewächs mag es sich wohl handeln? Selbst für einen Kenner der mitteleuropäischen Flora dürfte die rosafarbene Blüte mit den fünf Blütenblättern nicht auf den ersten Blick einer bekannten Pflanzenfamilie zuzuordnen sein.

Wem tropische Pflanzenwelten vertraut sind, der wird erkennen, dass es sich um eine Art aus der Familie der Schwarzmundgewächse (Melatostomataceae) handelt. Diese Familie kommt in den Tropen und Subtropen der Alten und der Neuen Welt vor und umfasst rund 4.500 Arten. Während der Amerikareise entdeckte Humboldt viele Arten aus dieser Familie und beschrieb sie erstmals für die Wissenschaft.

Schwarzmundgewächse sind meist anhand folgender Blattmerkmale zu erkennen: Die Blattnerven ziehen sich mit einer auffälligen Regelmäßigkeit parallel vom Blattgrund zur Blattspitze, und die einzelnen deutlichen Nerven sind durch zahlreiche regelmäßige kleinere Seitennerven miteinander verbunden.

Die Blüten vieler Arten in dieser Familie sind ausnehmend schön. Wenn Schwarzmundgewächse nicht so wärmebedürftig wären, würden sie bestimmt zahlreiche Gärten außerhalb der Tropen zieren. In den letzten Jahren ist die etwas kältetolerantere *Tibouchina urvillleana* als Pflanze für Wintergärten populär geworden. Manche Arten produzieren essbare Früchte. Nach dem Genuss bleibt jedoch eine schwarze Farbe auf der Zunge – die stark färbenden Früchte gaben der Familie ihren Namen.

Humboldt im Regenwald am Orinoco. Dieses wohl bekannteste Gemälde des jungen Alexander von Humboldt ist so genau gemalt, dass es sogar botanische Bestimmungsübungen erlaubt. Der Botaniker erkennt in Humboldts Hand die Art *Meriania speciosa* und im Hintergrund die *Passiflora emarginata*.

Vermutlich handelt es sich bei der schönen rosa Blüte auf Weitschs Bild um *Meriania speciosa*, die auch unter dem Synonym *Rhexia speciosa* bekannt ist. Humboldt muss dem Maler Weitsch einen Probedruck seiner Illustration dieser Pflanze gezeigt haben, und es ist anzunehmen, dass Weitsch daraufhin die wunderbare rosa Blüte in den Mittelpunkt seines Gemäldes setzte.

Die *Meriania speciosa* wächst nur in einem kleinen Verbreitungsgebiet in Kolumbien und Ecuador und ist kaum je in Kultur zu sehen. Über die Art ist wenig bekannt, doch es gibt Bestrebungen, sie in Kultur zu nehmen.

Links: Bei Humboldt heißt sie noch *Rhexia speciosa*, der heute gültige Name ist *Meriania speciosa*. Wahrscheinlich diente dieser Stich dem Maler Weitsch als Vorlage für sein Gemälde.

Rechts: Die rätselhafte rosa Blüte in der Natur: *Meriania speciosa* fällt durch die kräftige Färbung und die langen Anhängsel an den Staubbeuteln auf.

DIE WEISSE PASSIONSBLUME

Auch die Passionsblume im Hintergrund ist so genau illustriert, dass die Art angesprochen werden kann. Wahrscheinlich handelt es sich um die Ausgerandete Passionsblume *(Passiflora emarginata)*, eine der wenigen weißen und verholzten Passionsblumen. Eine Illustration dieser Art stand dem Maler offenbar ebenfalls zur Verfügung.

Passionsblumen sind in den Tropen weit verbreitet, man unterscheidet 467 Arten dieser gut untersuchten Gattung. Viele Passionsblumenarten haben sich im Lauf der Evolution ihren Bestäubern, aber auch ihren Fressfeinden angepasst. Gewisse Arten haben das «Wettrüsten» mit Schmetterlingsraupen, die sich von Passionsblumenblättern ernähren, dabei sehr weit getrieben: Zunächst entwickelten die Passionsblumen Giftstoffe, um die gefräßigen Raupen abzuwehren. Mit der Zeit jedoch wurden die Raupen resistent und fingen an, die Giftstoffe der Pflanzen ihrerseits einzulagern. So wurden sie selbst giftig und somit weniger von Vögeln und anderen Feinden gefressen. Eine in der Entwicklungsgeschichte später entstandene Gruppe von

Passionsblumenarten hat auf den Blättern warzenartige Strukturen, die wie Raupeneier aussehen. Da sich die jungen Larven des Passionsblumenfalters (*Heliconius* sp.) nicht nur von Blättern ernähren, sondern auch räuberisch und kannibalisch sind, legt ein Weibchen ihre Eier nie auf ein Blatt, auf dem sich bereits Eier befinden. So sind die Eierattrappen ein ausgezeichneter Schutz, denn sie verhindern, dass echte *Heliconius*-Eier abgelegt werden.

Passiflora emarginata, die Ausgerandete Passionsblume, wurde 1806 von Aimé Bonpland beschrieben. Ihre Heimat sind die Westlichen Kordilleren in Kolumbien, wo sie auf einer Höhe von 1000 bis 2000 Metern über dem Meer wächst. Es ist somit durchaus vorstellbar, dass sie in der Natur, wie in Weitschs Gemälde, zusammen mit *Meriana speciosa* vorkommt.

Stich der weißen Passionsblume, welche in den Wäldern Kolumbiens heimisch ist.

Die Passionsblume aus dem Hintergrund des Weitsch-Gemäldes für einmal im Vordergrund. *Passiflora emarginata* gehört zu den wenigen verholzenden Passionsblumenarten.

“A traveller should be a botanist, for in all views plants form the chief embellishment.”

Charles Darwin, *Voyage on the Beagle*[60]

6. Wissenschaft als Kunst

Quindío-Pass 1801

Der Übergang über die Anden am Quindío-Pass, nach einer Zeichnung von Humboldt (1810)

Kann Wissenschaft zugleich Kunst sein? Alexander von Humboldt jedenfalls wollte seine naturwissenschaftlichen Beobachtungen künstlerisch vermitteln – als Schriftsteller und als Zeichner. Die botanischen Teile seines Amerika-Werkes, der 29-bändigen *Voyage aux régions équinoxiales du Nouveau Continent,* enthalten über 1200 Pflanzenabbildungen. Die Tafeln sind hochpräzise gestochen und meist farbenprächtig wiedergegeben. Ihre ästhetische Wirkung ist ebenso eindrucksvoll wie ihre wissenschaftliche Akribie.

Diese naturgeschichtlichen Darstellungen dienen durchaus nicht nur der wissenschaftlichen Beschreibung. Sie sind künstlerische Motive in ihrem eigenen Recht. Und sie verweisen auf reiseliterarische Episoden. Die erste Abbildung einer Pflanze in Humboldts *Voyage* ist eine Palme, der ikonische Baum der Tropen, *Ceroxylon andicola.*[61] Dass sie in den *Plantes équinoxiales* an erster Stelle steht, zeigt, dass es auch in einem Werk naturwissenschaftlicher Taxonomie auf Symbolik und Komposition ankommen kann.

Für die botanischen Teile der *Voyage* ist zunächst Humboldts Reisebegleiter Aimé Bonpland und dann vor allem Karl Sigismund Kunth verantwortlich.[62] Ihre Dokumentarbilder folgen zeitgenössischen Konventionen. Die prachtvollen Pflanzen werden in der Regel von namhaften Künstlern gezeichnet und dann entweder in Farbe gedruckt oder nachträglich koloriert. Hinzugesetzt werden analytische Details in Schwarz-Weiß. Einige Tafeln tragen den Vermerk *«Humboldt del.», «Humboldt delineavit»,* das heißt *«Humboldt hat gezeichnet».* Es handelt sich um die Motive: *Limnocharis emarginata, Anguloa superba* und *Restrepia antennifera* (*Plantes équinoxiales,* Band 1, Tafel 34; *Nova genera et species plantarum,* Band 1, Tafeln 93 und 94).

Die Wachspalme, *Ceroxylon andicola*, als Zeichnung aus Humboldts Nachlass (1801)

Einige der neuen Arten tragen die Namen der Forscher, zum Beispiel *Fucus Humboldtii* (*Plantes équinoxiales,* Tafel 68) oder *Salix Bonplandiana* (*Nova genera et species plantarum,* Tafel 101). Die botanischen Bezeichnungen geben aber auch Humboldts Route wieder. Sie ist ablesbar an der geografischen Nomenklatur entdeckter und bestimmter *Species*: Eusmia *caripensis,* Erythroxylum *orinocense,* Hybanthus *havanensis,* Melastoma *ibaguensis,* Aralia *quinduensis,* Andromeda *bracamorensis,* Acacia *acapulcensis,*

Die Schlammvulkane von Turbaco, nach einer Zeichnung von Humboldt (1812)

Ferula *tolucensis*, Elaphrium *jorullense*.

Umgekehrt können wir in Humboldts Landschaftsbildern, die er selbst zeichnet und stechen lässt, Mikrostudien von Pflanzen suchen, die in den dazugehörenden Texten behandelt werden. Morphologische Details machen die Naturszenen konkret und authentisch. Botanik und Landschaftsmalerei verschmelzen: Wissenschaft und Kunst werden eins.

Als Beispiel für eine Landschaftsdarstellung, die Ästhetik und Wissenschaft zugleich bietet, kann ein Bild von der Querung der Anden dienen: *«Passage du Quindiu, dans la Cordillère des Andes»* [63]. Die Tafel zeigt eine Zeichnung, die aus den Perspektiven mehrerer Disziplinen entworfen ist und für den Betrachter entsprechend mehrfach lesbar wird. Das Bild, das der Kunstliebhaber artistisch genießen kann, bietet dem Botaniker Informationen über bestimmte

Auf dem Rücken von Menschen reisen: Detail aus Humboldts Darstellung des Übergangs über die Anden

Gewächse, die der Pflanzengeograf in ihrer natürlichen Umwelt vorfindet, während ein Geologe die Schichtung der Gesteinsformationen und die Gebirgsbildung studieren, der Mineraloge nach bestimmten Vorkommen Ausschau halten und der Klimaforscher die Wolkenbildung oder die Schneegrenze beachten mag. Das «Gemälde» der Natur wird zum Medium wissenschaftlicher Dokumentation. Seine Genauigkeit befreit das Amerikabild von Klischees.

Bei näherer Betrachtung wird deutlich, dass das Motiv keineswegs nur naturkundlich ist, sondern auch eine Geschichte erzählt, die eine soziologische und politische Brisanz besitzt: Im Vordergrund der *«Passage du Quindiu»* sehen wir eine Reisegruppe. Einheimische Träger, kaum bekleidet, schleppen in Stühlen, die auf ihre Rücken gebunden sind, Menschen in europäischen Gewändern. Statt die Landschaft zu erleben, blickt der Mann im Stuhl in ein Buch, während er der Richtung des Weges den Rücken zuwendet – wie Paul Klees «Angelus Novus» in Walter Benjamins Geschichtsphilosophie, der gebannt zurück auf die Vergangenheit starrt.[64]

Eine allegorische Interpretation drängt sich auf: Steht der rückwärts Getragene für die reaktionäre weiße Elite, der weltvergessene Leser für die koloniale Wahrnehmung europäischer Reisender, die ihre Eindrücke aus der Lektüre vorgefertigter Exotismen beziehen, so vertreten die Träger die unterdrückte einheimische Bevölkerung. Der zweite *carguero,* dessen Stuhl leer bleibt, blickt als einziger aus dem Bild auf den Betrachter, an dessen Stelle der Zeichner, Humboldt, anzunehmen ist, der sich dieser Form des Transports verweigerte. Das Bild wird so zu einem indirekten Selbstporträt, in dem Humboldt abwesend anwesend ist.

Im Text, der diese Abbildung erklärt, kommt Humboldt auf diese Praxis des Reisens zu sprechen – und auf bestimmte Pflanzen, die dabei verwendet werden. Die *vijao*-Blätter der *Calathea lutea* werden nach seiner Beschreibung beim Gang über die Anden bündelweise mitgeführt, um aus ihnen in der Nacht oder bei Regen Zelte bauen zu können.

> «Wenn man in Ibagué ankommt und sich auf die Reise vorbereitet, läßt man in den nahe gelegenen Bergen mehrere hundert *vijao*-Blätter schneiden, eine Pflanze aus der Familie der Bananengewächse, die eine

neue, der Thalia nahe Gattung bildet und nicht mit der Heliconia bihai verwechselt werden darf. Diese Blätter, pergamentartig und glänzend wie die der Musa, sind oval geformt und messen vierundfünfzig Zentimeter (zwanzig Zoll) in der Länge auf siebenunddreißig Zentimeter (vierzehn Zoll) in der Breite. Ihre Unterseite ist silbrig weiß und mit einer mehligen Substanz bedeckt, die sich in Schuppen ablöst. Dieser eigentümliche *Firnis* bewirkt, daß sie dem Regen lange zu widerstehen vermögen. Wenn man sie sammelt, schneidet man eine Kerbe in die Hauptrippe, welche die Verlängerung des Blattstiels ist; diese Kerbe wird als Haken dienen, um die Blätter beim Aufbau des tragbaren Daches aufzuhängen; dann breitet man sie aus und rollt sie sorgfältig zu einem zylindrischen Paket zusammen. Um eine Hütte zu bedecken, in der sechs bis acht Personen schlafen, braucht man fünfzig Kilogramm Blätter. Gelangt man in den Wäldern an eine Stelle, wo der Boden trocken ist und wo man die Nacht verbringen will, schlagen die *cargueros* ein paar Äste von den Bäumen und stellen sie in Form eines Zeltes auf.»[65]

Die *vijao*-Blätter stehen hier für den praktischen Nutzen von Gewächsen und zugleich für das Zusammenleben mit den Einheimischen, die mit dem europäischen Botaniker unter demselben improvisierten Pflanzendach übernachten.

Die hintereinander angeordneten Figuren im Vordergrund des Bildes, die einander ähneln, vertreten historisch aufeinanderfolgende Zustände lateinamerikanischer Gesellschaften: zunächst gebeugt unter der kolonialen Hoheit der Spanier; dann von diesen befreit, aber in unveränderter Haltung verharrend, das heißt, ohne dass sich unter der Herrschaft der weißen Kreolen grundsätzlich etwas ändern würde. Die Zeichnung ist wie ein filmisches Serienbild entworfen. Es beschreibt eine fortschreitende und doch statische Geschichte – inmitten einer scheinbar ewig tropischen Natur, die bei genauer Betrachtung doch Spuren menschlicher Eingriffe zeigt.

Die Last des Trägers: Gemälde von Johann Friedrich Waldeck (1833)

Die höchste Palme der Welt

1801 landeten Humboldt und Bonpland, aus Kuba kommend, im heutigen Kolumbien. Sie konnten es nicht erwarten, die Anden zu überqueren. Die beiden Forscher hatten bereits Erfahrungen im Tieflandregenwald gesammelt, und das Eintauchen in die Gebirgswelt der Anden war ein neues Kapitel auf ihrer Entdeckungsreise.

Fragwürdiger Transport über einen gefährlichen Pass

Als Übergang bot sich der Quindío-Pass an, der jedoch als der gefährlichste der nördlichen Anden galt. Angeblich konnte er nur auf dem Rücken von Trägern, sogenannten *silleros* oder *cargueros,* überquert werden. *Silleros* waren einheimische junge Männer, die Lasten von 50 bis 90 Kilo auf ihren Rücken über den Pass schleppten. Neben schweren Ladungen waren es aber in erster Linie reiche Reisende, die sich über die gefährliche Wegstrecke tragen ließen. Zu diesem Zweck band man den *silleros* einen Bambusstuhl auf den Rücken, auf welchem die fremden Herren dann über die Anden getragen wurden.

Humboldt war über diese Zustände entsetzt. Auch wenn man ihn darauf hingewiesen hatte, dass der Pass nur auf dem Rücken der Träger sicher überquert werden konnte, verweigerte er sich dieser Art des Transports. *«Andar en carguero»,* das Überwinden des Bergpasses auf dem Rücken von Menschen, schien ihm ein weiteres Beispiel für die Unterdrückung der amerikanischen Bevölkerung zu sein. Einige Reisende sollen ihre Träger gar mit Stöcken und Sporen angetrieben haben. Nicht selten brach ein erschöpfter Träger auf dem Weg zusammen und wurde seinem Schicksal überlassen. Humboldt empörte sich über diese Grausamkeit und überquerte, ungeachtet aller Warnungen, den Pass zu Fuß.

Bei Platzregen und auf engen, glitschigen Pfaden, die sich an Felswänden vorbeischlängelten, war diese Überquerung alles andere als einfach, und aus Humboldts Zeilen in seinen *Ansichten der Kordilleren* liest man die Anstrengung, welche die Männer auf sich nehmen mussten:

> «Der Weg führte durch ein sumpfiges, mit Bambusschilf bedecktes Land. Die Stacheln, womit die Wurzeln dieser gigantesken Grasart bewafnet sind, hatten unsre Fussbekleidung so sehr zerrissen, dass wir genöthigt waren, wie alle Reisenden, die sich nicht von Menschen auf dem Rücken tragen lassen wollen, baarfuss zu gehen. Dieser Umstand, die beständige Feuchtigkeit, die Länge des Wegs, die Muskelkraft, welche man, um auf dichtem und schlammigem Thon zu gehen, anwenden muss, und die Nothwendigkeit, durch sehr tiefe Giessbäche von äusserst kaltem Wasser zu waten, machen diese Reise gewiss äusserst beschwerlich; aber in so hohem Grade sie das auch ist, so hat sie doch keine der Gefahren, womit die Leichtgläubigkeit des Volks die Reisenden schreckt. Der Pfad ist freilich schmal, aber die stellen sind sehr selten, da er an Abgründen wegführt.» [Alexander von Humboldt, *Pittoreske Ansichten der Cordilleren und Monumente americanischer* Völker, Tübingen: Cotta 1810, S. 19].

IM REICH DER WACHSPALME

Trotz aller Strapazen muss die Überquerung des Gebirges landschaftlich und botanisch überwältigend gewesen sein: Der Pass liegt knapp 3.300 Meter über dem Meer, am Übergang der hochandinen Wälder zum *Páramo*. Der *Páramo* ist ein Vegetationstyp oberhalb der Wälder, der vorwiegend aus Horstgräsern und Rosettenpflanzen besteht. Er beeindruckt durch urtümlich anmutende Wuchsformen. Besonders die Espeletien, die in den höheren Lagen vorherrschen, wirken aus mitteleuropäischer Sicht sehr ungewohnt. *Frailejones,* also «Mönche», wie die Espeletien in Südamerika genannt werden, gehören zur riesigen Familie der Korbblütler. Innerhalb dieser Familie stellen sie systematisch eine isolierte Gruppe dar. Die silbrigen Blätter, die das Sonnenlicht reflektieren, sind eine Anpassung der Pflanzen, um sich gegen die intensive Strahlung zu schützen. Im Nebel sieht eine Gruppe Espeletien tatsächlich wie eine Schar Mönche aus. Manchmal stehen ganze Berghänge voller «Mönche in grauen Mänteln». Am Quindío-Pass gibt es diese seltsame Vegetation freilich noch nicht, doch der Übergang der Nebelwälder zum artenreichen, oft von Büschen dominierten *Subpáramo* ist ein wahres El Dorado für Pflanzenliebhaber.

Hier trafen Humboldt und Bonpland zum ersten Mal die Quindío-Wachspalme *(Ceroxylon quindiuense)* an. Humboldt schrieb:

> «Das Quindiu-Gebirg ist eine der reichsten Gegenden an nützlichen und merkwürdigen Pflanzen. Hier fanden wir den Palmbaum *(Ceroxylon andicola),* dessen Stamm mit vegetabilischem Wachs bedeckt ist; Passionsblumen in Bäumen, und den prächtigen *Mutisia grandiflora,* dessen scharlachrothe Blumen sechszehn Centimeters (sechs Zoll) lang sind. Die Wachs-Palme erreicht die ungeheure Höhe von acht und fünfzig Meters, oder hundert und achtzig Fuss, und der Reisende erstaunt, eine Pflanze, aus diesem Geschlecht unter einer beinah kalten Zone, und über zweitausend achthundert Meters über der Meeresfläche zu finden.» (Alexander von Humboldt, *Pittoreske Ansichten der Cordilleren und Monumente americanischer* Völker, Tübingen: Cotta 1810, S. 24)

Humboldt und Bonpland waren von den eleganten Palmen begeistert, welche die übrige Vegetation übergipfeln.

Quindío-Wachspalmen wachsen nur in einem geografisch eng begrenzten Gebiet. Innerhalb der großen Gruppe der Palmen stellen sie eine Besonderheit dar. Zum einen ist da die enorme Wuchshöhe von bis zu 60 Metern. Da der Stammdurchmesser, auch bei so riesigen Exemplaren, aber kaum je 40 Zentimeter überschreitet, wirken die Palmen grazil. Die Quindío-Wachspalme ist die höchste bekannte Palmenart. Weil sie nur sehr langsam wächst, ist anzunehmen, dass die ganz

Illustration einer Wachspalmen-Art, die nach Zeichnungen von Humboldt angefertigt wurde. *Ceroxylon andicola* heißt heute *Ceroxylon alpinum* und ist mit der Quindío-Wachspalme nahe verwandt.

1.a
A
Turpin del.
Gravé par Sellier
CEROXYLUM andicola.

Diese kolorierte Version des Stichs vom Quindío-Pass macht deutlich, wie viel aus Humboldts Skizzen gelesen werden kann.

hohen Exemplare mehrere Hundert Jahre alt sind. Zum anderen bildet sie am Stamm eine seltsame Wachsschicht, auf die auch ihr Name zurückgeht. Sie kann unterschiedlich dick sein und dient wahrscheinlich dem Schutz des Stammes. Früher wurde das Wachs geerntet und zur Herstellung von Kerzen verwendet. Zu diesem Zweck wurde den Wachspalmen stark zugesetzt. Heute stehen die Bäume vielerorts unter Schutz. Einzig ihre Blätter werden noch am Palmsonntag als Schmuck gepflückt, was bei so hohen Bäumen kein einfaches Unterfangen ist.

Auch wenn Humboldt und Bonpland oft als Entdecker der Wachspalmen angesehen werden, hielt sie doch bereits der Botaniker José Celestino Mutis auf seiner *Real Expedición Botánica del Nuevo Reino de Granada* zum ersten Mal fest. Die Erstbeschreibung der Gattung nahm aber Bonpland vor, und zwar bereits 1804, also im Jahr der Rückkehr aus Amerika. Bis heute wurden zwölf Arten dieser Gattung beschrieben, die alle in den Anden beheimatet sind. Die Blüten werden wahrscheinlich von Käfern bestäubt, und die Samenverbreitung übernehmen zu einem großen Teil verschiedene Vogelarten. Die Wachspalme ist der Nationalbaum von Kolumbien. Aber auch wenn sie immer wieder als Wahrzeichen dient, so ist sie doch bis heute überraschend wenig erforscht.

PFLANZEN IM BILD

Humboldts Bild des Quindío-Passes kann sehr unterschiedlich gelesen werden. Während sich allegorische Interpretationen der Figuren im Vordergrund anbieten, wird sich der Botaniker den Gewächsen zuwenden.

Die Vegetation ist üppig und typisch für das äquatoriale Klima der höheren Lagen. Im Vordergrund des Bildes scheint sie stark vom Menschen beeinflusst zu sein. Zu sehen sind Wege, Zäune und offene Flächen, bei denen es sich vermutlich um Weideland und Plantagen handelt. Auch eine Stadt und ein Zaun deuten darauf hin, dass es sich bei der Hochebene um Kulturland handelt. Am Hang rechts stehen

Die Quindío-Wachspalme ist die größte Palmenart der Welt. Das Bild oben zeigt das Individuum, das mit 65 Metern den bisherigen Rekord hält. Der Stamm der Wachspalme (unten) ist auffällig und dekorativ zu gleich. Die wachsartige Schicht wurde früher zu Kerzenwachs verarbeitet.

Am Quindío-Pass ist die Wachspalme heute häufiger als zu Humboldts Zeiten, denn sie profitierte von der Entwicklung der Landschaft.

zwei einzelne Bäume. Da Bäume natürlicherweise nicht isoliert vorkommen, könnte dies auf extensive Landwirtschaft hinweisen. Die Wälder im Hintergrund sind relativ dicht. Bei den Bäumen könnte es sich um Eichen handeln, vielleicht sogar um die Humboldt-Eiche *(Quercus humboldtii)*. Die Berge sind natürlicherweise waldfrei und von andinen Rasengesellschaften bedeckt.

Auf der rechten Bildseite ist eine Agave zu erkennen. Die meisten Agavenarten sind im südlichen Teil von Nordamerika und in Mittelamerika beheimatet. Ihr natürliches Verbreitungsgebiet reicht bis nach Ecuador und Kolumbien, wobei für das Gebiet des Quindío-Passes nur wenige Arten infrage kommen. Die hier abgebildete Art sieht der Amerikanischen Agave *(Agave americana)* sehr ähnlich. Jedoch kommt diese Art natürlicherweise nur im südlichen Teil der USA und in Mexiko vor. Die kolumbianischen Arten sind meistens kleinwüchsiger. Sollte es sich wirklich um die Amerikanische Agave handeln, müsste sie zu Humboldts Zeit am Quindío-Pass angepflanzt worden sein.

« Wo ist eine Entdeckung, deren Keim nicht schon früher gelegt war? »

Alexander von Humboldt[66]

7. Anden und Alpen

Quito 1802

Alexander von Humboldts bekannteste Episode ist die Besteigung des Chimborazo. Fast erreicht er den Gipfel des Berges, der damals als höchster der Welt gilt. Nie zuvor ist ein Mensch in größere Höhen gelangt. Dieses spektakuläre Ereignis macht ihn weltberühmt. Immer wieder wird Humboldt gebeten, vom Chimborazo zu berichten. Nichts würde näher liegen, als einen dramatischen Bericht zu veröffentlichen, der sicher ein großer Verkaufserfolg wäre. Aber genau das tut Humboldt nicht. Mehr als 30 Jahre lässt er vergehen, bis sein Höhenrekord übertroffen ist und er endlich einen Essay veröffentlicht: «Ueber zwei Versuche den Chimborazo zu besteigen» (1837).[67] Leicht bearbeitet erscheint er erneut in seinen *Kleineren Schriften* (1853).[68]

Hier spielt der Bergsteiger die längst legendäre Besteigung des andinen Vulkans selbstironisch herunter. Die Besteigung des Chimborazo, so scheint er sagen zu wollen, war eigentlich nichts Besonderes. Der gesamte Anstieg dauert «nur 3½ Stunden».[69] Als er sich auf den Berg quält, herrscht dichter Nebel. Man sieht nichts. «Wir waren wie in einem Luftballon isolirt.»[70] Und das, was man sieht, ist ein *wasteland*. «Wir blieben kurze Zeit in dieser traurigen Einöde».[71] Sogar der Condor meidet den unwirtlichen Berg. Nicht einmal Insekten oder Gräser befinden sich dort ‹freiwillig›.[72]

Bis zu einer Höhe von fast 5.500 Metern können Humboldt und Bonpland noch Flechten wie die *Lecidea atrovirens* sammeln; Moose wie die *Grimmia longirostris* immerhin bis auf 4.700 Meter. Eine Fliege sehen sie in einer Höhe von fast 5.400 Metern.[73] Aber das Wenige, das es am Chimborazo überhaupt zu erforschen gibt, findet sich eigentlich auch woanders: botanisch, mineralogisch oder klimatisch. Die Gräser «gehören, der größten Zahl nach, nord-europäischen Geschlechtern an.»[74] Die «mittlere Temperatur des ganzen Jahres» erinnert an «Lüneburg».[75] Man hätte, so scheint es, ebenso gut zu Hause bleiben können.

Wiederholt bezieht sich Humboldt, wenn er vom Chimborazo spricht, auf die Schweiz:

> «An dem Abhange der schweizer Alpen bemerkt man bisweilen auch dies Phänomen stufenweise übereinander liegender kleinen Ebenen, welche, wie abgelaufene Becken von Alpenseen, jetzt durch enge, offene Pässe verbunden sind.»[76]

«Der Chimborazo, von der Hochebene von Tapia her gesehen», nach einer Zeichnung von Humboldt (1811)

Rechts: Der Botaniker in der Landschaft: Detail aus Humboldts Darstellung des Chimborazo

Die Beobachtungen, die der Naturforscher während mehrerer Schweiz-Reisen anstellt (1795, 1805, 1822), bilden eine wichtige Grundlage für seine Gebirgsbotanik. Andenforschung und Alpenforschung kann er aus eigener Anschauung aufeinander beziehen. Während seiner Exkursionen in der Schweiz wie in Südamerika sammelt er Exemplare und Daten, die ihn zu der Erkenntnis führen, wie kontextabhängig die Vegetation ist, welchen Gesetzmäßigkeiten ihre Verteilung horizontal wie vertikal folgt – und wie sich Lebewesen an ihre Umgebung anpassen.

Pflanzengeografische Ideen entwickelt Humboldt bereits lange vor seiner Amerikareise. So skizziert er in Briefen an Friedrich Schiller und Johann Friedrich Pfaff (1794) Überlegungen zu einer «Geschichte der Pflanzen».[77] Er arbeitet sie kontinuierlich aus, wobei die Expedition in die Tropen der entscheidende Katalysator ist.

In Humboldts Nachlass in der Staatsbibliothek zu Berlin findet sich ein Manuskript mit dem programmatischen Titel «Geschichte der Pflanzen (Der Vierwaldstättersee) Naturgemälde», das auf seine erste Schweiz-Reise zurückgeht (1795).[78] Hier beschreibt Humboldt in einer frühen Mikrostudie ebenso wissenschaftlich wie poetisch die vertikale Verteilung der Vegetation in der Zentralschweizer Landschaft: «Inseln von Kräutern», «mit Flechten [...] umzingelt», «In den Ritzen wachsen einzelne Tannen.» Dabei führt er die Entstehung und Verbreitung der Gewächse in Wechselwirkung mit menschlichen Migrationen vor Augen: buchstäblich und im doppelten Sinn als «*Geschichte* der Pflanzen». Detailbeobachtungen fügen sich in diesem «Naturgemälde» zu einer umfassenden Ansicht, die Natur und Kultur miteinander verbindet. Auffällig ist, wie Humboldt die Natur, deren «Geschichte» er in diesem «Gemälde» erzählt, durch eine Reihe von Verben der Bewegung dynamisiert: «schwemmen», «wachsen», «nisten», «siedeln», «bedecken», «besetzen», «werfen», «steigen» oder «ansteigen», «dringen» und «zucken». Er betrachtet die Natur in ihrer Bewegung und Veränderung.

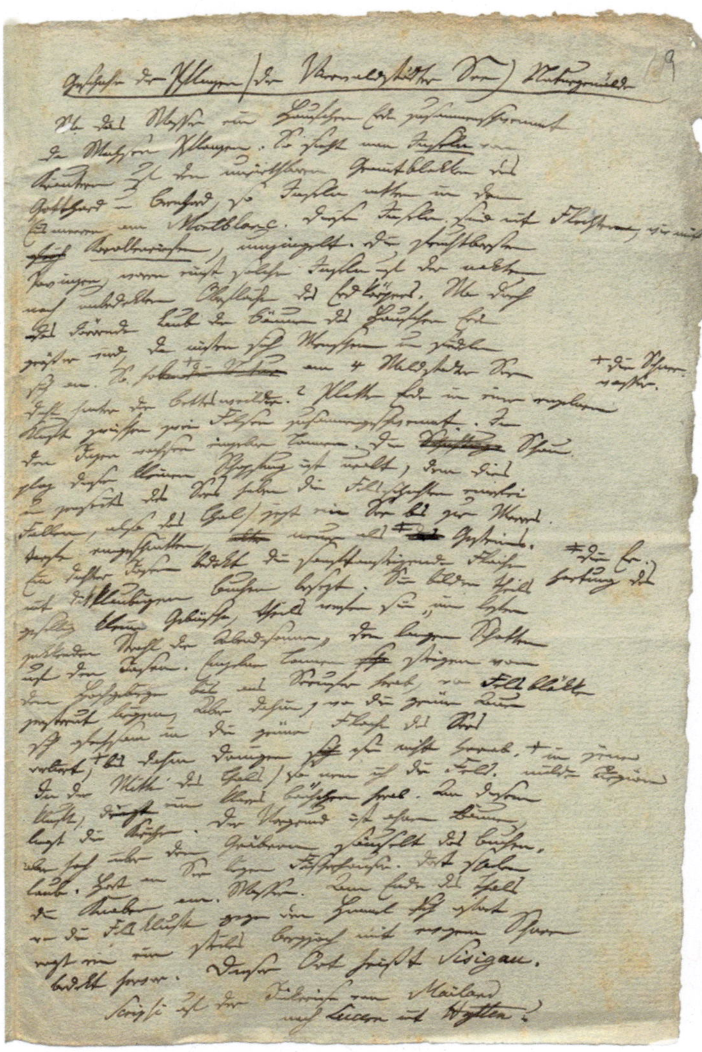

«Geschichte der Pflanzen (Der Vierwaldstätter See) Naturgemälde», Manuskript aus Humboldts Nachlass (1795/1799)

Gegenüberliegende Seite oben: Die Schneegrenze der Gebirge im weltweiten Vergleich (1814)

Gegenüberliegende Seite unten: Gipfel und mittlere Höhen der Gebirge im weltweiten Vergleich (1853)

«Wo das Wasser ein Häufchen Erde zusammenschwemmt da wachsen Pflanzen. […] Wenn durch das dörrende Laub der Bäume das Häufchen Erde größer wird, da nisten sich Menschen u[nd] siedeln sich an. […] Ein dichter Rasen bedeckt die sanftansteigende Fläche mit dicklaubigen Buchen besetzt; sie bilden teils gesellig kleine Gebüsche, teils werfen sie, im letzten zuckenden Strahl der Abendsonne, den langen Schatten auf den Rasen. Einzelne Tannen steigen von den Hochgebirgen bis ans Seeufer herab, wo Felsblöcke zerstreut liegen. Aber dahin, wo die grüne Aue sich gleichsam in die grüne Fläche des Sees verliert, in jene milde Region, bis dahin dringen sie nicht herab. […] Der Vordergrund ist ohne Bäume, aber hoch über den Gräbern säuselt das Buchenlaub.»[79]

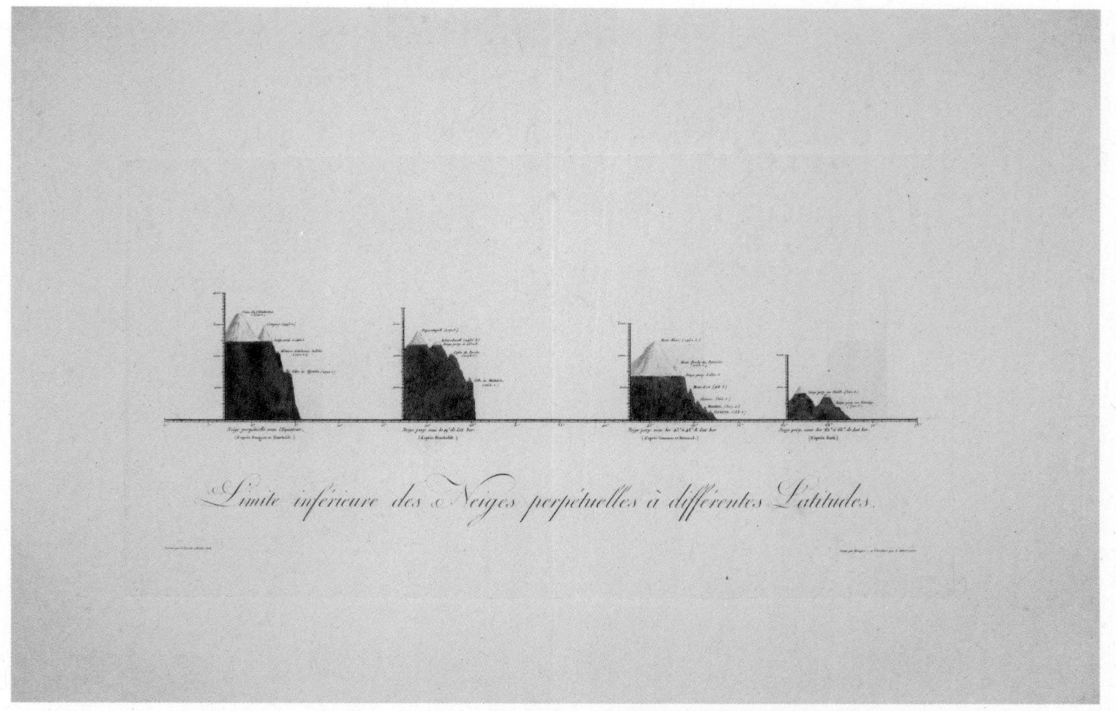
Limite inférieure des Neiges perpétuelles à différentes Latitudes.

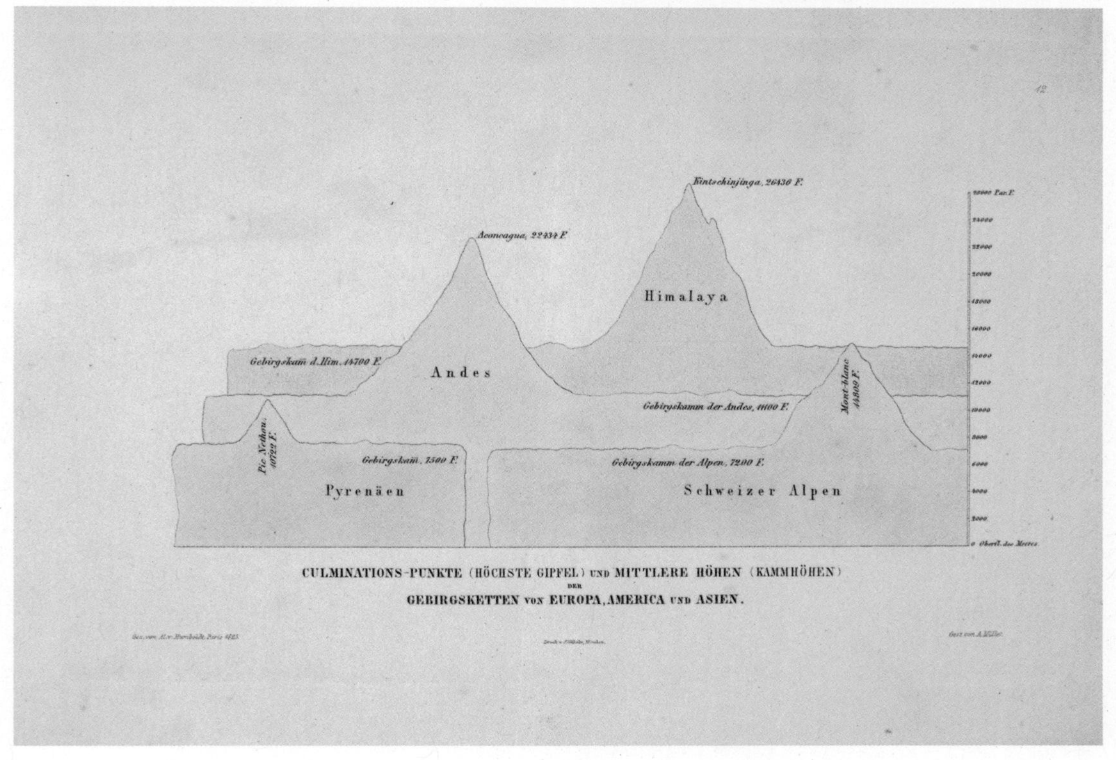
12
Kintschinjinga. 26436 F.
Aconcagua. 22434 F.
Himalaya
Andes
Gebirgskam̄ d. Him. 14700 F.
Gebirgskamm der Andes. 11100 F.
Mont-blanc 14809 F.
Pic Nethou. 10722 F.
Gebirgskam̄. 7500 F.
Gebirgskamm der Alpen. 7200 F.
Pyrenäen
Schweizer Alpen
26000 Par. F.
0 Oberfl. des Meeres
CULMINATIONS-PUNKTE (HÖCHSTE GIPFEL) UND MITTLERE HÖHEN (KAMMHÖHEN)
DER
GEBIRGSKETTEN VON EUROPA, AMERICA UND ASIEN.

In seiner berühmten Grafik mit dem Titel «Geografie der Pflanzen in den Tropenländern» (französisch «Tableau physique des Andes») (1807) – von der noch ausführlicher die Rede sein wird – erfasst Humboldt die Schichtung der Klimazonen, die Verteilung der Pflanzenarten und die Komplexität eines vertikalen Ökosystems in einem beschrifteten Gebirgsquerschnitt mit der Anschaulichkeit eines Diagramms.

Dieses Prinzip variiert er später und stellt die Anden dabei anderen Gebirgen gegenüber, insbesondere den Alpen: als «*Limite inférieure des Neiges perpétuelles à différentes Latitudes*» (im *Atlas géographique et physique des régions équinoxiales du Nouveau Continent*, 1814, Tafel 1) und als «Culminations-Punkte (höchste Gipfel) und mittlere Höhen (Kammhöhen) der Gebirgsketten von Europa, America und Asien» (in *Umrisse von Vulkanen aus den Cordilleren von Quito und Mexico*, 1853, Tafel 12). Humboldts Wissenschaft ist global komparatistisch.

Das Verfahren des «Tableau physique» wurde zuletzt sogar direkt von den Anden auf die Alpen übertragen und in einem Modell realisiert, das die beiden Gebirge nicht nebeneinanderstellt, sondern ineinander verschränkt (2018).[80] So können die Höhen der Gebirge ebenso wie die unterschiedlichen Schneegrenzen und Vegetationsgürtel miteinander verglichen und die einzelnen Pflanzennamen in ihren jeweiligen Höhen und Umgebungen aufeinander bezogen werden.

Dabei zeigt der großformatige Querschnitt der Anden die Namen einiger Pflanzen, die für die Alpen emblematisch sind: etwa Enziane *(Gentiana)*, Baldrian *(Valeriana)* und Steinbrech *(Saxifraga)* oder auch Arnika *(Arnica)*, eine der besonders ikonischen Pflanzen der Schweizer Gebirgsflora, die in der Volksmedizin Verwendung findet; des Weiteren verschiedene Gräser, die Gattungen *Dactylis*, *Agrostis*, *Melica* und *Bromus*, die auch in der alpinen Flora der Schweiz vorkommen. Sogar im pflanzenwissenschaftlichen Detail verweisen die Anden immer wieder auf die Alpen – und umgekehrt.[81]

Humboldts Profil der Anden als Modell, kombiniert mit einem Profil der Alpen: Installation der Ausstellung «Botanik in Bewegung» (Bern, 2018)

Die Botanik kommt in Bewegung

Von der Linnéschen Taxonomie zu pflanzengeografischen Gebirgsprofilen

In einem modernen geobotanischen Lehrbuch begegnet uns früher oder später eine Grafik zur Höhenverteilung der Vegetation. Dass Pflanzenarten an eine mehr oder weniger breite Höhenstufe gebunden sind, ist heute für uns eine Selbstverständlichkeit. Diese vertikale Florengliederung ist uns inzwischen so vertraut wie die horizontale Gliederung der Pflanzendecke: Wer zum Botanisieren ans Mittelmeer fährt, wird sich entsprechende Bestimmungsbücher besorgen, denn es ist jedem klar, dass die Bestimmungsbücher, die wir daheim brauchen, in der Ferne nicht ausreichen. Bestimmt war auch den Botanikern vor Humboldt bewusst, dass sich die Flora der Berggipfel von jener des Tieflandes unterscheidet, so wie diejenige der südlichen Länder von denen des Nordens. In erster Linie aber ging es in der Botanik zu Humboldts Zeit darum, ein System auszufüllen, das die Pflanzenarten nach ihrem Erscheinungsbild, ihrer Morphologie, einordnete. Andere Themen, wie das Verhalten einer Art oder ihre Verbreitung, waren weniger wichtig.

Griechische Grundlagen, biblisches Gebirge, Schweizer Alpen

Bereits in der Antike beschrieb der griechische Philosoph und Naturforscher Theophrast die unterschiedliche Vegetation verschiedener Länder.

Eine Infografik des Teide. Die Arten sind den jeweiligen Stufen zugeordnet, so wie sie Humboldt beim Besteigen des Teide notiert hatte.

Er wurde deshalb als Urvater der Pflanzengeografie bezeichnet. In seinen Ausführungen nahm er in gewisser Weise die moderne vergleichende Botanik vorweg. Noch weit entfernt von der neuzeitlichen Systematik, beschrieb er einzelne Pflanzen und ganze Vegetationstypen und verglich sie mit vertrauten Arten, wie etwa dem Olivenbaum oder dem Lorbeer.

Zu Beginn des 18. Jahrhunderts betrachtete der französische Botaniker Joseph Pitton de Tournefort die Vegetationsstufen am Ararat und verglich sie mit den Klimazonen von den Tropen bis zur Arktis. Damit leistete er einen wichtigen Beitrag zur Biogeografie. In der Schweiz, wo sich Höhenstufen und biogeografische Unterschiede geradezu aufdrängen, ging Albrecht von Haller in seiner Beschreibung der Schweizer Flora auf die Verbreitungsmuster und die vertikale Gliederung der Vegetation ein.

A View of Mount ARARAT from Three Churches

EIN GARTEN EDEN IM ATLANTIK

Oben: «Région de Retama» nennt Humboldt diese Höhenstufe auf seiner Infografik. Neben dem Teideginster sieht man auch den Teidegipfel, bei Humboldt «Cime du Pic de Téneriffe».

Unten: Joseph Pitton de Tournefort beschrieb am Ararat nicht nur verschieden Höhenstufen, sondern verglich sie auch mit den verschiedenen Klimazonen.

Im 18. Jahrhundert bestand die Crux darin, dass die Verteilung der Pflanzenarten entlang eines Höhengradienten mit der Schöpfungsgeschichte in Einklang gebracht werden musste. Wie konnte die gemeinsame Herkunft aus dem Garten Eden so unterschiedliche Vegetationsstufen und so unterschiedliche Floren hervorbringen? Viele Botaniker haben sich gewunden und keine plausible Erklärung für die Unterschiede gefunden. Carl von Linné bemühte sich immerhin, eine Hypothese zu formulieren: Der Garten Eden sei eine gebirgige Insel mit vielen Höhenstufen und unterschiedlichsten ökologischen Verhältnissen in der Nähe des Äquators, von wo aus die Arten die verschiedenen Erdteile besiedelt hätten. Diese Erklärung enthält eine für ihre Zeit noch ungewöhnliche ökologische Argumentation. Sie war jedoch kaum befriedigend, konnte sie doch die großen Unterschiede in der Pflanzenwelt in den verschiedenen Erdteilen kaum erklären.

Demgegenüber wurde Alexander von Humboldt in einer Zeit geboren, in der sich mit dem Erscheinen zahlreicher Florenwerke ein zunehmendes Bewusstsein für die regionalen Unterschiede in der Pflanzenwelt entwickelte. Zudem musste er seine Erkenntnisse nicht mit einem religiösen Weltbild vereinbaren, das für ihn nicht mehr verbindlich war.

Bereits bei der Besteigung des Pico del Teide auf Teneriffa (1799) hielt er die verschiedenen Vegetationsgürtel auf den unterschiedlichen Meereshöhen fest, was ihm später erlaubte, eines seiner berühmten Höhenprofile zu zeichnen. Dass gerade Teneriffa zur Wiege der modernen Pflanzengeografie wurde, erstaunt nicht, weist die Insel doch wie wenige andere Orte sehr unterschiedliche Vegetationstypen auf, die sich nicht nur entlang eines Höhengradienten, sondern auch nach ihrer Exposition unterscheiden. In mancher Hinsicht erfüllt die Kanareninsel so durchaus die Kriterien der hypothetischen Paradies-Insel nach Carl von Linné.

Nachfolgende Doppelseite: In seinem «Naturgemälde der Anden» veranschaulicht Humboldt die Verteilung der Pflanzen in Abhängigkeit von zahlreichen Umweltfaktoren.

ÉCHELLE en MÈTRES	RÉFRACTIONS à 50t. de hauteur exprimées en Secondes de la div. cent. pour la Tempér. 0°	DISTANCE à laquelle les Montagnes sont visibles sur mer, en faisant abstraction de la réfraction.	HAUTEURS MESURÉES en différentes parties DU GLOBE.	PHÉNOMÈNES ÉLECTRIQUES Selon la hauteur des Couches.	CULTURE DU SOL selon son élévation au-dessus du Niveau de la Mer.	DÉCROISSEMENT de la Gravitation exprimé par les Oscillations d'un même Pendule dans le Vuide.	ASPECT du Ciel azuré exprimé en degrés du Cyanomètre.	DÉCROISSEMENT de l'Humidité de l'Air exprimés en Degrés de l'Hygromètre de Saußure.	PRESSION de l'Air Atmosphérique exprimée en haut. Barométriques.	ÉCHELLE en TOISES
			Élévation des petits nuages (moutons)						Bar. 0,m 30068. (133,l 36) à 7500m de haut. Temp. supp. -16°,0	4000
						9983638 à 7000m			Bar. 0,m 32035. (142,l 62) à 7000m de haut. Temp. supp. -13°,0	3500
			Cime du Chimborazo 6544m (3358t) en réduisant le baromètre au niveau de l'Océan par la formule barométrique de Mr Laplace.	Beaucoup de Phénomènes lumineux.					Bar. 0,m 34357. (152,l 38.) à 6500m de haut. Temp. supp. -10°,0	
6000	90",7	2°,7630	Cime du Cayambe 5954m (3055t) Cime d'Antisana 5833m (2993t) Cime du Cotopaxi 5753m (2952t)	Peu d'explosions accompagnées de tonnerre. La grande sécheresse de l'air et la proximité des nuages y rendent le jeu de l'Electricité très sensible. Près des bouches des Volcans elle passe souvent du positif au négatif. Abondance de grêle.		9990404 à 6000m		Manque d'observations. La Sécheresse moyenne de l'air sans nuages y est probablement au-dessous de 38°, qui réduite à la Température de -25°,3 sont 26°,7.	Bar. 0,m 36797. (162,l 95.) à 6000m de haut. Temp. supp. -6°,0	3000
5500		2°,6450	Cime du Mont St Elie 5513m (2829t) Cime du Popocatepetl 5387m (2764t) Cime du Pic d'Orizava 5305m (2722t)				de 40 à 46° Intensité moyenne de 44°		Bar. 0,m 39206. (173,l 84) à 5500m de haut. Temp. supp. -3,0	
5000	103",2	2°,5470	Volcan de Tungurahua 4958m (2544t) Cime de Rucu-Pichincha 4868m (2498t) Mont-Blanc 4775m (2450t)		Plus de Culture. Paturages des Lamas, des Brebis, des Bœufs et des Chèvres.	9992270 à 5000m			Bar. 0,m 41823. (185,l 40) à 5000m de haut. Temp. supp. 0°,4	2500
4500		2°,3930	Finsteraahorn 4361m (2238t) Coquilles pétrifiées à Huancavelica à 4300m (2228t)				de 32° à 42° Intensité moyenne de 38°	de 46° à 100° Humidité moyenne 54°	Bar. 0,m 44553. (197,l 55.) à 4500m de haut. Temp. supp. 3°,7	
4000	117",0	2°,2560	Métairie d'Antisana habitée 4095m (2101t) Groß-Glokner (en Tyrol) 3898m 2000t			9993636 à 4000m			Bar. 0,m 47421. (210,l 20.) à 4000m de haut. Temp. supp. 6°,4	2000
3500		2°,1100	Ville de Micuipampa 3557m (1825t) Mont-Perdu 3436m (1763t) Etna 3338m (1713t) Première Tour du Marboré 3188m (1636t)	Explosions très fréquentes, mais non periodiques. Les Couches d'air voisines du Sol souvent et pour longtems chargées d'Electricité négative. Beaucoup de grêle, même de nuit. Depuis 3900m la grêle mêlée de neige.	Pomme de terre. Olluco: Tropæolum esculentum. Pas de Froment au-delà de 3300m. Orge.		de 28° à 37° Intensité moyenne de 32°	de 51° à 100. Humidité moyenne 65°	Bar. 0,m 50418. (223,l 50.) à 3500m de haut. Temp. supp. 9°,0	
3000	132",5	1°,9540	Watzmann 2941m (1509t) Canigou 2781m (1427t) S. Gothard Cime de Petine 2722m (1397t)		Bleds d'Europe. Triticum. Hordeum. Avena. Chenopodium quinoa. Mays. Patates. Coton. Un peu de Sucre. Juglans. Pommes. (Peu d'Esclaves africains)	9995702 à 3000m			Bar. 0,m 53689. (238,l 06.) à 3000m de haut. Temp. supp. 14°,4	1500
2500		1°,7840	Limite inférieure des neiges sous le 45° de lat. à 2500m de hauteur Couche de Sel gemme à St Maurice en Savoye 2188m (1123t)				de 24° à 30° Intensité moyenne de 27°	de 54° à 100° Humidité moyenne 74°	Bar. 0,m 57073. (253,l 05.) à 2500m de haut. Temp. supp. 18°,7	
2000	149",4	1°,5960	Passage du Mont Cenis 2066m (1060t) Mont d'Or 1886m (968t) Ville de Popayan 1756m (901t)		Caffé, Coton, Canne à sucre moins abondante. Au-dessus de 1750m le Musa donne difficilement des fruits murs. Erythroxylum peruvian. Triticum.	9996846 à 2000m			Bar. 0,m 60501. (268,l 24) à 2000m de haut. Temp. supp. 20°,0	1000
1500		1°,3820	Puy de Dome 1477m (758t) Vésuve 1198m (615t) en 1793; mais 991m (509t) en 1805.	Explosions électriques très fréquentes et très fortes, surtout 2 heures après la culmination du Soleil. Pendant plusieurs heures du jour l'Electromètre de Volta ne donne pas 1 millimètre d'Electricité atmosphérique.			de 17° à 27° Intensité moyenne de 22°	de 66° à 100° Humidité moyenne 86°	Bar. 0,m 64134 (284,l 24) à 1500m de haut Temp. supp. 21°,2	
1000	167",7	1°,1280	Brocken au Harz 1062m (545t) Volcan d'Hekla 1013m (520t)		Sucre, Indigo, Cacao, Caffé, Coton, Mays, Iatropha, Bananes, Vigne, Achras Mamei. (Esclaves Africains introduits par les peuples civilisés de l'Europe)	9998234 à 1000m			Bar. 0,m 67923. (301,l 18.) à 1000m de haut. Temp. supp. 22°,6.	500
500		0°,7980	Kinekulle, une des hautes Montagnes de la Suède 306m (157t)				de 13 à 23° Intensité moyenne de 18°	de 66° à 100° Humidité moyenne 86°	Bar. 0,m 71961. (319,l 03.) à 500m de haut. Temp. supp. 24°,0	
0	187",6	0°,0000				10000000 à 0m		Quantité de pluye tombée, terme moyen 1m,89 (70 p.) en Europe 0,m 67 (25 p.)	Bar. 0,m 76202 (337,l 80.) au niveau de la mer Temp. supp. 25°,3	0
500								Tous ces degrés hygrométriques sont affectés par la Température moyenne qu'indique l'Echelle thermométrique.		500

Cime du Chimborazo

Haut. du Popocatepetl

Haut. du Pic de Teyde

GÉOGRAPHIE DES P

Tableau physique

Dressé d'après des Observations & des Mesur

jusqu'au 10e de latitude

ALEXANDRE D

Esquissé et rédigé par M. de Humboldt, dessiné par S

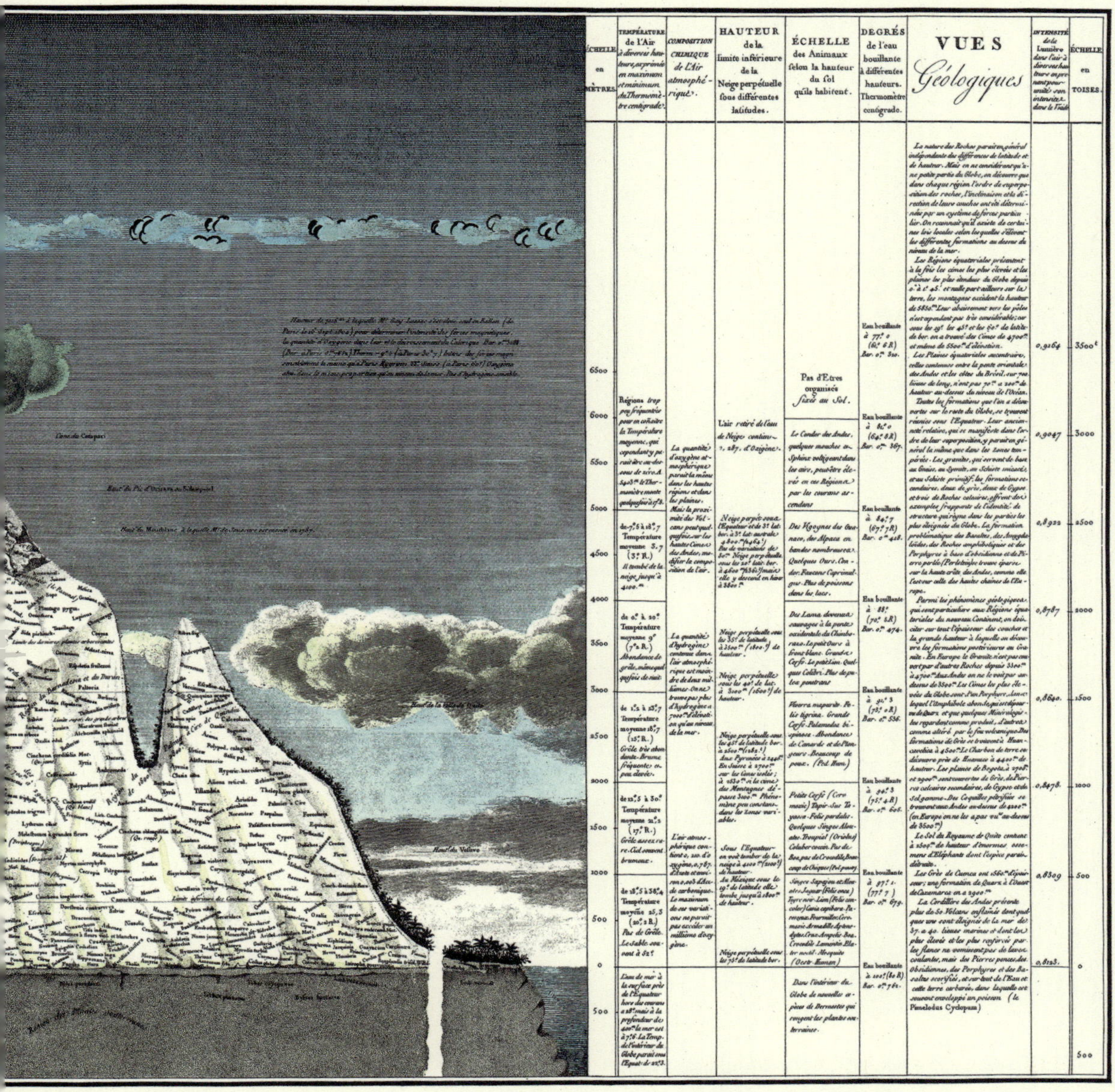

ÉCHELLE en MÈTRES.	TEMPÉRATURE de l'Air à diverses hauteurs, exprimée en maximum et minimum du Thermomètre centigrade.	COMPOSITION CHIMIQUE de l'Air atmosphérique.	HAUTEUR de la limite inférieure de la Neige perpétuelle sous différentes latitudes.	ÉCHELLE des Animaux selon la hauteur du sol qu'ils habitent.	DEGRÉS de l'eau bouillante à différentes hauteurs. Thermomètre centigrade.	VUES Géologiques	INTENSITÉ de la Lumière dans l'air à diverses hauteurs en prenant pour unité son intensité dans le Vuide	ÉCHELLE en TOISES.
6500 6000 5500	Régions trop peu fréquentées pour en coñaître la Température moyenne, qui cependant y paraît être au-dessous de zéro. A 5403m le Thermomètre monte quelquefois à 1°8.	La quantité d'oxygène atmosphérique paraît la même dans les hautes régions et dans les plaines. Mais la proximité des Volcans peut quelquefois, sur les hautes Cimes des Andes, modifier la composition de l'air.	L'air retiré de l'eau de Neige contient 0,287 d'Oxigène.	Pas d'Etres organisés fixés au Sol. Le Condor des Andes, quelques mouches et Sphinx voltigeant dans les airs, peut-être élevés en ces Régions par les courans ascendans	Eau bouillante à 77°0 (61°6R) Bar. 0m 320. Eau bouillante à 81°0 (64°8R) Bar. 0m 367.	La nature des Roches paraît en général indépendante des différences de latitude et de hauteur. Mais en ne considérant qu'une petite partie du Globe, on découvre que dans chaque région l'ordre de superposition des roches, l'inclinaison et la direction de leurs couches ont été déterminées par un système de forces particulier. On reconnait qu'il existe de certaines lois locales selon lesquelles s'élèvent les différentes formations au dessus du niveau de la mer. Les Régions équatoriales présentent à la fois les cimes les plus élevées et les plaines les plus étendues du Globe depuis 0° à 1° 45' et nulle part ailleurs sur la terre, les montagnes excèdent la hauteur de 5850m. Leur abaissement vers les pôles n'est cependant pas très considérable; car sous les 19° les 45° et les 60° de latitude bor. on a trouvé des Cimes de 4700m et même de 5500m d'élévation. Les Plaines équatoriales au contraire, celles contenues entre la pente orientale des Andes et les côtes du Brésil, sur 700 lieues de long, n'ont pas 70m à 200m de hauteur au-dessus du niveau de l'Océan. Toutes les formations que l'on a découvertes sur le reste du Globe, se trouvent réunies sous l'Equateur. Leur ancienneté relative, qui se manifeste dans l'ordre de leur superposition, y paraît en général la même que dans les Zones tempérées. Les granites, qui servent de base au Gneiss, au Syenite, au Schiste micacé, et au Schiste primitif, les formations secondaires, deux de grès, deux de Gypse et trois de Roches calcaires, offrent des exemples frappants de l'identité de structure qui règne dans les parties les plus éloignées du Globe. La formation problématique des Basaltes, des Amygdaloïdes, des Roches amphiboliques et des Porphyres à base d'obsidienne et de Pierre perlée (Perlstein) se trouve éparse sur la haute crête des Andes, comme elle l'est sur celle des hautes chaînes de l'Europe. Parmi les phénomènes géologiques qui sont particuliers aux Régions équatoriales du nouveau Continent, on doit citer sur tout l'épaisseur des couches et la grande hauteur à laquelle on découvre les formations postérieures au Granite. En Europe le Granite n'est pas couvert par d'autres Roches depuis 3300m à 4700m. Aux Andes on ne le voit pas au dessus de 3500m. Les Cimes les plus élevées du Globe sont d'un Porphyre, dans lequel l'Amphibole abonde, qui est dépourvu de Quarz et que quelques Minéralogistes regardent comme produit, d'autres comme altéré par le feu volcanique. Des formations de Grès se trouvent à Huancavelica à 4500m. Le Charbon de terre se découvre près de Huanuco à 4400m de hauteur. Les plaines de Bogota, à 2708m et 2900m sont couvertes de Grès, de Pierres calcaires secondaires, de Gypse et de Sel gemme. Des Coquilles pétrifiées se trouvent aux Andes au-dessus de 4200m (en Europe on ne les a pas vu au-dessus de 3500m) Le Sol du Royaume de Quito contient à 2500m de hauteur d'énormes ossemens d'Eléphants dont l'espèce paraît détruite. Les Grès de Cuenca ont 1560m d'épaisseur; une formation de Quarz à l'Ouest de Caxamarca en a 2900m. La Cordillère des Andes présente plus de 50 Volcans enflamés dont quelques uns sont éloignés de la mer de 37 a 40 lieues marines et dont les plus élevés et les plus renforcés par les flancs ne vomissent pas de laves coulantes, mais des Pierres ponces, des Obsidiennes, des Porphyres et des Basaltes scorifiés, et sur tout de l'Eau et cette terre carburée, dans laquelle est souvent enveloppé un poisson (le Pimelodus Cyclopum)	0,9164 0,9047	3500t 3000
5000 4500	de -7°5 à 18°7 Température moyenne 3,7 (3° R.) Il tombé de la neige jusqu'à 4100m.		Neige perpét. sous l'Equateur et de 3° lat. bor. à 3° lat. australe 4800m (2464t) Pas de variations de 80m. Neige perpétuelle sous les 20° latit. bor. à 4600m (2361t) mais elle y descend en hiver à 3800m.	Des Vigognes, des Guanaco, des Alpaca en bandes nombreuses. Quelques Ours. Condor. Faucons Caprimulgus. Plus de poissons dans les lacs.	Eau bouillante à 84°7 (67°7R) Bar. 0m 418.		0,8922	2500
4000 3500	de 0° à 20° Température moyenne 9° (7°2 R.) Abondance de grêle, même quelquefois de nuit.	La quantité d'hydrogène contenue dans l'air atmosphérique est moindre de deux millièmes. On ne trouve pas plus d'hydrogène à 7000m d'élévation qu'au niveau de la mer.	Neige perpétuelle sous les 35° de latitude à 3500m (1800t) de hauteur. Neige perpétuelle sous les 40° de lat. à 3100m (1600t) de hauteur.	Des Lama devenus sauvages à la pente occidentale du Chimborazo. Le petit Ours à front blanc. Grands Cerfs. Le petit Lion. Quelques Colibri. Plus de pulex penetrans	Eau bouillante à 88° (70°5R) Bar. 0m 474.		0,8787	2000
3000 2500	de 1°2 à 25°7 Température moyenne 18°7 (15° R.) Grêle très abondante. Brume fréquente et peu élevée.		Neige perpétuelle sous les 45° de latitude bor. à 2500m (1282t) Aux Pyrenées à 2440m En Suisse à 2700m sur les Cones isolés; à 2530m si la cime des Montagnes dépasse 3100m. Phénomène peu constans dans les Zones variables.	Viverra mapurito. Felis tigrina. Grands Cerfs. Palamedea bispinosa. Abondance de Canards et de Plongeurs. Beaucoup de poux. (Ped. Hum.)	Eau bouillante à 91°3 (73°0R) Bar. 0m 536.		0,8640.	1500
2000 1500	de 12°5 à 30° Température moyenne 21°2 (17° R.) Grêle assez rare. Ciel souvent brumeux.	L'air atmosphérique contient 0,210 d'oxygène, 0,787 d'Azote et environ 0,003 d'Acide carbonique. Le maximum de ses variations ne paraît pas excéder un millième d'oxygène.	Sous l'Equateur on voit tomber de la neige à 4100m (2100t) de hauteur. Au Méxique sous le 19° de latitude elle tombe jusqu'à 1800m de hauteur.	Petits Cerfs (Cervus mexic.) Tapir. Sus Tajassu. Felis pardalis. Quelques Singes Alouates. Troupial (Oriolus) Coluber coccin. Pas de Boa, pas de Crocodile, Beaucoup de Chiques (Pul. penetr.)	Eau bouillante à 94°3 (75°4R) Bar. 0m 606.		0,8478.	1000
1000 500	de 18°5 à 38°4 Température moyeñe 25,3 (20°2 R.) Pas de Grêle. Le Sable souvent à 52°.		Neige perpétuelle sous les 75° de latitude bor.	Singes Sapajou et Alouates. Jaguar (Felis onca) Tigre noir. Lion (Felis concolor) Cavia capibara. Paresseux. Fourmiller. Cercomaria. Armadille. Aptenodytes. Crax. Ampelis. Boa. Crocodile. Lamentin. Elater noctil. Mosquito (Oestr. Human)	Eau bouillante à 97°1 (77°7) Bar. 0m 679.		0,8309	500
0 500	L'eau de mer à la surface près de l'Equateur hors des courans a 28° mais à la profondeur de 400m la mer est à 7°6. La Temp. de l'intérieur du Globe paraît sous l'Equat. de 27°3.			Dans l'intérieur du Globe de nouvelles espèces de Dermestes qui rongent les plantes souterraines.	Eau bouillante à 100° (80 R) Bar. 0m 762.		0,8123.	0 500

TES ÉQUINOXIALES.

Andes et Pays voisins

r les Lieux depuis le 10e degré de latitude boréale

1799, 1800, 1801, 1802 et 1803.

MÉ BONPLAND.

é par Bouquet, la Lettre par Beaublé; imprimé par Langlois.

VOM TEIDE ZUM CHIMBORAZO

Humboldts erste pflanzengeografische Infografik (als solche kann man die künstlerisch-informative Darstellung heute bezeichnen) ist noch nicht so komplett, wie es einige seiner späteren Darstellungen sein werden. Sie stellt aber dennoch für seine Zeit ein Novum dar. Anders als andere Botaniker seiner Zeit gruppiert er die Pflanzen nicht nach ihren verwandtschaftlichen Beziehungen, sondern nach ihrer Physiognomie, das heißt nach ihrer Erscheinung in einer Landschaft. In seinen *Ansichten der Natur* schrieb er über diesen Prozess: «Der botanische Systematiker trennt eine Menge von Pflanzengruppen, welche der Physiognomiker sich gezwungen sieht, mit einander zu verbinden» [Alexander von Humboldt, *Ideen zu einer Physiognomik der Gewächse*, Tübingen: Cotta 1806, S. 15]. Humboldts Herangehensweise stellt also die Ansicht des gesamten Pflanzenbestands und nicht die einzelnen taxonomischen Einheiten in den Mittelpunkt. Insofern handelt es sich nicht um eine Vorstufe der modernen Pflanzensoziologie oder der Lebensraumkunde, sondern eher um eine betrachtende Vorgehensweise, eine Physiognomie eben, was er selbst hervorhebt: «Dem Künstler ist es gegeben, die Gruppen zu gliedern.» [Alexander von Humboldt, *Ideen zu einer Physiognomik der Gewächse*, Tübingen: Cotta 1806, S. 25].

Diese Abkehr von einer strengen Systematik und die Zuwendung zu gleichartigen Gruppen sind auch in der modernen botanisch-ökologischen Forschung wieder angesagt: Heute spricht man von *«functional types»*, die dann zum Beispiel die Lianenartigen oder die Horstgräser zusammenfasst, unabhängig von der systematischen Stellung der einzelnen Arten. In Humboldts Infografiken finden wir aber auch eine Kombination von Systematik und Physiognomie. Wobei es sich heute nicht um eine eigentliche Abkehr, sondern vielmehr um eine Ergänzung handelt: Zur taxonomischen Diversität gesellt sich die funktionelle Diversität. Beide ergänzen einander und haben zusammen eine größere Aussagemacht als die Summe der einzelnen Teile. Auch am Teide-Profil finden wir diese Kombination: In der *«Région de las forestas laurales»*, die wir heute Lorbeerwaldgürtel nennen, finden sich auch botanische Namen, die dem Linnéschen System folgen, wie etwa *Ilex perado*, die Breitblättrige Stechpalme, oder *Laurus nobilis*, der Echte Lorbeerbaum.

Infografik der Anden, wie sie Goethe zeichnete, nachdem er Humboldts Ausführungen gelesen hatte.

Zwar kommt der Echte Lorbeer im Lorbeerwaldgürtel von Teneriffa nicht vor, doch meint Humboldt hier den Kanaren-Lorbeer *(Laurus novocanariensis)*, der erst später als eigene Art beschrieben wurde.

Diese Infografik wurde 1817 nach Humboldts Angaben fertiggestellt und erschien im *Atlas géographique et physique des régions équinoxiales du Nouveau Continent*, der zwischen 1814 und 1838 gedruckt wurde. Zwischen der Besteigung des Teide und der Publikation vergingen also 18 Jahre. Humboldts wohl berühmteste und viel vollständigere Infografik, das bekannte *«Tableau physique des Andes et des pays voisins»* (siehe auch die deutsche Version in Kapitel 10, S. 142/143) erschien bereits 1807, nachdem es 1803 gezeichnet und 1805 unter der Leitung von Alexander von Humboldt gestochen worden war, also vor dem eigentlich älteren Diagramm des Teide.

Johann Wolfgang von Goethe, der mit Alexander von Humboldt in regem Austausch stand, ließ sich im Jahr 1807 nach der Lektüre der *Ideen zu einer Geografie der Pflanzen nebst einem Naturgemälde der Tropenländer*, in denen bereits auf die Infografik hingewiesen wurde, dazu inspirieren, selbst einen Querschnitt der Anden zu zeichnen und diese mit den Alpen zu vergleichen (vgl. auch Kapitel 10, Seite 145).

In der modernen Geobotanik ist Humboldts Beitrag nicht mehr wegzudenken. Unterschiedlich komplexe Diagramme erklären heute die Zusammenhänge beispielsweise zwischen Meereshöhe, ökologischen Faktoren und Pflanzenbeständen.

« Welch ein schiefes Urteil zu meinen, daß die Paar Pflanzen, welche wir bauen, (ich sage ein Paar gegen die 20000, welche unseren Erdball bedekken) alle Kräfte enthalten, die die gütige Natur zur Befriedigung unserer Bedürfnisse in das Pflanzenreich legte. »

Alexander von Humboldt[82]

Pflanzen im Transport: Das Früchtefloß von Guayaquil, nach einer Zeichnung von Humboldt (1813)

8. Drogen

Guayaquil 1803

63.

Radeau de la Rivière de Guayaquil

Alexander von Humboldt interessiert sich nicht nur für die Biologie der Pflanzen, sondern auch für deren wirtschaftlichen Nutzen und pharmakologische Wirkungen – sei es als Medikament, als Gift oder als Droge. So erforscht er beispielsweise die therapeutischen Eigenschaften der Chinarinde. Immer wieder beschäftigt er sich mit Rauschmitteln, welche die Ureinwohner aus Pflanzen gewinnen – etwa das Niopo-Pulver oder den Saft des Fliegenpilzes.

Empirische Wissenschaft bedeutet für Humboldt auch, den eigenen Körper zum Medium der Erfahrung und zum Messgerät zu machen – seit seinen frühen elektrophysiologischen Selbstversuchen an der gereizten Muskel- und Nervenfaser. Mit Drogen, die aus pflanzlichen Wirkstoffen gewonnen werden, setzt sich der Reisende in Amerika eingehend (und einnehmend) auseinander. So schreibt er über das Niopo-Pulver, das die Otomaken mithilfe von Rohren oder Hühnerknochen in die Nase einsaugen, lakonisch:

> «Das Niopo verursacht einen derartigen Reiz, daß ganz wenig davon bereits heftiges Niesen verursacht, wenn man nicht daran gewöhnt ist.»[83]

Sogar das berüchtigte Pfeilgift Curare probiert Humboldt aus, um zu beweisen, dass es nur giftig wirkt, wenn es in den Blutkreislauf gerät, aber harmlos sei, wenn man es oral einnehme. Dabei stellt er fest, es schmecke durchaus nicht schlecht.

> «Sein Geschmack ist von sehr angenehmer Bitterkeit, Herr Bonpland und ich schluckten des öfteren kleine Mengen.»[84]

Auch von Opium, Tabak und alkoholischen Getränken, zum Beispiel Palmenwein, scheint Humboldt aus eigener Erfahrung zu berichten, da er Geruch, Geschmack und narkotische Wirkungen beschreiben und verschiedene Sorten miteinander vergleichen kann.

Ekel registriert der Anthropologe in seinem Reisebericht nur höchst selten. Einmal allerdings empfindet er den Brauch eines Stammes, *dasselbe* Getränk aus dem Saft des Fliegenpilzes *wiederholt* zu sich zu nehmen, als derart irritierend, dass er diese Praxis – als einzige in seinem 2000-seitigen Text – lieber nur in lateinischer Sprache wiedergibt («ce phénomène physiologique bien extraordinaire, que je préfère de décrire en latin», «dieses außergewöhnliche physiologische Phänomen, das ich lieber lateinisch beschreibe»):

> «Qui succus (aeque ut asparagorum), vel per humanum corpus transfusus, temulentiam nihilominus facit. Quare gens misera et inops, quo rarius mentis sit suae, propriam urinam bibit identidem: continuoque mingens rursusque hauriens eundem succum (dicas, ne ulla in parte mundi desit ebrietas), pauculis agaricis producere in diem quintum temulentiam potest.›»[85]

Was Humboldt hier auf Französisch zu beschreiben vermeidet, wäre in deutscher Übersetzung Folgendes:

> «Dieser Saft verursacht (wie jener der Spargel) sogar dann noch einen Rausch, wenn er bereits durch den menschlichen Körper hindurchgegangen ist. Daher trinkt jener

Hühnerknochen als Hilfsmittel zur Einnahme von Drogen (aus Fernando Ortiz, *Contrapunteo cubano del tabaco y el azúcar*, 1940)

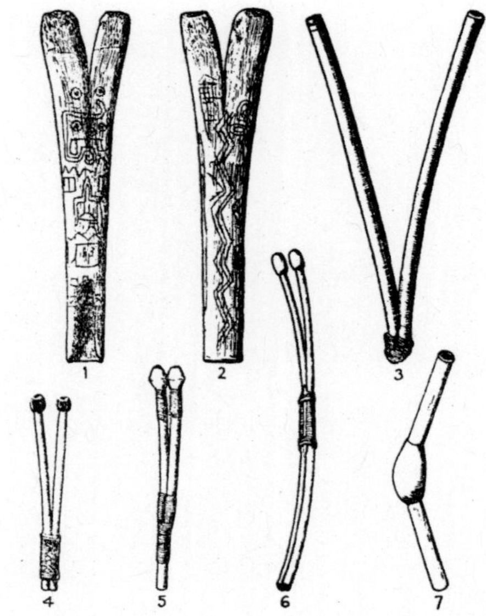

armselige und elende Stamm, damit er umso seltener bei Verstand ist, immer wieder den eigenen Urin: Indem sie dauernd Harn lassen und dabei stets von neuem diesen Saft schöpfen (hier sollte man meinen, die ganze Welt sei betrunken), gelingt es ihnen, mit nur ganz wenigen Pilzen am Tag einen fünffachen Rausch hervorzurufen.»

Pharmakologie ist die Lehre von den Wirkkräften der Pflanzen. Einige Pflanzen, die Humboldt untersucht oder abbildet, haben weniger berauschende als heilende Effekte. Die *Bonplandia trifoliata* (*Plantes équinoxiales,* Tafel 97) zum Beispiel diente als Mittel gegen Fieber und Ruhr.[86] In Guayaquil 1803 wird Humboldt ein Fieberrindenbaum gezeigt. Ausführlich beschreibt er in einem Aufsatz die Entdeckungsgeschichte und die fiebersenkende Wirkung der Chinarinde (*Cinchona*).[87]

«Doch geht daselbst die alte Sage, die Jesuiten hätten beim Holzfällen nach Landessitte durch Kauen der Rinde die verschiedenen Baumarten unterschieden, und seien bei dieser Gelegenheit auf die große Bitterkeit der Cinchona aufmerksam geworden. Da unter den Missionaren stets Arzneykundige waren, so hätten […] diese den Aufguß bei der gewöhnlichen Krankheit der Gegend, dem Tertianfieber, versucht.»[88]

Und weiter:

«Lange kannten die Botaniker in ihren Systemen nur eine einzige Species von Cinchona, welche Linné officinalis nannte, und in deren Beschreibung er unsere C. condaminea und C. cordifolia Mutis ohne es zu wissen verband; denn das ihm von Santa Fe aus gesandte Exemplar war gelbe China, und von der, von La Condamine freilich unvollkommen gezeichneten, ganz verschieden. Jacquins Reise lehrte endlich eine zweite Species, die C. caribaea kennen. Die Westindischen Inseln, die Südsee, selbst Ostindien boten den Reisenden nach und nach mehr Arten der Cinchona dar; aber gerade die heilsamsten und merkwürdigsten des Continents von Südamerika blieben am längsten unbeachtet.»[89]

Die Bedeutung dieser Entdeckung kann Humboldt wie folgt zusammenfassen:

«Sie ist ein vortreffliches fieberheilendes Mittel.»[90]

Ein Ergebnis der Humboldtschen Reise, ein Beitrag seiner botanischen Forschung, liegt auf dem Gebiet der Medizin.

Niopo, Pfeilgift und Chinarinde – Humboldts Cocktails unter der botanischen Lupe

Unerschrocken ein Mann, der Pfeilgift schluckt, um zu beweisen, dass der Pflanzensaft nur tödlich ist, wenn er in die Blutbahn gerät. Neugierig, wenn er das Niopo-Pulver der Indigenen in Südamerika ausprobiert, um die Wirkung am eigenen Körper zu erfahren. Und überaus wertvoll, wenn er neue Chinarindenbaum-Arten entdeckt, die ein natürliches Mittel gegen Malaria liefern, und dieses Wissen mit der Welt teilt. Wahrscheinlich probierte Alexander von Humboldt auf seinen Reisen die unterschiedlichsten Drogen aus – viele seiner Schilderungen sind so lebhaft beschrieben, dass man davon ausgehen kann, die Erfahrungen stammen aus erster Hand. Manchmal lässt Humboldt aber auch offen, ob er die Substanzen tatsächlich selbst ausprobiert hat oder ob er lediglich seine Beobachtungen bei anderen Konsumenten beschreibt oder deren Berichte wiedergibt. So oder so lohnt ein naturwissenschaftlicher Blick auf das ethnobotanische Wissen, welches die indigenen Völker im heutigen Kolumbien und Venezuela empirisch erworben haben.

Curare – tödlich im Blut, bitter im Mund

«Als wir nach Esmeralda kamen, kehrten die meisten Indianer von einem Ausflug ostwärts über den Rio Padmo zurück, wobei sie Juvias oder die Früchte der *Bertholletia* und eine Schlingpflanze, welche das Curare gibt, gesammelt hatten», schreibt Humboldt in seiner *Reise in die Äquinoktial-Gegenden*. Juvias, oder mit wissenschaftlichem Namen *Bertholletia excelsa,* ist uns eher als Paranuss geläufig. Demgegenüber

Südamerikanische Indianer beim Zubereiten von Pfeilgift

ist uns die Schlingpflanze, die das Pfeilgift Curare liefert, meist gänzlich unbekannt. Curare ist ein Sammelbegriff für südamerikanische Pfeilgifte, die aus verschiedenen Lianen gewonnen werden. Als Rohstoff dienen je nach Region verschiedene Pflanzenarten aus verschiedenen Familien. Benannt werden die unterschiedlichen Pfeilgifte nicht nach den Pflanzen, welche das Gift liefern, sondern nach den Behältern, in denen es aufbewahrt wird. So unterscheidet man zwischen Topf-, Bambusrohr- und Kalebassencurare.

Gleichartige Substanzen entstanden im Lauf der Evolution mehrmals unabhängig voneinander, weshalb man oft ähnliche Gift- oder Inhaltsstoffe in unterschiedlichen Organismengruppen findet. Alexander von Humboldt lieferte uns als einer der ersten Europäer eine detaillierte Abhandlung über die Herstellung von Curare. Während die heimkehrenden Indianer sich besonders den vergorenen Pflanzensäften widmeten und ein wildes Fest feierten, beobachtete Humboldt, wie der

Der Niopo oder Yopo-Baum, wie er bei Humboldt illustriert wurde. Humboldt stellte ihn noch zu den Akazien (Gattung *Acacia*), während er heute in der Gattung *Anadenanthera* steht.

Giftmeister, den er respektvoll (und vielleicht auch ironisch) den «Chemiker des Ortes» nannte, das Pfeilgift herstellte. Dazu wurden die Säfte verschiedener Gewächse zu einem dicken Sud gekocht. Besonders wichtig scheint dabei die Liane zu sein, die Humboldt als «Becujo de Mavacure» bezeichnet. Mit großer Wahrscheinlichkeit handelt es sich hierbei um die Guyanische Pfeilgiftliane *(Strychnos guyanensis)* aus der Familie der Brechnussgewächse (Loaginaceae). Diese verholzte Lianenart wächst im südamerikanischen Regenwald, sie bildet weiße, duftende Blüten. Die Indigenen, die Humboldt antraf, bewahrten das Gift in Kalebassen (Gefäße aus den getrockneten Früchten des Kalebassenbaums) auf, folglich handelt es sich um Kalebassencurare. Die Pfeilgiftliane enthält verschiedene Alkaloide, darunter Strichnin, das einen gewissen Bekanntheitsgrad erlangte, weil es früher in Europa als Rattengift eingesetzt wurde.

Humboldt beschrieb die Herstellung des Gifts, die vor allem eine langsame Eindickung darstellt, ohne dass sich der Pflanzensaft jedoch zu stark erhitzt. Humboldt und Bonpland wurden vom Giftmeister aufgefordert, den Pflanzensaft zu kosten, denn die richtige Konzentration der Giftstoffe wird anhand der Bitterkeit mit der Zunge bestimmt. Curare wirkt nur tödlich, wenn es über die Blutbahn in den Körper gelangt – bei einer Aufnahme über den Verdauungstrakt lähmt es die Muskeln nicht und ist nur mäßig giftig. Deshalb können mit Pfeilgift erlegte Tiere bedenkenlos verzehrt werden. Die indigenen Völker in Südamerika setzen es auch als Fischgift ein sowie in verdünnter Form als Medizin oder Aphrodisiakum. So lesen wir bei Humboldt:

«Die Indianer halten das Curare, innerlich genommen, für ein vortreffliches Magenmittel.» [Alexander von Humboldt, *Reise in die Aequi-*

Die charakteristisch gefiederten Blätter der Schmetterlingsblütler und die kugeligen Blütenstände machen den Niopo auch als Zierbaum attraktiv.

noctial-Gegenden des neuen Continents [übersetzt von Paulus Usteri und Ferdinand Gottlob Gmelin], 6 Bände, Stuttgart/Tübingen: J. G. Cotta 1815–1832, Band 4, Kapitel XXIV, S. 455]. Auch den beiden Abenteurern Humboldt und Bonpland scheint das Gift nicht schlecht geschmeckt zu haben, denn weiter lesen wir: «Ihr Geschmack ist angenehm bitter, und wir haben öfters (Hr. Bonpland und ich) kleine Portionen davon verschluckt. Es ist keine Gefahr damit verbunden, sofern man gewiss ist, weder an den Lippen noch am Zahnfleisch zu bluten.» (ebenda)

WIE MAN MIT PFLANZEN UND TIEREN SPRICHT

Über das Niopo-Pulver haben wir von Humboldt erfahren, dass es so «stark reizend» sei, «dass es auch in den kleinsten Portionen ungewöhnten Personen ein heftiges Niesen verursacht». [Alexander von Humboldt, *Reise in die Aequinoctial-Gegenden des neuen Continents* [übersetzt von Paulus Usteri und Ferdinand Gottlob Gmelin], 6 Bände, Stuttgart/Tübingen: J. G. Cotta 1815–1832, Band 4, Kapitel XXIV, S. 576]. Humboldt spielt hier die Wirkung einer starken Droge herunter, die weit mehr als nur ein heftiges Niesen verursacht. Niopo oder Yopo ist in Südamerika weit verbreitet. Es wird aus den Früchten einer Mimosenart *(Anadenanthera peregrina)* gewonnen. Dieser Schmetterlingsblütler (Fabaceae) kam ursprünglich nur in Südamerika vor, wird aber schon seit Langem vielerorts in den Tropen eingebürgert. Das Niopo-Pulver wirkt am besten, wenn es über die Nasenschleimhäute aufgenommen wird. Über seine Zubereitung erfahren wir von Humboldt Folgendes: «Sie reißen sie [die langen Früchte der Niopo-Mimose] in Stücke, feuchten sie an und lassen sie gären. Wenn die durchweichten Samen anfangen schwarz werden, kneten sie dieselben wie einen Teig, mengen Maniocmehl und Kalk, der aus der Muschel *Ampullaria* gebrannt wird, darunter und setzen die Masse auf einen Rost von hartem Holz einem starken Feuer aus. Der erhärtete Teig bildet kleine Kuchen.» [ebenda] Danach werden die Kuchen zu Pulver gemahlen. Dieses wird dann wie Schnupftabak eingenommen. Dabei bedienen sich die Indianer eines seltsamen Apparates, eines gabelförmigen Vogelknochens («es scheint mir der Fußwurzelknochen eines großen Stelzenläufers zu sein» [ebenda], so Humboldt), dessen beide Enden in die Nasenlöcher gesteckt werden. Meist wird dann das Niopo-Pulver von einem Partner durch den Vogelknochen in die Nasenlöcher geblasen.

Es ist der beigemischte ungelöschte Kalk, der für ein überaus starkes Brennen in den Schleimhäuten verantwortlich ist. Probanden berichten, dass zahlreiche, teilweise überaus unangenehme Symptome dem eigentlichen Rausch vorangehen. Es beginnt mit dem äußerst starken Reiz der Schleimhäute, der von heftigen Kopfschmerzen, Brechreiz und Benommenheit begleitet wird. Nach und nach sollen dann auch die gewünschten Phänomene des Rauschs auftreten. So wird von herrlichen Farbenspielen und Traumwelten berichtet.

In Südamerika wird die Droge ausschließlich von Männern und meist nur bei speziellen Zeremonien konsumiert. Der Trip soll ihnen erlauben, mit ihrer Umwelt in Kontakt zu treten und mit Pflanzen und Tieren zu sprechen. Im Drogenrausch soll ein Gefühl der körperlichen Übergröße entstehen. Oft gestikulieren die Berauschten, sie geben laute Schreie von sich und springen wild durch die Luft. Das für diesen Rausch verantwortliche Alkaloid Bufotenin ist dem in Europa bekannten Psylocibin nahe verwandt. Außer in Mimosenarten kommt es auch im Hautsekret gewisser Krötenarten vor. Wie weit Humboldt in seinen Experimenten wirklich gegangen ist, wissen wir nicht.

CINCHONA – NEUE RINDEN FÜR DAS FIEBRIGE EUROPA

Malaria ist bis zum heutigen Tag die am weitesten verbreitete Infektionskrankheit weltweit. Jährlich infizieren sich über 200 Millionen Menschen mit dem Erreger, der von weiblichen Stechmücken übertragen wird. Während man der Krankheit lange Zeit machtlos gegenüberstand und lediglich die Übertragung bekämpfen konnte, gelang es peruanischen Arbeitern zu Beginn des 17. Jahrhunderts zum ersten Mal, die Krankheit mit der Rinde eines Baums zu heilen, der bisher unbekannt gewesen war. 1640 kam die Fieberrinde zum ersten Mal nach Europa und wurde schnell als Chinin bekannt. Die Bäume, welche das Chinin liefern, stammen aus der Familie der Rötegewächse und waren schon vor Humboldts Südamerikareise bekannt. Carl von Linné hatte die Gattung bereits 1753 beschrieben und ihr den Namen *Cinchona* gegeben, der auf die angeblich erfolgreiche Heilung der Gräfin Anna Condeza de Chinchón (1599–1640) zurückgeht. Die Gattin des spanischen Vizekönigs von Peru war 1638 an Malaria erkrankt, und Linné hatte von ihrer wundersamen Heilung mit Chinarindenextrakten gehört.

Bedenkt man, welch großes Problem Malaria zu dieser Zeit weltweit und ganz besonders auch in Europa darstellte, versteht man, warum das Interesse an der geheimnisvollen Rinde aus Südamerika so groß war. Das Chinin in der Rinde dieser tropischen Bäume lindert nicht nur das Fieber. Es kann tatsächlich in gewissen Fällen zur

Aus der Rinde des Fieberrindenbaums lässt sich Chinin gewinnen, welches lange das einzige Mittel gegen Malaria war.

Bekämpfung von Malaria verwendet werden, wobei die Nebenwirkungen aber beträchtlich sein können. Zu einer Zeit, als die Menschen auch in weiten Teilen Europas an Malaria litten, war jedoch jedes Mittel recht, um das Sumpffieber zu lindern. Humboldt war es deshalb ein Anliegen, auf seiner Reise die Fieberrindenbäume genauer zu untersuchen und vielleicht weitere, ebenfalls wirksame Arten zu finden, denn nicht alle *Cinchona*-Arten liefern gleich viel Chinin. Zur Zeit seiner Südamerikareise boomte die Nachfrage nach der Fieberrinde in Europa, und die Bäume wurden in ihrer natürlichen Umgebung stark dezimiert. Humboldt beschrieb auf seiner Reise tatsächlich neue Arten der Gattung der Fieberbäume und setzte sich vor allem für eine nachhaltige Nutzung des wertvollsten Chinarindenbaums ein: der *Cinchona officinalis*.

Der Fieberrindenbaum, wie ihn Robert Bentley 1880 illustrierte

« Vegetation, das sei die offen liegende, die in stumme Reglosigkeit aufgefaltete Spielart des Lebens. Pflanzen besäßen keine Innerlichkeit, nichts Verstecktes, alles an ihnen sei Außen. »

Daniel Kehlmann, *Die Vermessung der Welt*[91]

9. Die Vermessung der Welt

Havanna 1804

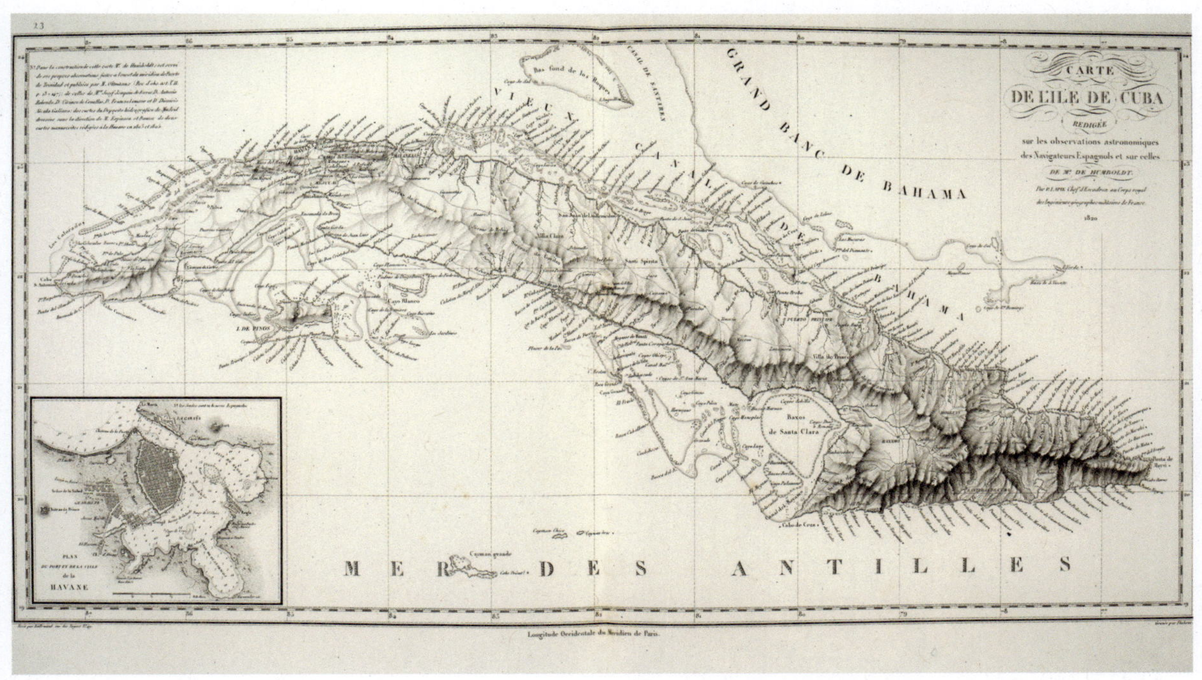

Humboldts Karte von Kuba (1821, 1826)

«Humboldtsche Wissenschaft» ist empirisch und multidisziplinär. Humboldt erforscht die Welt nicht vom Schreibtisch aus, sondern aus eigener Anschauung. Und er beschränkt sich nicht auf die Methoden eines einzigen Fachs. Er reist und beobachtet, experimentiert, sammelt und misst. Mit den Daten, die er erhebt, zeichnet er Karten von Gewässern und Gebirgen, Ländern und Inseln – so beispielsweise von Kuba, wo er sich 1800, zwischen seinen Expeditionen in

Venezuela und in Kolumbien, sowie ein weiteres Mal 1804, vor der Rückreise nach Europa, aufhält. Diese sehr genaue Karte von Kuba veröffentlicht er in seinem *Amerika-Atlas* (*Atlas géographique et physique des régions équinoxiales du Nouveau Continent*, 1821, Tafel 23) und mit seinem Kuba-Essay (*Essai politique sur l'île de Cuba*, 1826).

Daniel Kehlmann hat Humboldts Verfahren in seinem Roman *Die Vermessung der Welt* (2005) zum Gegenstand einer Gelehrtensatire gemacht. Die naturwissenschaftliche Praxis der Datenerhebung erscheint hier als sinnlose Obsession: «Er hat diesen ewigen Vermessungswahn – auch dort, wo es überhaupt nicht nötig ist.»[92]

Havanna, historische Darstellung von Elias Durnford (1765)

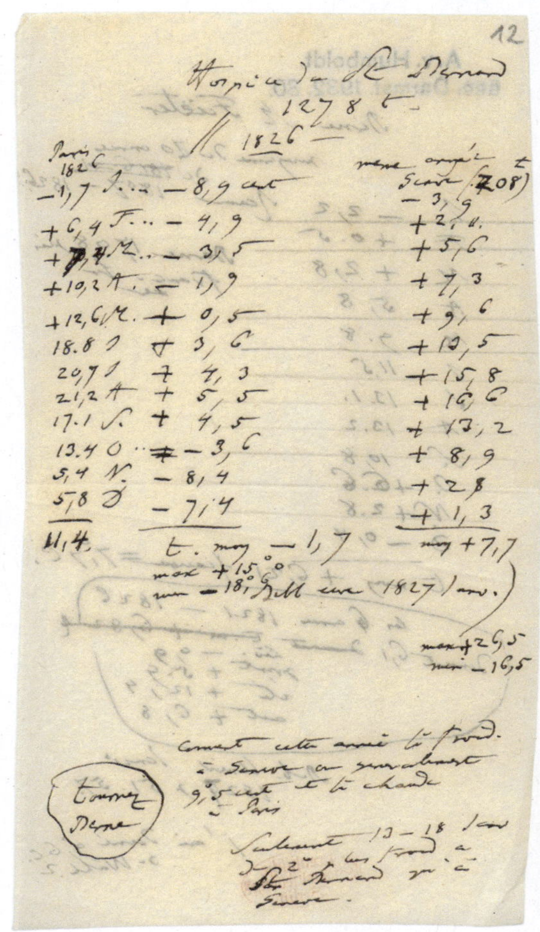

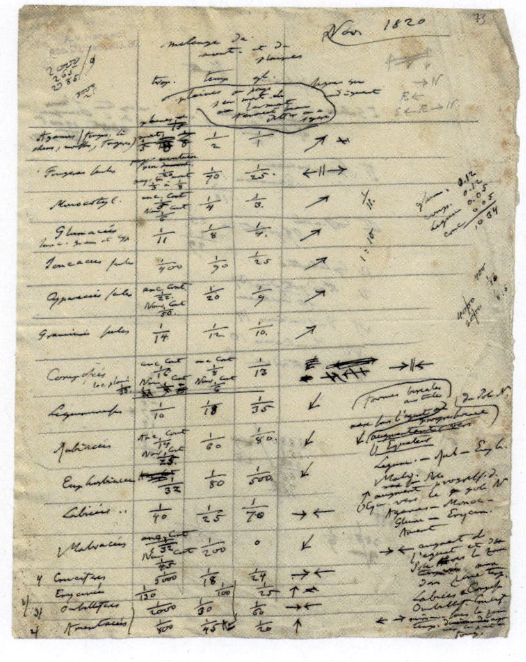

Daten für die Meteorologie und die Pflanzenwissenschaft – zwei Blätter aus Alexander von Humboldts Nachlass: Durchschnittliche Temperaturen («Hospice du St. Bernard») und Übersicht zur Verteilung der Pflanzen. Auf der Rückseite des linken Blattes sind Temperaturmessungen für Bern angegeben.

Wissenschaftliches Messen hat sicher durchaus auch etwas Komisches – vielleicht etwas Neurotisches. Dass Humboldt unter einem «Vermessungswahn» litt, wie Kehlmann nahelegt, ist für eine Satire eine witzige Annahme, geht jedoch an seiner naturwissenschaftlichen Praxis vorbei, die nun einmal auf Messungen angewiesen ist. So konnte er mithilfe von Messdaten immerhin die Idee eines menschengemachten Klimawandels entwickeln. Aber was misst Humboldt überhaupt alles? Und was haben seine Messungen mit Pflanzen zu tun?

Sein «Tableau physique des Andes» hat Humboldt auf Daten gegründet und mit Daten versehen. Sie bestimmen das Ökosystem der Anden durch Beobachtungen und Messungen, die mit verschiedenen Apparaten durchgeführt wurden, zu diversen Faktoren: Lufttemperatur (Thermometer), Luftfeuchtigkeit (Hygrometer), Luftdruck (Barometer), Himmelsbläue (Cyanometer), Höhe, Schneegrenze, Schwerkraft, Siedepunkt, Lichtstärke, Sichtweite, Strahlenbrechung am Horizont, Elektrizität und Chemie der Luft, Geologie, Ackerbau und Lebensräume von Tieren.

In seinem Reisetagebuch beschreibt Humboldt seine vielseitige Messpraxis:

> «Ich bestimmte mehrere geographische Punkte nach Länge und Breite, ich nahm den Plan des ganzen Vulkans auf, ich vermaß geodätisch seinen höchsten Gipfel, ich analysierte die Luft aus 2773 Toisen [5400 Meter] Höhe, ich trug das Cyanometer und den Inklinationskompass in Höhen, in welche niemals ein Instrument getragen worden ist.»[93]

Das Ergebnis dieser Tätigkeit ist ein Schatz von Daten. Humboldts gut dokumentierte Messungen der Temperatur, der Luftfeuchtigkeit und der Niederschlagsmengen, zum Beispiel, sind heute für die historische Klimaforschung von großem Interesse. Denn mit ihnen lassen sich langfristige Veränderungen rekonstruieren.

In einem Brief an Karl Freiesleben vom 1. August 1804 aus Bordeaux berichtet Humboldt, aus Amerika zurückkehrend, welche Objekte er aus Amerika mitgebracht hat:

> «Mit 30 Kisten und botan[ischen], astron[omischen], geolog[ischen] Schätzen beladen, kehre ich zurück».[94]

Diese Sammlungen werden heute noch archiviert – vor allem in Paris und Berlin. Und sie dienen weiterhin der botanischen Wissenschaft. Inzwischen ist es sogar möglich, DNA-Analysen an historischem Pflanzenmaterial durchzuführen. Nur durch Feldforschung, durch Sammeln und Messen wurden solche Untersuchungen möglich.

Cyanometer & Sextant – Messen mit Humboldt

Sogar 42 Kisten sollen es insgesamt gewesen sein, und viele Träger wurden benötigt, um sie durch den Dschungel zu schleppen. Immer wieder wird auf die große Sammlung von Messgeräten hingewiesen, die Alexander von Humboldt auf seinen Reisen mitgeführt hat. Diese umfangreiche Ausrüstung ist durchaus begründet: Humboldt war bereits während der Vorbereitungen für seine Expedition bewusst geworden, dass er, um die Zusammenhänge von Pflanzenvorkommen mit topografischen und klimatischen Faktoren zu erforschen, ein Netz genauer Messwerte zur Verfügung haben musste. Deshalb scheute er weder Kosten noch Aufwand, um die besten Instrumente zu beschaffen, damit sein wissenschaftliches Programm erfolgreich umgesetzt werden konnte.

Wie Botaniker messen und was uns das Blau des Himmels erzählt

Spätestens, wenn man sich für die Ökologie einer Pflanzenart interessiert, wenn man also beispielsweise wissen will, welche Umweltfaktoren auf ein Alpen-Mannsschild auf 3.000 Meter Höhe über dem Meer einwirken, dann wird man um Messungen nicht herumkommen. Denn Pflanzen kommen nicht zufällig dort vor, wo wir sie antreffen. Das Auftreten der Arten wird von unterschiedlichsten Faktoren gesteuert. So wissen wir heute, dass die Waldgrenze überall auf der Erde von einer minimalen Temperatur während der Vegetationsperiode bestimmt wird: Diese ist weltweit erstaunlich konstant, sie liegt bei einem Minimum von 6,4 °C während der Vegetationszeit, also während den Monaten, in denen die Pflanzen wachsen und Fotosynthese betreiben. Zu

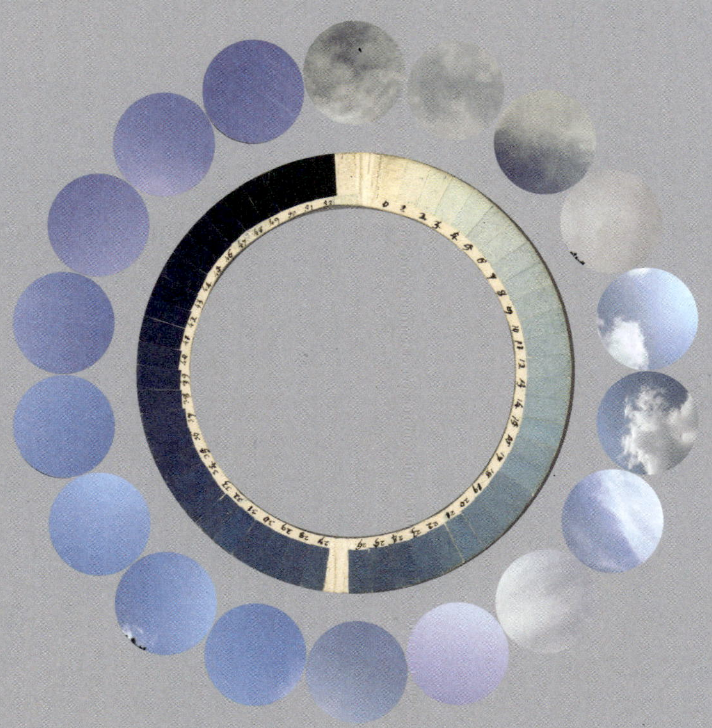

Humboldts Zeit ist das noch anders, denn über den Zusammenhang zwischen Pflanzenvorkommen und klimatischen oder anderen physikalischen Faktoren ist noch kaum etwas bekannt. Deswegen braucht Humboldt möglichst viele unterschiedliche Daten, um das Vorkommen von Pflanzen in einen geografischen Kontext setzen zu können. Seine intensive Messtätigkeit ist somit nicht eine planlose, wilde, vom Zufall mitbestimmte Manie, wie sie in der Humboldt-Satire *Die Vermessung der Welt* von Daniel Kehlmann dargestellt wird, sondern eine notwendige Grundvoraussetzung für den Nachweis der Zusammenhänge zwischen den Pflanzen und ihren Umweltbedingungen.

Mit dem Cyanometer kann die Bläue des Himmels gemessen werden. Was sich auf den ersten Blick fast etwas als poetisches Unterfangen anhört, kann zu interessanten Schlussfolgerungen führen.

Viele der Messinstrumente, die Humboldt einsetzte, sind heute überholt, es gibt bessere Methoden und genauere Geräte. Zur Bestimmung eines Standorts genügt heute ein Knopfdruck auf einem GPS-Gerät oder einem Mobiltelefon. Einfache Messstationen, die eine Vielzahl von Messwerten festhalten, sind heute so kompakt, dass sie in einer Zündholzschachtel Platz finden. Gewisse Werte, die Humboldt noch akribisch festhielt, haben in der modernen Wissenschaft keinen Platz mehr. So hat Humboldt das Blau des Himmels festgehalten, ein Unterfangen, das heute eher poetisch anmutet. Kein Wissenschaftler misst dies mehr. Aber sogar aus dem Blau des Himmels können

Erkenntnisse gewonnen werden: Denn die Himmelsbläue ändert sich mit der Feuchtigkeit in der Atmosphäre oder der Verschmutzung der Luft. Auch kann das Blau des Himmels bemüht werden, um Aussagen zur Intensität der Sonneneinstrahlung zu machen. Weil heute aber ein Lux-Meter dazu genauere Angaben macht, sind Instrumente wie das Cyanometer in Vergessenheit geraten.

EINE KLEINE GALERIE VON HUMBOLDTS WICHTIGSTEN MESSINSTRUMENTEN

Viele der Messgeräte, die Humboldt mit sich führte, sind uns heute kaum noch bekannt. Deshalb sollen einige kurz vorgestellt werden.

Chronometer: Das Chronometer ist eine äußerst präzise Uhr, mit deren Hilfe die geografische Position auf See bestimmt wird. Diese Längenuhren – auch Marinechronometer genannt – befanden sich meist in einem Gehäuse, das die Schwankungen auf einem Schiff ausgleicht. Ein Chronometer funktioniert wie folgt: Die Drehung der Erde führt zu einer scheinbaren Bewegung der Himmelskörper (Sonne, Sterne, Mond) am Firmament. Da sich die Erde in einer bestimmten Zeit um eine bekannte Anzahl von Graden dreht, steht der Zeitunterschied solcher Ereignisse an den jeweiligen Beobachtungsorten in einem festen Verhältnis zum Längenunterschied ihrer Positionen. So ist zum Beispiel der Moment, an dem die Sonne im Zenit steht, vom Standort des Beobachters auf dem Globus abhängig – und zwar ausschließlich von dessen Längengrad, also seiner Versetzung in Ost-West-Richtung. Mithilfe eines Chronometers wird der Zeitunterschied eines Ereignisses am Beobachtungsort mit dem Zeitpunkt an einem Ort festgestellt, für den sowohl Längengrad als auch Zeitpunkt bekannt sind. Dazu muss das Chronometer mit der Zeit des bekannten Ortes synchronisiert sein. Heute benutzen wir zur Bestimmung einer Position ein GPS-Gerät, das selbst in einfachen Mobiltelefonen eingebaut ist. So verwenden Botaniker heute GPS-Messgeräte zur Bestimmung von Pflanzenstandorten.

Das Barometer war für Humboldt ein unerlässliches Instrument, um die Meereshöhe zu messen.

Sextant: Das vielleicht wichtigste Instrument auf Humboldts Expeditionen war der Sextant, der ebenfalls zum Bestimmen der geografischen Position und zur Landvermessung verwendet wurde. Der Rahmen des Geräts entspricht dem Sechstel eines Kreises, daher der Name. Verschiedene daran befestigte Spiegel erlauben es, mit einer Höhenwinkelmessung der Gestirne die geografische Position zu errechnen. In Zeiten von Google Maps und GPS ist der Sextant zwar in Vergessenheit geraten, doch auch heute ist es für die botanische Forschung wichtig, einen Pflanzenfund geografisch genau verorten zu können. Dank flächendeckend vorhandenen ökologischen Daten ist es heute möglich, die Faktoren, die auf das Wachstum einer Pflanze an einem bestimmten Ort einwirken, in Zahlen anzugeben. Manche Segler mit Sinn für Nostalgie gebrauchen den Sextanten noch heute (und manche behaupten sogar, dass die Seefahrt ohne Sextant unmöglich sei), sie gehören aber zu den Letzten, die mit einem Sextanten noch umgehen können.

Hypsometer und Barometer: Solange noch kein zuverlässiges Kartenmaterial zur Verfügung stand, war es sehr wichtig, die Höhe über dem Meeresspiegel an einem Ort zu kennen. Während wir das Barometer, so wie es Humboldt verwendete, heute nur noch als Instrument zum Ermitteln einer Luftdruckveränderung und so eines möglichen Wetterumschwungs kennen, wurde es früher zur Höhenmessung eingesetzt. Allerdings sind Höhenmessungen mit dem Barometer nicht sehr exakt, da die Temperatur und die Luftdruckverhältnisse darauf einwirken. Daher wurden die Höhenmessungen meist mit einem Hypsometer ergänzt. Dieses Instrument ist auch unter dem Namen Siedethermometer bekannt. Es beruht auf der Tatsache, dass die Siedetemperatur des Wassers vom Luftdruck abhängig ist. Während die Siedetemperatur auf Meereshöhe bei 100° C liegt, sinkt sie in der Höhe wegen des abnehmenden Luftdrucks. Bei einem hochauflösenden Hypsometer lässt sich die Temperatur am Siedepunkt ablesen, und sie gibt wiederum Auskunft über die Meereshöhe. Auf Humboldts «Tableau physique» des Chimborazo sind die Messwerte seines Hypsometers in

Einblick in die Instrumentenkisten von Humboldt mit Sextant, Theodolit und Barometer.

der 17. Kolonne in Grad (als «degrés») abzulesen. Hypsometer werden heute immer noch genutzt, jedoch hat sich die Technik stark weiterentwickelt, sie basieren inzwischen häufig auf Ultraschall.

Viele Pflanzen gedeihen nur auf einer bestimmten Meereshöhe, diese Tatsache kann relativ einfach beobachtet werden. Auch wenn nicht die Meereshöhe an sich für das Vorkommen einer Art wichtig ist, sondern eher die ökologischen Faktoren, ist es entscheidend zu wissen, auf welcher Höhe eine Art gefunden wird. Wer heute Pflanzenvorkommen dokumentiert, nutzt meist Applikationen auf einem GPS-Gerät: dabei wird neben der geografischen Position meist auch die Höhe über dem Meer festgehalten.

Hyetometer: Das Hyetometer hat seinen Namen vom griechischen *hyetós* (Regen) und ist also ein Niederschlagsmesser. Meistens handelt es sich um einen einfachen trichterförmigen Behälter, an dessen Innenseite die gesammelte Regenmenge abgelesen werden kann. Ein Niederschlagsmesser gehört zu jeder modernen Wetterstation. Heute werden in der botanischen Forschung digitale Niederschlagsmesser eingesetzt. Sie geben sehr genau Auskunft über die Niederschlagsmenge an einer bestimmten Stelle. Solche punktgenauen Daten können in der Vegetationsökologie von großer Bedeutung sein. Moderne Geräte messen oft sogar die effektive Regenmenge, die den Pflanzen zur Verfügung steht. So gibt es Niederschlagsmesser mit geheizten Trichtern, damit auch Schnee und Hagel erfasst werden. Andere Geräte messen auch die Wassermenge, die den Pflanzen indirekt zur Verfügung steht, also die nicht als Niederschlag fällt, sondern zum Beispiel als Nebel an den Blättern kondensiert und den Wurzeln zugeleitet wird.

Cyanometer: Das Cyanometer ist eines der exotischsten Messgeräte, die Alexander von Humboldt mit sich führte. Das Messgerät, das der Genfer Forscher Horace-Bénédict de Saussure entwickelt hatte, um die Intensität der blauen Himmelsfarbe zu messen, konnte Humboldt 1798 in Paris erwerben. Er setzte es auf seiner Reise immer wieder ein. Die Himmelsbläue gibt Auskunft über die Beschaffenheit der Atmosphäre, also zum Beispiel darüber, wieviel Wasserdampf sich in der Atmosphäre befindet. Auch wenn es sich eher poetisch anhört, das Blau des Himmels zu messen, so sind die Erkenntnisse dieser Messungen

Ohne Chronometer kann die Position auf hoher See nicht errechnet werden.

Manche Seeleute schwören heute noch auf den Sextanten, um die Position zu berechnen. Meist ist er aber heute von hochpräzisen GPS-Geräten abgelöst worden.

für die Pflanzen keineswegs ohne Belang. Wer Alpenwanderungen unternimmt, weiß, dass die Strahlung in der Höhe viel intensiver ist als in den Tieflagen. Viele Alpenpflanzen haben sich im Verlauf der Evolution an die intensive Einstrahlung angepasst, einige können sogar nur bei sehr starkem Sonnenlicht wachsen. Die Wassertröpfchen in der Atmosphäre verstärken die Strahlung um ein Vielfaches, wenn der Himmel also nicht nur blau ist, sondern viel Luftfeuchtigkeit für einen feinen Schleier sorgt, ist die Einstrahlung sehr viel stärker, was wiederum das Pflanzenwachstum beeinflusst. Heute werden in botanischen Studien Luxmeter eingesetzt, um zu messen, wie stark die Einstrahlung ist.

Viele weitere Geräte, die Humboldt auf seiner Expedition einsetzte, sind auch heute noch im Gebrauch, sie werden aber meist durch handlichere und genauere Geräte ersetzt. Für viele Regionen haben wir sehr genaue Messdatenreihen, die zum Teil flächendeckend zur Verfügung stehen, sodass sich eine punktuelle Messung erübrigt. Obwohl wir heute die Faktoren viel besser kennen, die Auskunft über das Vorkommen einer bestimmten Vegetation oder einer einzelnen Pflanzenart geben, gehört das Messen von Umweltparametern nach wie vor zur botanischen Forschung.

III Auswerten

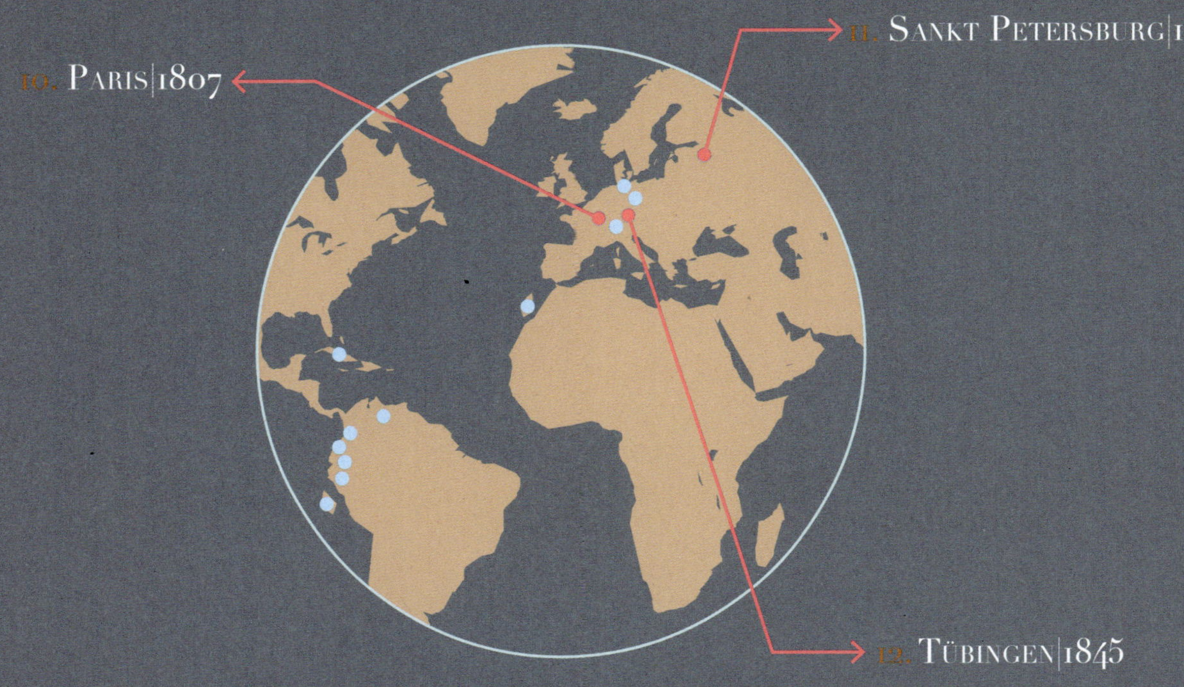

Tab. 548 (b).

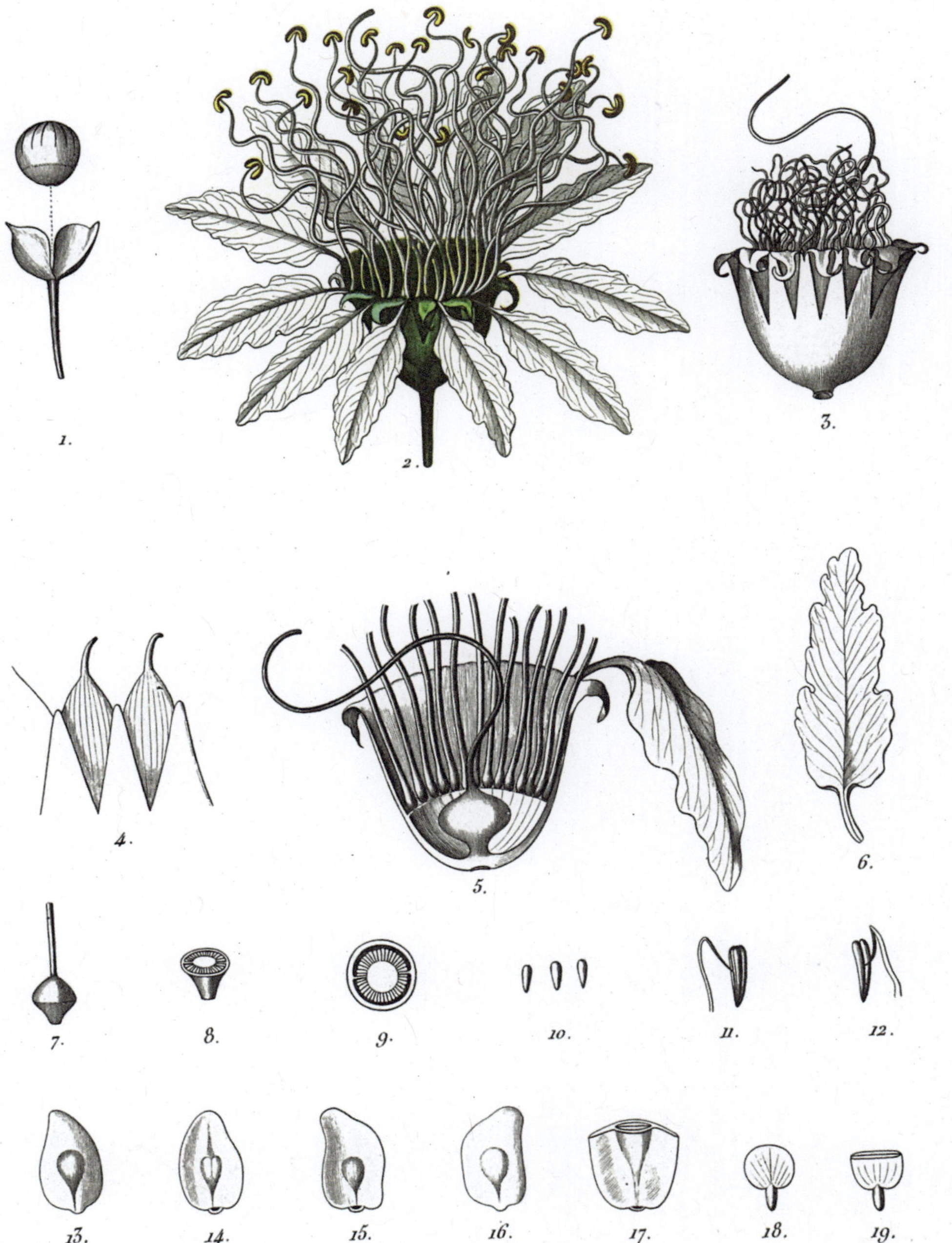

«Sie beschäftigen sich mit Botanik? Meine Frau auch.»

Napoleon zu Humboldt[95]

10. Taxonomie versus Tableau

Paris 1807

Paris, historische Darstellung von Nicolas-Jean-Baptiste Reguenet (1752)

Zurück in Europa macht sich Humboldt daran, die Ergebnisse seiner Expedition auszuwerten und zu veröffentlichen. Als Lebensmittelpunkt wählt er Paris, die damalige Metropole der Wissenschaften – und zwar ungeachtet der politischen Weltlage, nachdem die Franzosen 1806 seine preußische Heimat besetzt haben und während die Preußen mit ihren Alliierten 1814 und 1815 in Napoleons Hauptstadt einrücken. In französischen Verlagen veröffentlicht er in drei Jahrzehnten sein großes Reisewerk: die 29-bändige *Voyage aux régions équinoxiales du Nouveau Continent* (1805–1838). Hinzu kommen, in deutscher Sprache, die *Ansichten der Natur* (1808).

Zuerst veröffentlicht Humboldt pflanzenwissenschaftliche Schriften. Als chronologisch erste Buchpublikation zu seiner amerikanischen Forschungsreise bringt er – noch vor dem *Essai sur la géographie des plantes* – Beiträge zur botanischen Systematik nach Carl von Linné heraus, die er und seine Mitarbeiter in Amerika zusammentragen konnten: *Plantes équinoxiales* (1805).[96] Es folgen weitere botanische Werke. Von den 29 Bänden der *Voyage aux régions équinoxiales du Nouveau Continent* gehören 16 Bände zur Pflanzenwissenschaft, die zunächst von Bonpland, später von Willdenow und schließlich von Kunth maßgeblich erarbeitet wurden:

— *Essai sur la géographie des plantes,* 1 Band, 1807[97]
— *Plantes équinoxiales*, 2 Bände, 1805–1817[98]
— *Monographie des Melastomacées,* 2 Bände, 1806–1823[99]
— *Nova genera et species plantarum*, 7 Bände, 1815–1826[100]
(Hieraus: *De distributione geographica plantarum*, 1 Band, 1817;[101]
und *Synopsis plantarum*, 4 Bände, 1822–1826[102])
— *Mimoses et autres plantes légumineuses*, 1 Band, 1819–1824[103]
— *Révision des Graminées*, 3 Bände, 1829–1834[104]

In den Tropen haben Humboldt und Bonpland zahlreiche Arten entdeckt, die für die internationale Botanik neu sind. Sie haben Exemplare nach Europa geschickt, mit Bedacht in Doubletten. Sie zeichnen, beschreiben, benennen und veröffentlichen sie und integrieren sie so in das Linnésche System. Humboldts botanische Werke enthalten 1.240 Abbildungen einzelner Pflanzen (1.260 mit Varianten). Diese Darstellungen orientieren sich an der konventionellen Botanik, die jede Pflanze für sich bestimmt.[105] In einer Montage zusammengestellt, veranschaulichen sie das taxonomische System nach Linné, in das sie eingefügt wurden.[106]

Der Ertrag der Forschungsreise besteht zunächst also durchaus in der Ergänzung der botanischen Taxonomie. Aber Humboldt geht über die bloße Klassifikation hinaus. Er fragt, wie sich die Arten zueinander verhalten, wie sie sich verbreiten und wie sie dabei durch den Menschen beeinflusst werden. Er begreift die Botanik nicht mehr nur als eine Art «Tabelle», als «Setzkasten» oder wie ein «Periodensystem», in das immer neue Arten einzeln eingefügt werden, sondern als soziale und als historische Wissenschaft, als Migrationskunde.

Dieses Programm entwickelt er in seinem wohl wichtigsten botanischen Buchwerk, dem *Essai sur la géographie des plantes* (1807), von dem er selbst die parallel erscheinende deutsche Ausgabe bearbeitet, die *Ideen zu einer Geographie der Pflanzen.*[107] Hier stellt er gleich zu Beginn dem alten Paradigma einer «*histoire naturelle descriptive*»[108] seine neue Konzeption einer «Geographie der Pflanzen» gegenüber, «eine[r] Disciplin, von welcher kaum nur der Name existirt».[109]

«In das Gebiet dieser Wissenschaft gehören», so erklärt Humboldt seinen fächerübergreifenden Ansatz, «Betrachtungen über lange Seefahrten und Kriege, durch welche ferne Nationen vegetabilische Produkte sich zu verschaffen oder zu verbreiten suchen. So greifen die Pflanzen gleichsam in die moralische und politische Geschichte des Menschen ein.»[110]

Er veranschaulicht dieses neue Programm in seinem «Naturgemälde der Anden», gezeichnet 1803 in Guayaquil, veröffentlicht 1807 zugleich in Paris und in Tübingen, das dieses französisch-deutsche Parallelwerk als großformatige Falttafel illustriert. Humboldt vollzieht damit auch künstlerisch den Übergang von der Taxonomie zum Tableau, von der Tabelle zum Diagramm und von der Naturgeschichte zur Geschichte der Natur.[111]

Das «Naturgemälde der Anden» («Tableau physique des Andes»), Humboldts bekanntestes Bild, ist eines der ikonischen Wissenschaftsdiagramme des 19. Jahrhunderts. Es funktioniert wie eine moderne Infografik. Es zeigt die «Geographie der Pflanzen in den Tropen-Ländern» anhand einer abstrakt dargestellten Landschaft mit einem Querschnitt am Chimborazo, den er im Jahr 1802 beinahe bis zum Gipfel besteigen konnte. Das Profil ist mit den Namen der Pflanzen gefüllt, die in der jeweiligen Höhe vorkommen. Am Rand informieren Skalen über natürliche und kulturelle Faktoren, die das andine Ökosystem beeinflussen und in die, wie wir bereits gesehen haben, diverse Messdaten eingegangen sind: Temperatur, Niederschlagsmenge, Luftfeuchtigkeit, Siedepunkt etc. Auch der Einsatz von Sklaven in der lokalen Landwirtschaft wird vermerkt.

Bild und Text sind untrennbar verbunden. Sogar der Himmel ist beschriftet mit historischen Episoden. Das «Tableau physique» ist ein Gemälde und zugleich ein Datenträger.

«Ich stelle in diesem Naturgemälde alle Erscheinungen zusammen, welche die Oberfläche unsers Planeten und der Luftkreis darbietet […]», schreibt Humboldt, «denn mein Naturgemälde sollte nur allgemeine Ansichten, sichere und durch Zahlen auszudrückende Thatsachen aufstellen.»[112]

In diesem Motiv bringt der Verfasser der *Pflanzengeografie* seine enorme Kraft der Synthese zum Ausdruck. «Er stellt», schrieb Hans Magnus Enzensberger, «*ganze Länder dar wie ein Bergwerk*».[113]

Die grafische Methode der Datenvisualisierung ermöglicht es, zahlreiche Perspektiven zugleich einzunehmen und zahllose Informationen miteinander zu kombinieren, um ein ganzes Ökosystem vorzustellen. Die Darstellung des «Tableau physique des Andes» von 1807 ist endlos komplex und doch als Modell übersichtlich. Als anschauliches Bild, das diverse Fakten enthält und auf einen konkreten Raum projiziert und dabei Verweise erzeugt, entspricht es aus heutiger Sicht sogar einer reich verlinkten Internetseite.

Das «Tableau physique» ist das Bild der Bilder, das Symbol für Humboldts Denken.[114] Als datengefülltes Ergebnis seiner Beobachtungen und Messungen schmückt der Querschnitt durch Südamerika den Umschlag von Daniel Kehlmanns *Die Vermessung der Welt* (2005), dem erfolgreichsten deutschen Roman der letzten Jahrzehnte.

Als historisches Zeugnis ist das «Tableau physique des Andes» das Zeichen eines wissensgeschichtlichen Wandels. Indem er die Botanik zur Pflanzengeografie weiterentwickelt und von

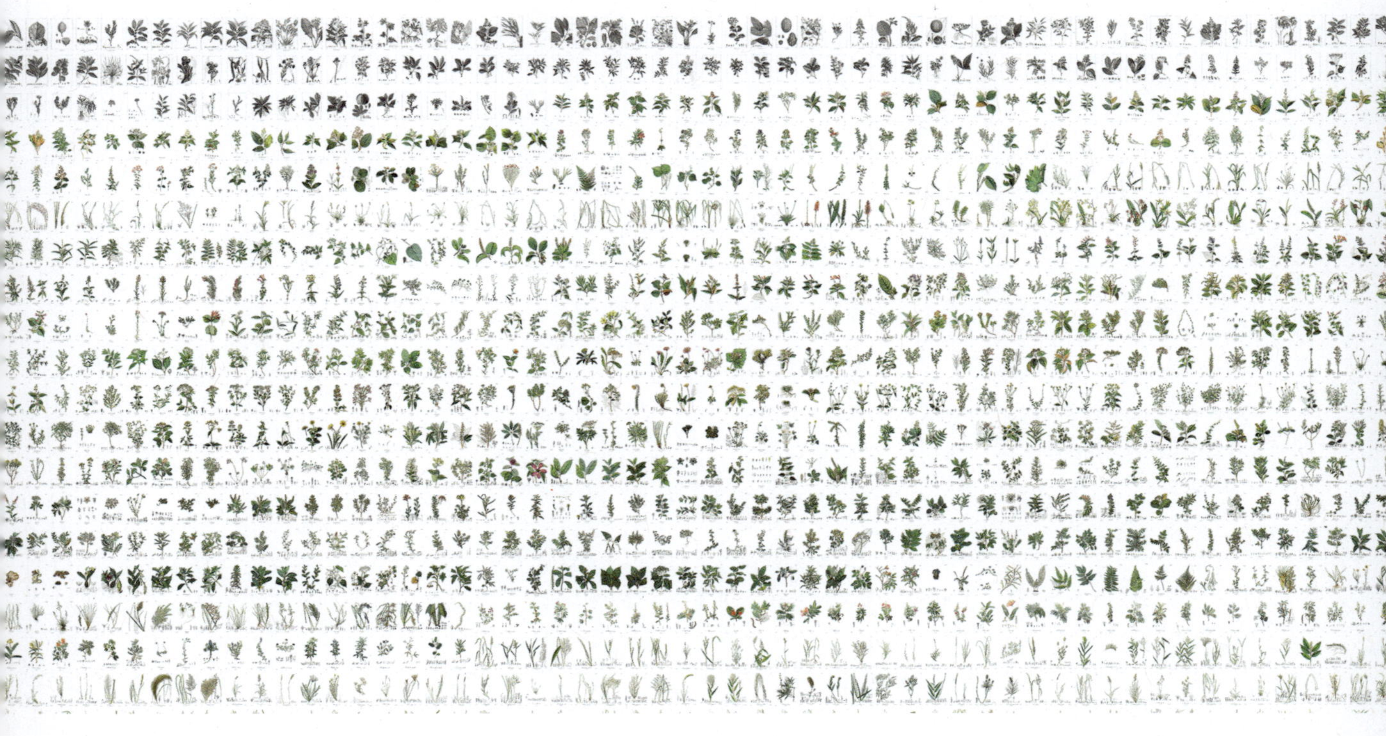

Humboldts Beiträge zum Linnéschen System: Montage der Darstellungen aller 1240 Pflanzen aus den botanischen Bänden der *Voyage*

der Sammlung einzelner Elemente zur Übersicht über funktionelle Zusammenhänge fortschreitet, steht Humboldt für den Übergang von statischer Taxonomie zu dynamischer Historisierung, den Michel Foucault als Veränderung in der Organisation des Wissens um 1800 ausgemacht hat (ohne dabei auf Humboldt einzugehen).[115] Humboldt hat Linnés System geografisch in Bewegung gesetzt. Die klassifizierende Naturgeschichte verwandelt er in eine interdisziplinäre Ökologie.[116]

Indem er unterschiedliche Faktoren zusammenführt, die Verteilung des Grundbesitzes, die Praxis des Bergbaus, die Methoden der Energiegewinnung, das Ausmaß der Abholzung und die entstehenden Emissionen sowie Temperatur, Wind und Niederschlagsmenge, gelangt Humboldt später in vergleichbarer Weise auf seiner russischen Reise und in seiner *Asie centrale* (1843) zur Annahme eines menschengemachten Klimawandels.

Für seine «Reise-Novelle» mit dem Titel *Humboldt* (2001) wählte Günter Herburger die Form des Foto-Essays, um eigene Wanderungen – ebenso wie seine Titelfigur – in einer Montage aus Texten und Bildern zu beschreiben. Humboldt konnte «sehr gut zeichnen», heißt es in der Einführung, «verwesende Hautstücke aquarellierte er ähnlich neugierig und auf Schönheit bedacht wie Blütenblätter».[117] Für die Wirkung des bekannten Gebirgsquerschnitts fand Herburger einen besonders treffenden Vergleich: «Ein penibel gezeichnetes Vegetationsprofil mit einer Bergflanke voll lateinischer Pflanzennamen in winziger Schrift, ähnlich Schneegestöber».[118] Humboldts Mikrografie auf dem Querschnitt des Chimborazo erzeugt in der Tat einen Schraffureffekt. Das heißt: Die botanischen Daten werden ihrerseits malerisch. Das französische Wort *tableau* bedeutet zugleich Tabelle und Gemälde. Humboldt hat diese Ambivalenz des Begriffs in seiner Darstellung umgesetzt, indem er die Taxonomie in die Landschaft integriert und so Wissenschaft und Ästhetik miteinander vereint – in beiden Bereichen innovativ.

Die *Ideen zu einer Geographie der Pflanzen* beginnen aber mit einer anderen Abbildung: der Widmungstafel «An Göthe», gestochen von Bertel Thorvaldsen. Darauf sind zwei Figuren der Mythologie dargestellt: Der Dichter (Apollon) entschleiert die Natur (Artemis) mithilfe der «Metamorphose der Pflanzen». Indem er durch die Inschrift auf einer Steintafel, «Metamor [-phose] der Pflanzen», den Titel eines Gedichts (1799) und zugleich eine botanische Abhandlung von Goethe zitiert («Versuch, die Metamorphose der Pflanzen zu erklären», 1790), identifiziert sich der Wissenschaftler als Künstler mit dem Schriftsteller, der sich auch als Naturforscher sah.

Goethe hat seinerseits eine kuriose Variante von Humboldts berühmtem «Tableau» entworfen: «Höhen der alten und neuen Welt bildlich verglichen» (1807, 1813).[119] Die Geschichte ist folgende: Nachdem Goethe sein Widmungsexemplar der *Geographie der Pflanzen* erhalten hat – allerdings ohne das dazugehörende «Naturgemälde», das als separat gedruckte, großformatige Tafel erst noch nachgeliefert werden soll –, skizziert er, wie er in seinen *Tag- und Jahres-Heften* festhält, kurzerhand eine eigene Vorstellung von Humboldts «Profilcarte».

> «Ungeduldig meine völlige Erkenntniß eines solchen Werkes aufgehalten zu sehen, unternahm ich gleich, nach seinen Angaben, einen gewissen Raum, mit Höhenmaßen an der Seite, in ein landschaftliches Bild zu verwandeln. Nachdem ich, der Vorschrift gemäß, die tropische rechte Seite mir ausgebildet, und sie als die Licht- und Sonnenseite dargestellt, so setzt' ich zur linken an die Stelle der Schattenseite die europäischen Höhen, und so entstand eine symbolische Landschaft, nicht unangenehm dem Anblick. Diese zufällige Arbeit widmete ich inschriftlich dem Freunde, dem ich sie schuldig geworden war.»[120]

Seinen Entwurf schickt Goethe am 3. April 1807 aus Weimar an Humboldt und bittet ihn, in die mit Bleistift, Feder und Tusche aquarellierte «Copie» gerne «nach Belieben hinein zu corrigieren».

Nachfolgende Doppelseite: Humboldts bekannteste Infografik: «Geographie der Pflanzen in den Tropen-Ländern» (1807)

METER	Horizontale Strahlenbrechung	Entfernung in welcher Berge auf dem Meere sichtbar sind (ohne Rücksicht auf die Strahlenbrechung).	HÖHEN-MESSUNGEN in verschiedenen Welttheilen	ELECTRISCHE ERSCHEINUNGEN nach Höhe der Luftschichten	CULTUR DES BODENS nach Verschiedenheit der Höhe	ABNAHME DER SCHWERE durch die Schwingungen des Pendels im leeren Raume ausgedrückt	LUFTBLÄUE in Graden des Kyanometers	ABNAHME DER FEUCHTIGKEIT in Graden des Saussureschen Hygrometers ausgedrückt.	DRUCK DER LUFT in Barometer-Höhen.	TOISEN
			Höhe der kleinsten Wolken (Schäfchen).						Bar. 0,30068 m (133, 36 lin.) Zu 7500 m Höhe Temper. −10°,0.	4000
						0,9983635 zu 7000 m			Bar. 0,32030 m (142,61 lin.) Zu 7000 m Höhe Temper. −13°,0.	3500
6500			Gipfel des Chimborazo 6544 m (3358 t), die gemessene Basis durch Laplace's barometrische Formel auf die Meeresfläche reducirt.	Viele leuchtende Meteore.					Bar. 0,34336 m (152, 38 lin.) Zu 6500 m Höhe Temper. −10°,0.	
6000	90°,7	2°,7630	Gipfel des Cayambe 5954 m (3055 t). Höhe von Antisana 5833 m (2993 t). Gipfel des Cotopaxi 5753 m (2952 t).	Wenige electrische Explosionen mit Donner begleitet. Die grosse Trockenheit der Luft und die beständige Wolkenbildung verändern die electrische Tension. In der Nähe des Kraters geht die Electricität oft vom Positiven zum Negativen über. Häufiger Hagel.		0,9986849 zu 6000 m		Mangel an Beobachtungen. Die mittlere Trockenheit der nebellosen Luftschichten scheint unter 35°, welche bei einer Temperatur von 25°,3 gleich sind 26°,7.	Bar. 0,36747 m (163, 93 lin.) Zu 6000 m Höhe Temper. −6°,0.	3000
5500		2°,6450	Gipfel der St. Elias-Berge 5513 m (2829 t). Gipfel des Popocatepetl 5387 m (2764 t). Gipfel des Pico von Orizaba 5308 m (2723 t).				Von 46° zu 40°. Mittlere Intensität 44°.		Bar. 0,39206 m (173, 84 lin.) Zu 5500 m Höhe Temper. −3°,0.	
5000	103°,2	2°,5470	Vulkan Tunguragua 4958 m (2544 t). Gipfel des Rucu-Pichincha 4868 m (2498 t). Mont-Blanc ... 4775 m (2450 t).			0,9991070 zu 5000 m			Bar. 0,41825 m (185, 40 lin.) Zu 5000 m Höhe Temper. −0°,4.	2500
4500		2°,3930	Finsteraarhorn ... 4362 m (2238 t). Versteinerte Muscheln zu Huancavelica in der Höhe von 4300 m (2208 t). Antisana, bewohnte Meierei .... 4095 m (2101 t).		Kein Pflanzenbau. Grasfluren, auf welchen Lamas, Schafe, Rinder und Ziegen weiden.		Von 3[illegible]° zu 4[illegible]°. Mittlere Intensität 38°.	Von 46° zu 100°. Mittlere Feuchtigkeit 53°.	Bar. 0,44555 m (197, 55 lin.) Zu 4500 m Höhe Temper. 3°,7.	
4000	117°,0	2°,2560	Gross-Glockner (in Tyrol) 3898 m (2000 t).			0,9993636 zu 4000 m			Bar. 0,47417 m (210, 20 lin.) Zu 4000 m Höhe Temper. 6°,2.	2000
3500		2°,1100	Stadt Micuipampa 3557 m (1825 t). Mont-Perdu ... 3436 m (1763 t). Aetna .... 3336 m (1713 t).	Viel Explosionen, aber unperiodisch. Die der Erde nahen Schichten sind oft und auf lange Zeit negativ electrisirt. Häufiger Hagel und selbst Nachts. Höher als 3900 M. ist der Hagel oft mit Schneeflocken gemengt.	Kartoffeln (Solanum tuberosum). Olluco. Tropäolum esculentum. Kein Waitzen mehr seit 3300 M. Höhe. Gerste.		Von 28° zu 3[illegible]°. Mittlere Intensität 32°.	Von 51° zu 100°. Mittlere Feuchtigkeit 65°.	Bar. 0,50318 m (223, 50 lin.) Zu 3500 m Höhe Temper. 9°,0.	
3000	132°,5	1°,9540	Wettermann .... 2921 m (1499 t). Canigou .... 2781 m (1427 t). St. Gothard (Gipfel des Pettina) .... 2722 m (1397 t).		Europäisches Korn. Waitzen. Gerste. Hafer. Chenopodium Quinoa. Mais. Kartoffeln. Baumwolle. Etwas Zuckerrohr. Juglans. Äpfel. (Wenig afrikanische Sklaven).	0,9995702 zu 3000 m			Bar. 0,53689 m (238, 06 lin.) Zu 3000 m Höhe Temper. 14°,4.	1500
2500		1°,7840	Untere Grenze des Schnees, unterm 45° der Breite, in der Höhe von .... 2500 m. Steinsalzflötz zu St. Maurice in Savoyen .... 2155 m (1113 t).				Von 24° zu 30°. Mittlere Intensität 27°.	Von 54° zu 100°. Mittlere Feuchtigkeit 74°.	Bar. 0,57073 m (253, 05 lin.) Zu 2500 m Höhe Temper. 18°,7.	
2000	149°,4	1°,5960	Strasse auf dem Mont-Cenis 2066 m (1060 t). Mont d'Or ...... 1886 m (968 t). Stadt Popayan ... 1756 m (901 t).	Sehr häufige und sehr starke electrische Explosionen, wiederkehrend besonders zwei Stunden nach der Culmination der Sonne. Mehrere Stunden lang des Tages zeigt das Voltaische Electrometer kaum 0,001 Meter Electricität.	Caffe. Baumwolle, Zuckerrohr in geringerer Menge. Keine reifen Pisang-Früchte seit der Höhe von [illegible] M. Erythroxylum peruvianum. Schon etwas Waitzen.	0,9998[illegible] zu 2000 m			Bar. 0,60501 m (268, 24 lin.) Zu 2000 m Höhe Temper. 20°,0.	1000
1500		1°,3820	Puy de Dome ... 1477 m (758 t). Vesuv 1198 m (615 t) im Jahr 1794 aber 991 m (509 t) im Jahr 1805.				Von 17° zu 27°. Mittlere Intensität 22°.	Von 60° zu 100°. Mittlere Feuchtigkeit 80°.	Bar. 0,64135 m (284, 38 lin.) Zu 1500 m Höhe Temper. 21°,2.	
1000	167°,7	1°,1280	Brocken ...... 1062 m (545 t). Hecla .... 1013 m (520 t).		Zuckerrohr. Indigo. Cacao. Caffe. Baumwolle. Mais. Jatropha. Pisang. Weinreben. Ackerbau meist durch afrikanische Sklaven durch die civilisirten Völker Europens eingeführt.	0,9998[illegible] zu 1000 m			Bar. 0,67915 m (301, 18 lin.) Zu 1000 m Höhe Temper. 22°,6.	500
500		0°,7980	Kinekulle, einer von den hohen Bergen Schwedens, 306 m (157 t).				Von 13° zu 23°. Mittlere Intensität 18°.	Von 65° zu 100°. Mittlere Feuchtigkeit 86°. Menge des gefallenen Regens 1,89 M. (70 Zoll) in Europa 0,67 M. (25 Zoll).	Bar. 0,72961 m (323, 53 lin.) Zu 500 m Höhe Temper. 24°,0.	
0	187°,6	0°,0000				1,0000000 zu 0 m		Alle angegebenen Hygrometer-Grade hängen von der mittleren Luft-Temperatur ab.	Bar. 0,76202 m (337, 80 lin.) Auf der Meeresfläche Temp. 25°,[illegible]	0

Gipfel des Chimborazo

Höhe des Chimborazo, zu welcher Bonpland, Montufar und Humboldt mit Instrumenten gelangt sind, d. 23. Jun. 1802

Höhe des Popocatepetl

Höhe des Corazon, zu welcher Bouguer und la Condamine gelangt sind im Jahr 1738.

Höhe des Pico de Teyde

Entworfen von A. von Humboldt, gezeichnet 1805 in Paris von Schönberger und Turpin, gest. von Bouquet, die Schrift von L. Aubert, gedruckt von Langlois.

Geographie der Pfl

ein Naturg

gegründet auf Beobachtungen und Messungen, welche vom 10ten Grade nö

von ALEXANDER VON

METER

6500 · 6000 · 5500 · 5000 · 4500 · 4000 · 3500 · 3000 · 2500 · 2000 · 1500 · 1000 · 500

LUFTWÄRME nach Höhe der Schichten durch den höchsten und niedrigsten Stand des Thermometers ausgedrückt

[illegible] Regionen, [illegible] Temperatur [illegible]. Die mittlere Wärme scheint unter dem Eispunkt zu seyn. [illegible]

Von −7°5 bis 8°. Mittlere Temperatur 3°. (3° R.) Es schneit bis 4800 M.

Von 0 bis 20°. Mittlere Temperatur 9°. (7°2 R.) Viel Hagel, selbst bisweilen Nachts.

Von 12°1 bis 18°. Mittlere Temperatur 18°7. (15° R.) Viel Hagel und tiefe Nebel.

Von 12°3 bis 31°. Mittlere Temperatur 21°2. (17° R.) Wenig Hagel, aber häufiger Nebel.

Von 18°5 bis 38°. Mittlere Temperatur 25°3. (20°2 R.) Kein Hagel. Der Stand oft bis 38° erhitzt.

Die Wärme der Meeresfläche ist unter dem Äquator, fern von Strömungen, 28°, aber in 400 M. Tiefe ist die Wärme nur 7°6. Die Temperatur des festen Erdkörpers scheint 27°5.

CHEMISCHE NATUR des LUFTKREISES

Die Sauerstoffmenge scheint in der obersten Region eben so groß als in der Ebene zu seyn; aber die Nähe der Vulcane kann auf den Gipfeln der Anden die chemische Mischung des Luftkreises modificiren.

Der Wasserstoff, welcher in der Atmosphäre vorhanden ist, beträgt weniger als zwei tausend Theile. [illegible]

Die atmosphärische Luft [illegible] Sauerstoff, [illegible] Stickstoff und [illegible] Kohlensäure. Der Sauerstoffgehalt der Atmosphäre scheint nicht [illegible] zu wechseln.

HÖHE DER UNTERN GRENZE DES EWIGEN SCHNEES, nach Verschiedenheit der Geographischen Breite.

Die Luft, welche man aus dem Schneewasser entbindet, enthält 0,287 Sauerstoff.

Schneegrenze unter dem Äquator und unter 5° nördl. und südl. Breite auf 4800 M. (2464 T.) Höhe. Oscillation kaum 80 M. Schneegrenze unter 20° nördlicher Breite 4600 M. (2360 T.). Oscillation im Winter bis 3800 M.

Ewiger Schnee unter 35° nördl. Breite auf 3800 M. (1800 T.) Höhe. Ewiger Schnee unter 40° Breite auf 3000 M. (1600 T.) Höhe.

Schneegrenze unter 45° nördl. Breite 2500 M. (1283 T.). In den Pyrenäen [illegible] M., in den Schweizer Alpen [illegible]. Im Ganzen ist das Phänomen der Schneelinie veränderlicher in den nördlichen Ländern als unter dem Äquator.

Es schneit unter dem Äquator in 4000 M. (2100 T.) Höhe. In Neu-Spanien unter 19° nördl. Breite bis 3800 M.

Schneegrenze unter 75° Breite.

THIERE, geordnet nach der HÖHE IHRES WOHNORTS

Kein organischer Stoff an den Erdboden geheftet.

Der Condor der Anden. Einige Fliegen und Sphinxe, wahrscheinlich durch senkrechte Luftströme emporgehoben.

Heerden von Vicuna, Alpaca u. Guanaco. Einige Bären. Condor. Falken. [illegible] Keine Fische in den Seen.

Lamas, verwildert am westlichen Abfall des Chimborazo. Der kleine Bär mit weißer Stirn. Große Hirsche. Der kleine Löwe. Einige Colibris. Kein Pulex penetrans.

Viverra mapurito. Felis tigrina. Große Hirsche. [illegible] Menge von Enten und Tauchern. Viele Läuse (Pediculus humanus).

Kleine Hirsche (Cervus mexicanus). Tapir. [illegible]

Affen (Cercopiteques und Alouatten). Jaguar (Felis onça). Schwarzer Tiger. Löwe (Felis concolor). Cavia capibara. Faulthier. [illegible] Crocodil. Lamantin. [illegible]

Im Innern der Erde unbeschriebene Thiere, welche sich von den unterirdischen Pflanzen ernähren.

SIEDHITZE DES WASSERS nach Verschiedenheit der Höhen

Siedhitze zu 77°0. (61°6 R.) Bar. 0,320 T.

Siedhitze zu 80°0. (64°8 R.) Bar. 0,367 T.

Siedhitze zu 84°7. (67°7 R.) Bar. 0,405 T.

Siedhitze zu 88°1. (70°5 R.) Bar. 0,475 T.

Siedhitze zu 91°3. (73°0 R.) Bar. 0,536 T.

Siedhitze zu 94°3. (75°5 R.) Bar. 0,605 T.

Siedhitze zu 97°1. (77°7 R.) Bar. 0,679 T.

Siedhitze zu 100°. (80° R.) Bar. 0,762 T.

GEOGNOSTISCHE ANSICHT der Tropen-Welt

Die Natur der Gebirgsarten ist im Ganzen unabhängig von der Breite und Höhe über der Meeresfläche; aber in einzelnen Theilen des Erdbodens bemerkt man eine gewisse Ordnung in der Schichtung u. Lagerung, welche als Folge eines particularen Systems von Anziehungskräften zu betrachten ist. Eben diese Betrachtung erweiset, wie schwierig es ist, etwas Allgemeines über die geognostischen Verhältnisse der Äquatorial-Gegenden zu sagen.

Nahe am Äquator befinden sich neben einander die höchsten Gebirge der Welt, und die niedrigsten weit ausgedehntesten Ebenen. Von 5° bis 12° südlicher Breite, und sonst nirgends auf dem Erdboden, erheben sich Berge von mehr als 5550 M. oder 3000 T. Höhe; doch nehmen die Gebirgsketten gegen den Pol hin weder gleichmäßig noch sehr beträchtlich ab. Denn unter dem 19°, unter dem 45° und 60° Grade nördl. Breite kennt man noch Berge von 5700 M. (2900 T.) und selbst von 5500 M. (2800 T.) Höhe. Die großen Äquatorial-Ebenen, welche sich von dem östlichen Abfall der Andes-Kette längst dem Amazonen-Strome bis zur brasilianischen Küste hin erstrecken, sind in 700 Seemeilen Länge kaum 70 M. bis 200 T. über der Meeresfläche erhaben.

Alle Gebirgsarten, welche die Natur auf der Erdoberfläche verstreuet hat, finden sich unter dem Äquator zusammengedrängt. Ihr relatives Alter und ihre Lagerung scheinen im Ganzen dieselbe, welche man in den gemäßigten Zonen entdeckt hat. Der glimmerarme Granit mit großen Feldspathcristallen, älter als der feinkörnige; Gneiss, Syenit, Glimmerschiefer und Thonschiefer sich gegenseitig unter teufend; unter den Flözgebirgsarten zwei Sandstein-, zwei Gyps- und drei Kalkstein-Formationen; Basalt, Mandelstein, Grünstein, Obsidian-Pechstein- und Perlstein-Porphyre (die ganze problematische Trapp-Formation) auf dem höchsten Rücken der Cordillera in grotesken Gruppen vereinzelt – alle diese Verhältnisse beweisen die geognostische Ähnlichkeit der entferntesten Weltgegenden.

Merkwürdige Eigenheiten der amerikanischen Tropen-Region sind die ungeheure Mächtigkeit der Gebirgsschichten und die Höhe, zu der sie sich über der Meeresfläche erheben. In Europa steht der Granit zwischen 3300 M. und 4700 M. (1700 T. und 2400 T.) überall unbedeckt zu Tage aus. In der Andeskette ist der Granit nicht sichtbar höher als 3500 M. (1800 T.). Die höchsten Gebirgsstöcke der Welt bestehen bis zu ihren breiten Gipfeln aus hornblend-reichen Porphyren, welche einige Geognosten vom vulkanischen Feuer erzeugt, andere von demselben nur umgebildet halten. Der Sandstein bei Huancavelica steigt bis zu einer Höhe von 4400 M. (2300 T.). Das Steinkohlenflöz bei Santa Fe findet sich 2633 M. (1352 T.) hoch über dem Meere. Die große Ebene von Bogota auf 2700 M. (1400 T.) Höhe ist mit Flözschichten von Gyps und Steinsalz bedeckt. Versteinte Seemuscheln finden sich in der Andes-Kette 4200 M. hoch (in Europa nicht höher als 3300 M.). Auf den Gebirgslagen von Quito gräbt man, in 2800 M. Höhe, fossile Elephanten-Knochen aus. Der Sandstein von Cuenca ist 1560 M., die Quarz-Formation, westlich von Caxamarca, 2900 M. mächtig.

Die Andes-Kette hat noch mehr als 50 brennende Vulcane, von denen einige 37 bis 40 Seemeilen vom Meere entfernt liegen. Die höchsten speien nie fließende Lava aus, sondern verschlackte Grünstein- und Porphyr-Massen, Obsidian, Bimstein und vorzüglich eine ungeheure Menge Wasser und kohlenstoffhaltigen Letten, in welchem kleine Fische (Pimelodus Cyclopum) eingehüllt sind.

SCHWÄCHUNG DES LICHTSTRAHLEN beim Durchgange der Luftschichten

0,9164 · 0,9047 · 0,8912 · 0,8787 · 0,8640 · 0,8478 · 0,8309 · 0,8123

TOISEN

4000 · 3500 · 3000 · 2500 · 2000 · 1500 · 1000 · 500 · 0

…n in den Tropen-Ländern;

…e der Anden,

…zum 10.ten Grade südlicher Breite angestellt worden sind, in den Jahren 1799 bis 1803.

…LDT und A. G. BONPLAND.

«Ich habe den Band schon mehrmals mit großer Aufmerksamkeit durchgelesen, und sogleich, in Ermanglung des großen Durchschnittes, selbst eine Landschaft phantasirt, wo nach einer an der Seite aufgetragenen Scala von 4000 Toisen die Höhen der europäischen und americanischen Berge gegen einander gestellt sind, sowie auch die Schneelinien und Vegetationshöhen bezeichnet sind. Ich sende eine Copie dieses halb im Scherz, halb im Ernst versuchten Entwurfs und bitte Sie, mit der Feder und mit Deckfarben nach Belieben hinein zu corrigiren, auch an der Seite etwa Bemerkungen zu machen und mir das Blatt bald möglichst zurückzusenden.»[121]

Als Goethe seine Arbeit sechs Jahre später im Druck veröffentlicht, im Vordergrund auf einem Felsen die Widmung an Humboldt, führt er in einem Kommentar aus, wie er von der Skalierung der Höhen am Rand eines Vierecks ausgegangen sei und «vom *Chimborasso* herein die Berghöhen einzuzeichnen» begonnen habe, «die sich unter meiner Hand wie zufällig zu einer Landschaft bildeten».[122] Am Chimborazo hat Goethe als kleine Figur seinen Freund Humboldt eingezeichnet, über ihm einen Condor, gegenüber, in Europa, Gay-Lussac in einem Ballon – und unten am Rand ein Krokodil.

Der Vergleich mit Goethes Versuch macht die Originalität des Originals offensichtlich. Denn in seinem Entwurf führt Goethe ungewollt vor, wie eine Darstellung aussehen kann, die rein bildlich gehalten ist; deren textliche Elemente von der malerischen Gestaltung als Daten am Rande geschieden sind; und die keineswegs abstrakt als Querschnitt angelegt ist, sondern konventionell perspektivisch.

Das Verfahren der Profilzeichnung variierte Humboldt in weiteren Arbeiten. Für den Chimborazo etwa in «Geografiæ plantarum lineamenta» als Vergleich verschiedener Gebirge in aller Welt, die er hier nebeneinanderstellt (*Nova genera et species plantarum*, Frontispiz, 1816);[123] und in «Voyage vers la cime du Chimborazo, tenté le 23 Juin 1802» mit einem erzählenden Text, der an der entscheidenden Stelle den Abbruch des Aufstiegs bezeichnet, nämlich die «Spalte, die den Reisenden den Weg zum Gipfel abschnitt»: «crevasse qui empecha les voyageurs d'atteindre la cime» (*Atlas géographique et physique des régions équinoxiales du Nouveau Continent*, Tafel 9, 1825).[124]

Oben: Humboldts Original: «Géographie des plantes près de l'Equateur» (1803)

Unten: Goethes Version von Humboldts «Naturgemälde»: «Höhen der alten und neuen Welt bildlich verglichen» (1807, 1813)

Wie sehr Humboldts Gebirgsprofil in seiner Zeit als diagrammatisches Zeichen präsent war, zeigt eine philosophische und politische Interpretation, mit der Madame de Staël ihre *Considérations* (1818) über die Französische Revolution beschließt. Humboldts Schichtung der Vegetationszonen übersetzt sie an dieser herausgehobenen Stelle in ein Gleichnis weltweiter Aufklärung: «So wie der berühmte Humboldt auf den Bergen der Neuen Welt die unterschiedlichen Höhen bezeichnet hat, welche das Gedeihen bestimmter Pflanzen gestatten», so lasse sich die Freiheitsliebe eines Menschen, der sich über Vorurteile erhebt, nach seiner «Höhe des Geistes» («hauteur d'esprit») bemessen.[125]

Tois: 4000
4000 Tois
3000
2000
1000
Chimborazo
HERRN
ALEXANDER
v. HUMBOLDT
Höhen der alten und neuen Welt
bildlich verglichen

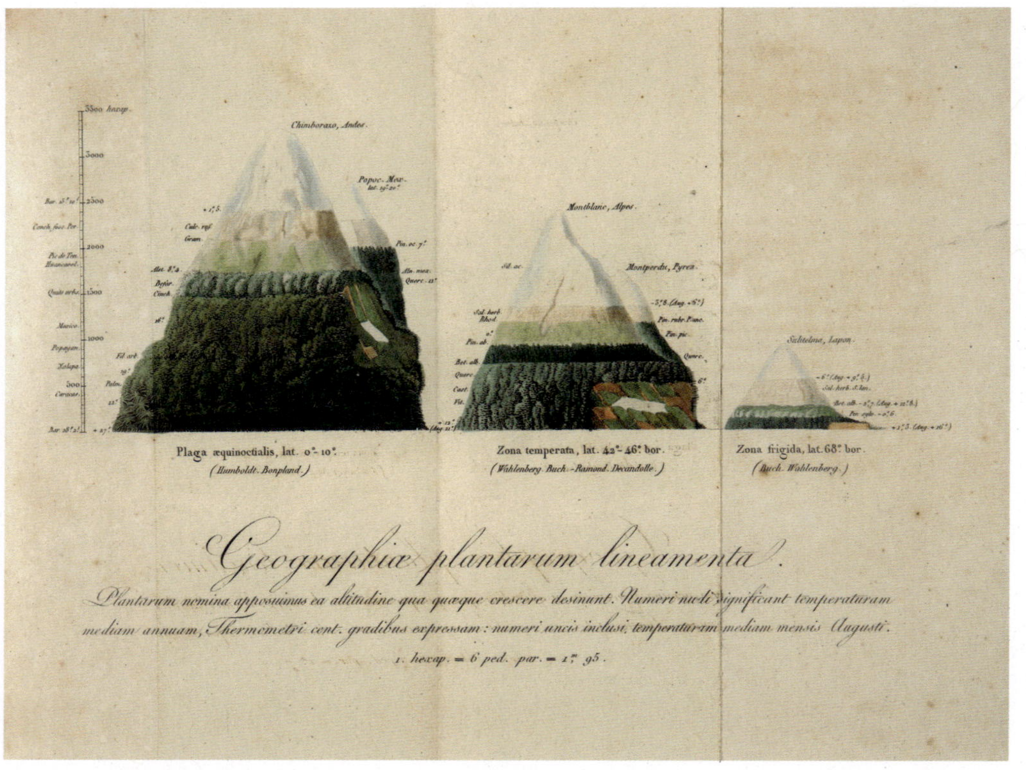

Gebirgsprofile im Vergleich: «Geographiæ plantarum lineamenta», nach einer Zeichnung von Humboldt (1816)

Das Scheitern am Berg als grafische Episode: «Voyage vers la cime du Chimborazo, tenté le 23 Juin 1802», nach einer Zeichnung von Humboldt (1825)

Linnés Botanik oder wie man vor lauter Bäumen den Wald kaum sieht

Vergleicht man die Laufbahnen von Alexander von Humboldt und Carl von Linnés (Linnaeus), so finden sich gewisse Parallelen. Eine ist das frühe Interesse an der Botanik und eine ausgezeichnete Ausbildung. Ähnlich wie Humboldt liebte Linné ausgedehnte Spaziergänge in den heimischen Wäldern. Linnés Vater, selbst ein Pflanzenliebhaber, brachte ihm Pflanzennamen bei. Das Benennen der Pflanzen scheint immer schon ein zentrales Thema in Linnés Leben gewesen zu sein.

In seinem Studium stößt Linné auf das Tournefortsche System, das ihn begeistert. Joseph Pitton de Tournefort stellte in seinen 1694 publizierten *Elementen der Botanik (Éléments de botanique, ou méthode pour connoître les plantes)* ein System vor, das die Pflanzenwelt in 24 Klassen unterteilte. Darunter gab es Kategorien wie «Bäume» oder «Pflanzen, die keine Blüten produzieren». Linné muss schnell realisiert haben, dass ein System eine große Hilfe ist, um die Namen zu memorieren, denn nur ein System hilft, in Unübersichtliches Ordnung zu bringen. Später wird über ihn gesagt: «Gott hat die Welt erschaffen, Linné hat sie geordnet.»

Joseph Pitton de Tournefort war in vielerlei Hinsicht ein Pionier der Botanik und sein Werk hat Linné maßgeblich beeinflusst.

DIE UNGEHÖRIGE SEXUALITÄT DER PFLANZEN

Zu Linnés Zeit ist die Vermehrung der Pflanzen ein Mysterium. Zwar ist bekannt, dass sich Pflanzen über Samen vermehren, aber es gibt verschiedenste, zum Teil wirre Theorien, wie diese Vermehrung der Pflanzen denn vollzogen würde. Linné, der sich im Winter 1729 intensiv mit der Analogie der Sexualität von Pflanzen und Tieren befasst, veröffentlicht im Folgejahr ein Werk mit dem Titel *Praeludia Sponsaliorum Plantarum*, in dem er zum ersten Mal nicht nur den Vergleich zwischen Tieren und Pflanzen wagt, sondern auch explizit auf die Geschlechtsorgane der Pflanzen eingeht. Er analysiert darin die männlichen und weiblichen Strukturen der Blüte, die zwar Konstanten, aber auch Variationen aufweisen. Es ist in der Tat faszinierend zu sehen, dass die Anzahl der Staubblätter oder der Griffel offensichtlich eine gewisse Ordnung aufweisen und ähnliche Muster oft wiederkehren. Linné bedient sich in seinen Beschreibungen einer für seine Zeit derart kruden Wortwahl, dass seine Schriften geächtet und sogar als pornografisch abgetan werden.

Linnés Erkenntnisse zur pflanzlichen Fortpflanzung in Verbindung mit Tourneforts Kategorien stellen die Weichen für die Entwicklung eines natürlichen Systems der Pflanzen. Linné erkennt, dass eine mehrstufige Hierarchie einer überschaubaren Ordnung zuträglich ist, und weicht mit dieser weiteren Dimension vom einfachen Tournefortschen System ab. Die Hierarchiestufen umfassen *regnum, classis, ordo, genus, species* und *varietas*. Sie bilden das Gerüst für zukünftige Taxonomien.

1733 formuliert Linné erstmals die Absicht, ein Werk zu schreiben, das seine Erkenntnisse zur Morphologie und Sexualität der Pflanzen in ein System bringen soll: *Species Plantarum*. Nach ersten Ideen unterbricht eine längere Reisephase die Arbeiten, und nach mehreren Rückschlägen publiziert er sein Werk schließlich 1752. *Species Plantarum* beschreibt auf 1.200 Seiten 7.300 Pflanzenarten und ist das Monumentalwerk der Botanik jener Zeit. Es hat den Anspruch, die ganze bekannte Pflanzenwelt zu beschreiben, und zwar erstmals in systematischer Weise, begründet auf den Geschlechtsorganen der Pflanzen.

CARL LINNÆUS.

Carl von Linné hat Licht in das Geheimnis der Vermehrung der Pflanzen gebracht und gleichzeitig das Fundament zur Nomenklatur gelegt, wie wir sie heute noch brauchen.

Das *Systema naturae* ist das Regelwerk, wie Steine, Pflanzen und Tiere zu beschreiben sind.

CAROLI LINNÆI, SVECI,
DOCTORIS MEDICINÆ,
SYSTEMA NATURÆ,
SIVE
REGNA TRIA NATURÆ
SYSTEMATICE PROPOSITA
PER
CLASSES, ORDINES,
GENERA, & SPECIES.

O JEHOVA! *Quam ampla sunt opera Tua!*
Quam ea omnia sapienter fecisti!
Quam plena est terra possessione tua!
Psalm. CIV. 24.

LUGDUNI BATAVORUM,
Apud THEODORUM HAAK, MDCCXXXV.

Ex Typographia
JOANNIS WILHELMI DE GROOT.

TRIVIAL WIRD SALONFÄHIG – DIE ENTSTEHUNG DER ZWEITEILIGEN ARTNAMEN

Die Art und Weise, wie Linné seine «Arten» aufschreibt, legt den Grundstein für die heutige Taxonomie – das System, wie wir wissenschaftliche Namen verwenden. Wissenschaftliche Artnamen sind sogenannte Binome, sie bestehen also aus zwei Teilen: aus dem Gattungsnamen und dem Artepithet. Zu Linnés Zeiten ist die Gattung die eigentlich wichtige Einheit. Die Gattung wird mit kurzen diagnostischen Sätzen unterschieden (diese Differenzierung entspricht unserem heutigen Konzept der Arten). Während Linné es anfangs noch unerlässlich findet, die ganze Diagnose für die Benennung einer Art zu benutzen, rückt mit der Zeit immer mehr eine andere Namensform, die anfangs eher als Trivialname gedacht war, ins Zentrum: eine Benennung, die nur aus der Gattung und einem zusätzlichen Namen besteht. Hier folgt er dem englischen Naturforscher John Ray, der als erster zweiteilige Namen eingeführt hat. Will man der Legende glauben, so sollen es Linnés Studenten gewesen sein, die diese binomialen Einheiten nutzten, um die langen Sätze zu vermeiden, wie sie zur damaligen Zeit üblich sind. So wird aus *«Papaver capsulis glabris globosis, caule piloso multiflora, foliis pinnatifidis incisis»* (der Mohn mit den runden, kahlen Kapseln, der einen mehrblütigen und behaarten Stängel hat und dessen Blätter fiedrig eingeschnitten sind) schlicht und einfach der *Papaver rhoeas*, unser Klatschmohn.

Parallel zu seinem botanischen Monumentalwerk entwickelt Linné Regeln, wie Pflanzen zu beschreiben seien, die er in seinen Büchern *Fundamenta Botanica* und *Critica Botanica* publiziert. Später ergänzt er im *Systema Naturae* seine Systematik um Tiere und Gesteine. Bei den Tieren konzentriert er sich auf Morphologie und Physiologie, was eine Abkehr von der traditionellen Einteilung nach den Lebensräumen bedeutet. Mit Ausnahme der Mineralogie, für die sich sein System als unzureichend erweist, bilden die im *Systema Naturae* festgehaltenen Regeln die Basis der wissenschaftlichen

Nomenklatur. Fortan ist es nicht mehr möglich, dass jeder Organismen benennt, wie es ihm passt. Man einigt sich auf ein System, in dem jede Art mit einem zweiteiligen Namen benannt wird. Dieser muss eindeutig sein, das heisst, dass er nur an eine einzige Art vergeben werden darf. Da Latein die Gelehrtensprache der Zeit ist, muss der Name lateinisch oder griechisch sein und zumindest latinisiert werden. Zum vollständigen Namen gehört auch das Autorenkürzel desjenigen, der den Namen vergeben hat. Dieses Kürzel wird oft in Kapitälchen und nicht kursiv geschrieben, L. zum Bespiel steht für eine von Linné beschriebene Art.

DER FLORIST UND DER ÖKOLOGE

Wie Humboldt betreibt auch schon Linné in gewisser Weise Pflanzengeografie, jedoch ist sie bei ihm eher ein Nebenprodukt als eine eigene Disziplin. Bei Linné steht die Pflanze mit ihrer Morphologie und ihrem Platz im hierarchischen System im Mittelpunkt. Dennoch wäre es falsch anzunehmen, dass Linné die Vegetation als solche vernachlässigt hätte – sie ist bei ihm eine Eigenschaft, die einer Art zukommt, ähnlich wie die morphologischen Merkmale. So unterscheidet er in seiner *Philosophia Botanica* 25 Lebensräume, die er vor allem durch die Vegetation charakterisiert. Diese Lebensräume stehen aber nicht für sich selbst, sondern sie sind Attribute, die der eigentlichen Sache, einer möglichst prägnanten Charakterisierung der Arten, dienen. Bei Humboldt ist es umgekehrt – für ihn steht der Lebensraum, die Vegetation als Ganzes, im Mittelpunkt, die einzelnen Komponenten interessieren ihn nachrangig:

Clarisſ: **LINNÆI.M.D.**
METHODUS plantarum SEXUALIS
in SISTEMATE NATURÆ
deſcripta

Monandria.
Diandria.
Triandria.
Tetrandria.
Pentandria
Hexandria.
Heptandria.
Octandria.
Enneandria.
Decandria
Dodecandria
Icoſandria
Polyandria
Didynamia.
Tetradinamia.
Monadelphia.
Diadelphia.
Polyadelphia.
Syngeneſia.
Gynandria.
Monoecia.
Dioecia.
Polygamia.
Cryptogamia

Lugd. bat: *1736*

G.D.EHRET. Palat=heidelb:
fecit & edidit

> «Da ich aber die Verbindung längst beobachteter der Kenntnis isolierter, wenn auch neuer Tatsachen von jeher vorgezogen hatte, schien mir die Entdeckung einer unbekannten Gattung weit minder wichtig als eine Erforschung der geographischen Verhältnisse in der Pflanzenwelt, als Beobachtungen über die Wanderungen der geselligen Pflanzen und über die Höhenlinie, zu der sich die verschiedenen Arten derselben gegen den Gipfel der Kordilleren erheben.» [Alexander von Humboldt, *Schriften zur Geographie der Pflanzen,* Herausgeber: Hanno Beck, Wissenschaftliche Buchgesellschaft, 1989].

Die beiden Vorgehensweisen könnten unterschiedlicher nicht sein: Während Humboldt die Pflanzengesellschaften beschreibt und in eine geografische Ordnung stellt, geht Linné von einer systematischen Ordnung aus, in der jedes Individuum nach seinen morphologischen Merkmalen eingeordnet wird, ungeachtet der Lebensräume. Auch wenn sich die beiden Vorgehensweisen im Laufe der Zeit gewandelt, einander zugewandt und zum Teil auch miteinander verwoben haben, so bilden sie nach wie vor zwei Kerndisziplinen der Botanik. Linnés Ansatz ist auch heute noch die Grundlage der Pflanzenmorphologie und der Systematik, während Humboldts Vorgehensweise die Geobotanik und die Ökologie prägt.

Bei Linné steht die einzelne Pflanze mit ihrer Morphologie und ihrem Platz im hierarchischen System im Mittelpunkt des Interesses.

«Ganz Sibirien ist eine Fortsezung unserer Hasenheide.»

Alexander von Humboldt[126]

II. Die andere Reise

Sankt Petersburg 1829

Sankt Petersburg, historische Darstellung von Makhayev Kachal (1753)

Während die Auswertung seiner ersten großen Expedition, nach Amerika (1799–1804), noch nicht abgeschlossen ist, begibt sich Alexander von Humboldt bereits auf die zweite, und zwar in entgegengesetzte Richtung: 1829 bereist er Zentral-Asien, durch Russland und Sibirien bis zur chinesischen Grenze. Seine Begleiter sind der Biologe Christian Gottfried Ehrenberg und der Mineraloge Gustav Rose.

Humboldt selbst interessiert sich auf dieser Expedition besonders für die Geologie der Gebirgsketten und Vulkane sowie für die Klimatologie des asiatischen Kontinents. Während Rose für die mineralogische Forschung verantwortlich ist, kümmert sich Ehrenberg um die botanische. Angesichts dieser botanischen Feldforschung soll ein begleitender Adjutant sein heiteres Unverständnis gezeigt haben:

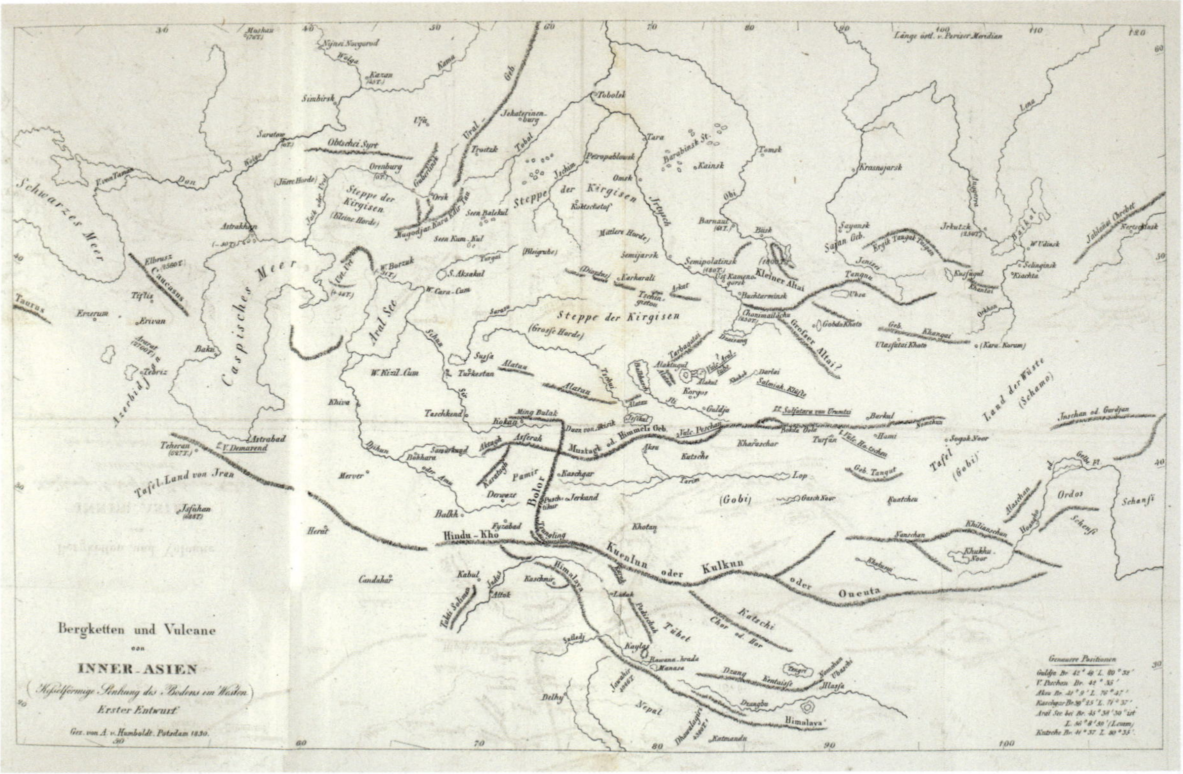

Humboldts Asienkarte: «Bergketten und Vulcane von Inner-Asien» (1844)

Pflanzliche Zeugnisse der russischen Expedition (1829): Moose aus dem Reiseherbarium von Christian Gottfried Ehrenberg im Botanischen Museum der Freien Universität Berlin. Von links nach rechts: *Climacium dendroides, Ptilium crista-castrensis, Neckera pennata.*

ASIE CENTRALE.

RECHERCHES

SUR LES

CHAINES DE MONTAGNES

ET LA CLIMATOLOGIE COMPAREE;

PAR A. DE HUMBOLDT.

TOME PREMIER.

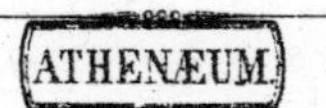

PARIS,

GIDE, LIBRAIRE-EDITEUR,

RUE DES PETITS-AUGUSTINS, 5, PRÈS LE QUAI MALAQUAIS.

—

1843.

«Dieser Herr ist so vertieft in sein Fach, daß er uns oft genug verloren ging; einmal fanden ihn die reitenden Kosaken bis an die Kniee im Sumpf im bloßen Frack; ganz durchnäßt kommt er, umgeben von ihnen, zu Fuß in seinem nassen Sommerkostüm, nur mit der Pelzmütze auf dem Kopf, in der einen Hand ein ganzes Büschel Gräser, in der andern rotes Moos, mit dem der Grund des Roten Meeres bedeckt ist, wie er sagte.»[127]

Das Hauptwerk zur russisch-sibirischen Forschungsreise: Humboldts *Asie centrale* (1843)

Teile der botanischen Sammlung aus Ehrenbergs Reiseherbarium sind heute im Botanischen Museum des Botanischen Gartens in Berlin zu finden, insbesondere Gräser.[128]

Humboldt selbst findet die zentralasiatische Vegetation offenbar wenig aufregend. Immer wieder stellt er fest, dass sie jener in seiner brandenburgischen Heimat enttäuschend ähnlich sei. Aus Kasan schreibt er an seinen Bruder Wilhelm: «Leider gleicht die Vegetation hier im Grunde dem ‹Tegelschen Grase›.»[129] Und später aus Katharinenburg, mit leichtem Sarkasmus: «Seit sechs Tagen sind wir im Ural, die asiatische Grenze hat freilich einiges Ansehen der Tegelschen Heide, aber mit denselben Bestandteilen sind doch die Wälder anders gruppiert.»[130]

Da er dem Zaren versprechen musste, von gesellschaftlichen Beobachtungen zu schweigen, übt Humboldt seine Kritik indirekt und subtil, er verkleidet sie als Verbesserungsvorschlag: Großgrundbesitz, Staatsmonopol und Leibeigenschaft, eine ineffiziente Energiegewinnung, vor allem die Abholzung von Wäldern, so kombiniert er, erhöhen den Schadstoffausstoß und verringern die Niederschlagsmenge – das heißt: Sie führen zu einem menschengemachten Klimawandel, und zwar nicht nur lokal und vorübergehend, sondern großräumig und langfristig. Am Ende der Expedition hält Humboldt in Sankt Petersburg eine vielbeachtete Rede, in der er die Einrichtung weltweit koordinierter Forschungsstationen fordert – über die Grenzen von Nationen und Imperien hinweg.

Herbst, Gräser und Trockenheit – die zweite grosse Expedition

> «Je trauriger im Ganzen das Bild ist, das im Herbste die Steppe darbietet, wo Tulpen und Iris, der reizende Schmuck der Frühlingsflora, durch die alles zerstörende Hitze und Dürre des Sommers längst verdorrt sind, und graue Artemisien in trauriger Einförmigkeit den Boden bedecken, desto überraschender ist von dieser Seite her der Eintritt in dieselbe.»

Dieser Tagebucheintrag von Gustav Rose, Humboldts Begleiter auf der zweiten großen Reise, illustriert den Gegensatz zur Tropenwelt der Amerikareise. Als 60-Jährigem gelingt Alexander von Humboldt die lang erwünschte Expedition Richtung Osten. Diese Reise könnte kaum in größerem Kontrast zu seiner ersten stehen: Die jugendliche Freiheit hat er gegen Ruhm und Verpflichtungen eingetauscht, den treuen Begleiter Aimé Bonpland gegen einen ganzen Tross von Mitarbeitern und Aufpassern. Auch die Vegetation könnte kaum unterschiedlicher sein: Anstelle des üppigen, undurchdringlichen Regenwaldes erwartet ihn die karge Steppe in endlosen Weiten.

Am 15. September 1829 schreibt Humboldt:

> «Gestern habe ich hier meinen 60jährigen Geburtstag, auf der asiatischen Seite des Urals, erlebt, ein wichtiger Abschnitt des Lebens, ein Wendepunkt, auf dem es einen gereuet, so vieles nicht ausgeführt zu haben, ehe das hohe Alter die Kräfte dahin nimmt.

Vor 30 Jahren war ich in den Wäldern des Orinoco und auf den Cordilleren. Ihnen verdanke ich es, dass dieses Jahr, durch die große Masse von Ideen, die ich auf weitem Raume habe sammeln können, mir das wichtigste meines unruhgien Lebens geworden ist. Und was werde ich nicht erst von mineralogischen und geognostischen Merkwürdigkeiten auffinden können, wenn ich in Ruhe in Berlin mit Prof. Rose von den Sammlungen des Urals und Altai werde umgeben seyn?» [Alexander von Humboldt, *Im Ural und Altai, Briefwechsel zwischen Alexander von Humboldt und Graf Georg von Kankrin aus den Jahren 1827–1832*, Brockhaus, Leipzig, 1869, S. 93].

Auch wenn Humboldt im Herbst seines Lebens angekommen ist und in den Zeilen eine gewisse Wehmut mitschwingt, spürt man noch die Vorfreude, all die gesammelten Materialien auszuwerten.

IM REICH DER FEDERGRÄSER

Ein großer Teil der zweiten Reise führt durch das heutige Kasachstan und den russischen Teil Sibiriens, durch (Wald-)Steppen und Halbwüsten. Steppen finden sich hauptsächlich in der Nordhemisphäre, aber auch in den gemäßigten Gebieten der Südhalbkugel. Das Wort stammt aus dem Russischen (степь) und bezeichnet eine weite, baumlose Ebene, die meist nur spärlich und hauptsächlich mit Gräsern bewachsen ist. Das weltweit größte zusammenhängende Steppengebiet ist die Eurasische Steppe, die sich von Ungarn über Rumänien, die Ukraine, Russland, Kasachstan und die Mongolei bis nach China hinzieht. Das Klima der Steppen wird durch jahreszeitliche Extreme und große Trockenheit geprägt. Man bezeichnet es als kontinental. Im Sommer fällt sehr wenig Niederschlag, den Winter dominieren lange Kältephasen, verbunden mit Frost. Das Wasser im Boden ist meist gefroren, so leiden die Pflanzen oft auch im Winter unter Trockenstress. Insgesamt ist das Klima zu trocken, als dass Bäume wachsen könnten. Gräser und krautige Pflanzen benötigen dagegen viel weniger Wasser und

sind resistenter gegen kalte Temperaturen, weshalb sie das Landschaftsbild der Steppen prägen. Die beste Zeit für das Wachstum der Pflanzen ist der Frühling. Wenn die Temperaturen wieder steigen, können sich die Steppen mancherorts in Blumenteppiche verwandeln. Der Naturschriftsteller Raoul H. Francé beschreibt den Steppenfrühling wie folgt:

Im Winter herrscht Kälte, im Sommer Trockenheit. Wer in der Steppe überleben will, muss an die harten Bedingungen angepasst sein.

> «Der Städter stellt sich eine solche Steppe stets als ein dürres, trauriges, verschmachtendes Stück Land vor. Er hat sie eben nicht nach den großen Frühlingsregen gesehen, da sie ihre Blütezeit erlebt. Dort, wo im März und April sich noch grauer, staubiger, kahler Boden dehnte, sprießt im Vollfrühling ein Meer saftigster Gräser und eine Blumenfülle, so reich, bunt und duftend, dass sie auch die üppigsten Bergwiesen in den Schatten stellt.» [Raoul Heinrich Francé, *Die Welt der Pflanzen*, Südwest Verlag München, 1962].

Auch wenn dieses Bild etwas verklärt ist, trifft es gewisse Steppengebiete ganz gut, besonders dann, wenn den dominierenden Gräsern auch Zwiebelpflanzen und einjährige Arten beigemischt sind. Gräser sind mit ihrem horstförmigen Wuchs besonders gut an das Leben in Steppen angepasst. Steppengräser besitzen ein sehr dichtes Wurzelsystem, das zwar nur ein kleines Bodenvolumen durchzieht, aber dieses äußerst effizient nutzt. In Steppengebieten finden sich oftmals

Den Mitteleuropäer beeindruckt besonders die schier unendliche Weite der asiatischen Steppen.

Lössböden, also stark wasserdurchlässige, schluffige Böden. Gräser sind auf solchen feinkörnigen Böden im Vorteil. Eine auffällige Erscheinung sind die Federgräser, von welchen es in den Steppengebieten eine Vielzahl von Arten gibt, die sich zum Teil nur schwer unterscheiden lassen. Mit ihren langen gefiederten Grannen sind sie optimal an die windigen Verhältnisse der großen Ebenen angepasst: Ihre Samen an den «Federn» werden vom Wind oft über Dutzende von Kilometern verbreitet.

DIE ANTIPODE DER REGENWÄLDER

Im Sommer unerträglich heiß, eisig kalt im Winter und meistens sehr trocken – wahrlich, das Steppenklima stellt an die Pflanzen große Herausforderungen. Etwa die Hälfte aller Steppenpflanzen bilden oberirdische Sprosse, die im Winter absterben. Unmittelbar an der Erdoberfläche bleiben jedoch Knospen erhalten, die im folgenden Jahr wieder austreiben. Bei anderen sterben alle oberirdischen Organe ab, die überwinternden Knospen liegen tief im Boden. Häufig treten hier Wurzel- oder Stängelknollen oder auch Zwiebeln als Speicherorgane auf. In gewisser Weise kann man die Steppe als Antipode zum Regenwald sehen, wo Wasser kein limitierender Faktor ist und Bäume die dominierende Lebensform sind. Zwar ist es durchaus möglich, in der

Steppe Bäume anzupflanzen, aber für ganze Wälder würde das Wasser nicht ausreichen, denn Wälder brauchen sehr viel mehr Wasser als Grasländer. Aufforstungen gelingen in Steppengebieten dennoch anfangs meist recht gut, doch mit zunehmendem Alter und Wasserbedarf wachsen die Bäume immer schlechter und sterben schließlich ab. Diese schmerzliche Erfahrung musste mancherorts in den Steppen gemacht werden, wo versucht wurde, die Steppe aufzuforsten, weil man sich vom Holzbau Gewinn erhoffte. Nur für Einzelbäume gibt es an einigen Standorten genügend Wasser im Boden. So lesen wir bei Gustav Rose:

> «Die verschiedenen Bergrücken sind mit der schönsten Waldung bedeckt, die aus denselben Bäumen besteht wie bei Perm, hier aber mit freien Plätzen voll des üppigsten Krautwuchses abwechselte, der so dicht und hoch ist, dass er da, wo er einmal Überhand genommen hat, gar keine Bäume und Sträucher aufkommen lässt. Hier fand wir neben *Trollius europaeus* und *Dracocephalum nutans* den schönen *Orobus lathyroides* in voller Blüthe, und *Lilium martagon* mit schwellenden Knospen.» [Alexander von Humboldt, *Zentral-Asien. Untersuchungen zu den Gebirgsketten und zur vergleichenden Klimatologie*, nach der Übersetzung von Wilhelm Mahlmann aus dem Jahr 1844, herausgegeben von Oliver Lubrich, Frankfurt: S. Fischer 2009, S. LI].

Wissenschaftlich sind Grasländer nicht per se weniger interessant als Regenwälder. Die Flora und Vegetation der Steppenländer haben Botaniker schon seit jeher in den Bann gezogen. Natürlich finden wir in Steppengebieten viel weniger Arten und Lebensformen als in tropischen Regenwäldern, doch die Anpassungen der Pflanzen an die harsche Umgebung üben eine Faszination aus. Schaut man sich die kleinräumige Artenvielfalt an, so sind Grasländer oftmals sogar artenreicher als Regenwälder, erst wenn man größere Flächen vergleicht, können sie nicht mehr mithalten.

Oben: Federgräser stehen symbolisch für die Steppenvegetation. Humboldt ist auf seiner Asienreise bestimmt zahlreichen verschiedenen Arten begegnet. Die meisten Arten zeichnen sich durch die langen, gefiederten Grannen aus.

Unten: Steppen sind Grasländer und wegen den harten Bedingungen an den meisten Orten natürlicherweise waldfrei.

Für Alexander von Humboldt bildet diese Reise die Quelle für seine *Asie centrale. Recherches sur les chaînes de montagnes et la climatologie comparée*. Wie der Titel vermuten lässt, handelt es sich nicht um eine botanische oder pflanzengeografische Abhandlung über Zentral-Asien, sondern um eine klimatische und geologisch-geografische Beschreibung der bereisten Gebiete. Der Text zeugt auch davon, wie sehr die Reisebegleitung Humboldts Sichtweise beeinflusst haben könnte. Da der Botaniker Bonpland nicht mehr dabei war, blieb die Botanik weitgehend ausgeklammert. Der für die Botanik zuständige Reisebegleiter Christian Gottfried Ehrenberg war in erster Linie Zoologe und Ökologe. So wird die Asienreise in der Geschichte der Botanik niemals einen ähnlichen Platz einnehmen wie die Amerikareise.

« Ich halte sie [die Botanik] für eins von den Studien, von denen sich die menschliche Gesellschaft am meisten zu versprechen hat. »

Alexander von Humboldt[131]

Der Ort, an dem Humboldts Werke in Deutschland erschienen: Tübingen in einer historischen Darstellung von Hermann Baumann (1828)

12. Der andere Kosmos

Tübingen 1845

Die Ergebnisse seiner vieljährigen Forschung fasst Humboldt in seinem letzten Werk zusammen, dem fünfbändigen *Kosmos. Entwurf einer physischen Weltbeschreibung*. Hier unternimmt er den Versuch, ‹die ganze Welt in einem Buch› darzustellen, auf dem naturwissenschaftlichen Stand seiner Zeit und in literarisch eleganter Form.

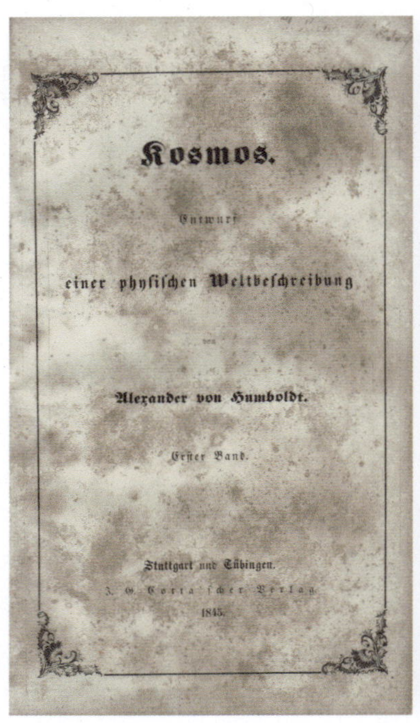

Kosmos.

Entwurf

einer physischen Weltbeschreibung

von

Alexander von Humboldt.

Erster Band.

Stuttgart und Tübingen.

J. G. Cotta'scher Verlag.

1845.

Links: Die ganze Welt in einem Buch: Humboldts *Kosmos. Entwurf einer physischen Weltbeschreibung* (Band I, 1845)

Rechts: Humboldt mit einem Manuskript des *Kosmos*: Gemälde von Joseph Stieler (1843)

Die Idee des Projekts hat er seinem Freund und literarischen Berater Varnhagen von Ense bereits 1834 (in einem inzwischen vielzitierten Satz) dargelegt:

> «Ich habe den tollen Einfall, die ganze materielle Welt, alles, was wir heute von den Erscheinungen der Himmelsräume und des Erdenlebens, von den Nebelsternen bis zur Geografie der Moose auf den Granitfelsen wissen, alles in einem Werke darzustellen, und in einem Werke, das zugleich in lebendiger Sprache anregt und das Gemüt ergötzt.»[132]

Im *Kosmos* beschreibt Humboldt sein Programm, das für die Natur ebenso wie für die Menschen gelten soll, als den Versuch, in der «Vielheit» die «Einheit» sichtbar zu machen.

«Die Natur ist für die denkende Betrachtung Einheit in der Vielheit, Verbindung des Mannigfaltigen in Form und Mischung, Inbegriff der Naturdinge und Naturkräfte, als ein lebendiges Ganze. Das wichtigste Resultat des sinnigen physischen Forschens ist daher dieses: in der Mannigfaltigkeit die Einheit zu erkennen, von dem Individuellen alles zu umfassen, was die Entdeckungen der letzteren Zeitalter uns darbieten, die Einzelheiten prüfend zu sondern und doch nicht ihrer Masse zu unterliegen, der erhabenen Bestimmung des Menschen eingedenk, den Geist der Natur zu ergreifen, welcher unter der Decke der Erscheinungen verhüllt liegt. Auf diesem Wege reicht unser Bestreben über die enge Sinnenwelt hinaus, und es kann uns gelingen, die Natur begreifend, den rohen Stoff empirischer Anschauung gleichsam durch Ideen zu beherrschen.»[133]

Ein Gemälde von Eduard Hildebrandt aus dem Jahr 1856 symbolisiert in vielen Details Humboldts fächerübergreifende, weltumfassende Wissenschaft. Es zeigt den Forscher in seinem Arbeitszimmer in der Oranienburger Straße in Berlin, wohin er 1827 aus Paris übergesiedelt ist. Wir sehen Bücher, Manuskripte, Landkarten und ein Fernrohr, Gemälde, Büsten und ausgestopfte Tiere. Dem Weitgereisten gegenüber steht auf Augenhöhe ein Globus. Er betrachtet die ganze Welt – mit dem Wissen aller möglichen Disziplinen. In der Hand hält er Aufzeichnungen. Die Kartons neben seinem Schreibtisch enthalten seine Arbeitsnotizen zum *Kosmos*, wie sie heute im Nachlass in der Staatsbibliothek zu Berlin aufbewahrt werden.

Den Globus auf Augenhöhe: Humboldt in seiner Bibliothek in Berlin auf einem Gemälde von Eduard Hildebrandt (1856)

In den sieben Jahrzehnten seiner wissenschaftlichen und publizistischen Tätigkeit veröffentlichte Humboldt neben seinen großen Buchwerken wie dem *Kosmos* aber auch zahlreiche Aufsätze und Artikel in internationalen Zeitschriften und Zeitungen, die heute kaum mehr bekannt sind. Sie beschreiben nicht ‹die ganze Welt in einem Buch›, sondern ‹die ganze Welt in tausend

Die Pflanzengeografie als thematische Landkarte: «Verbreitungsbezirke der wichtigsten Kulturgewächse» im *Physikalischen Atlas* von Heinrich Berghaus zu Humboldts *Kosmos* (1845–1848)

Essays›. Dieser «Andere Kosmos» Alexander von Humboldts wird in der Berner Ausgabe seiner *Sämtlichen Schriften* 2019 erstmals herausgegeben.[134] Zu ihnen gehören Dutzende botanischer und pflanzengeografischer Studien. Von seinem ersten Aufsatz an bleibt die Botanik für Humboldt lebenslang ein Faszinosum.

Im *Kosmos* haben die botanischen Teile einen besonderen Platz. Humboldt hat die «Composition» seines letzten Werkes so gestaltet, als würde er eine Reise durch das Universum schildern, die bei den entferntesten Nebeln des Alls ihren Ausgang nimmt und sich allmählich der Erde annähert, um dann deren anorganische und organische Natur zu beschreiben: «von den Nebelsternen bis zur Geografie der Moose». Er verwirklicht diese Konzeption zweimal, zunächst in einem Entwurf als «Kleines Naturgemälde», das er im ersten Band zeichnet, und dann in genauerer Ausführung als «Großes Naturgemälde», dem er die Bände drei, vier und fünf widmet. Einen

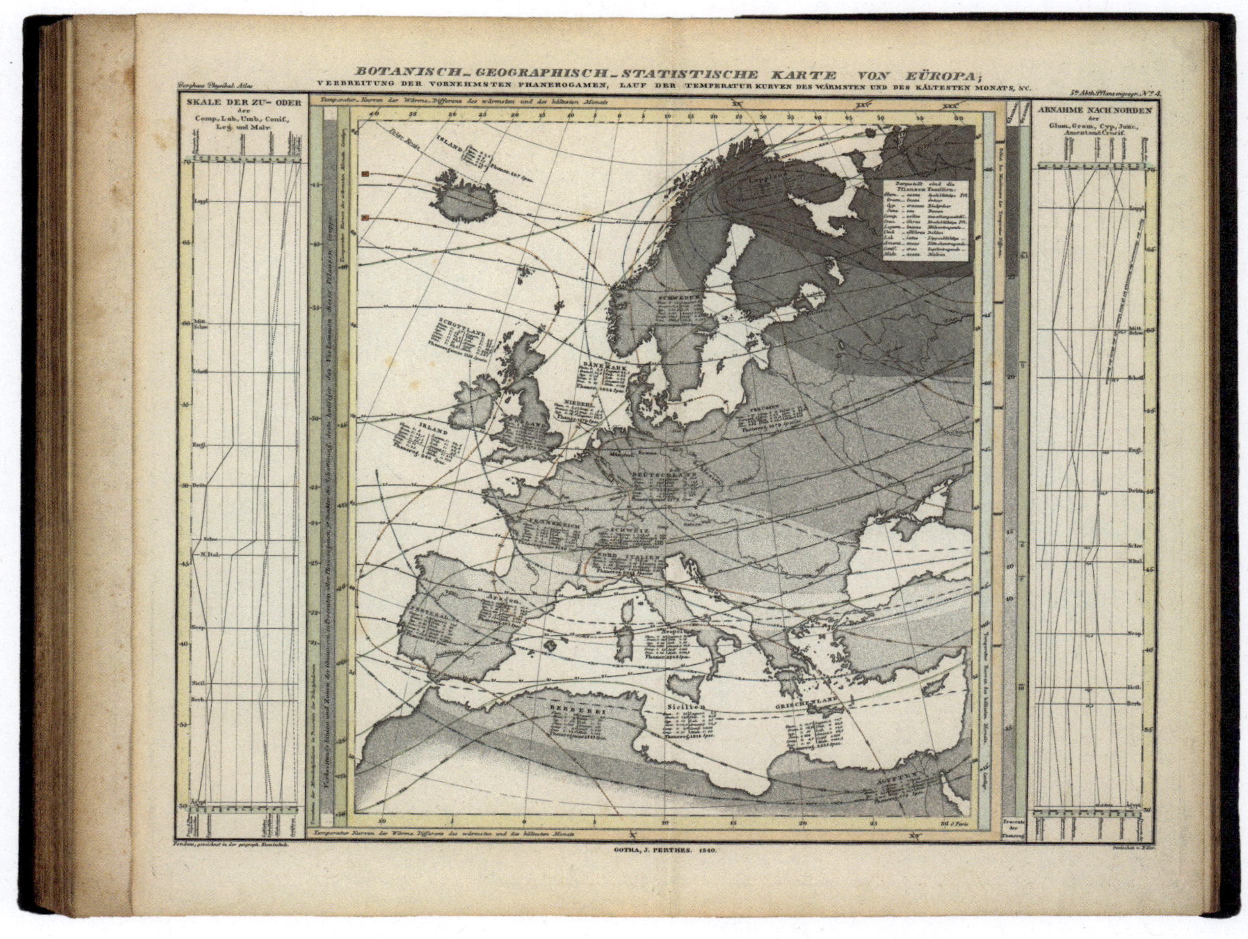

«Botanisch-geographisch-statistische Karte von Europa» im *Physikalischen Atlas* von Heinrich Berghaus zu Humboldts *Kosmos* (1845–1848)

Eindruck von der Anlage des Werkes gibt neben dem «Kleinen Naturgemälde», das sein Programm zusammenfasst und dabei auf zehn Seiten die Pflanzen behandelt,[135] auch der *Physikalische Atlas* von Heinrich Berghaus, der den *Kosmos* illustrieren sollte und dessen fünfte Abteilung mit sechs Tafeln die «Pflanzengeographie» darstellt.[136] Die Botanik versteht Humboldt als Teil seiner umfassenden «Weltbeschreibung». Aber bevor er den letzten Band fertigstellen kann, den die «Geographie der Pflanzen und Thiere» und zuletzt die «Einheit des Menschengeschlechts» beschließen sollten, stirbt Humboldt in Berlin mit fast 90 Jahren.

Im selben Jahr, 1859, in dem der *Kosmos* abbricht, ohne dass der bereits konzipierte Schluss über Pflanzen, Tiere und Menschen verwirklicht werden kann, erscheint das Werk eines Naturforschers, den Humboldt angeregt hat und der die Geschichte der Pflanzen zur Theorie der Evolution weiterdenkt: Charles Darwins *Origin of Species* oder *Entstehung der Arten*.[137]

Die Botanik bewegt sich weiter: Humboldt, Darwin und die Geburtsstunde der evolutionären Botanik

Darwins Theorie zur Entstehung der Arten steht in einer logischen Folge zu Alexander von Humboldts Werk: Humboldt gab den Pflanzen einen geografischen Kontext, Darwin stellte die Lebewesen in einen zeitlichen Zusammenhang. Wie wichtig war Humboldt für Darwin, und inwiefern war er sogar ein Vordenker der Evolutionslehre?

Charles Darwin war bereits als junger Mann begeistert von Humboldts Schriften und wollte seinem Vorbild in vielerlei Hinsicht nacheifern.

Es ist bekannt, dass der jüngere Darwin Humboldts Schriften mit großer Begeisterung las und Humboldts Ideen ihn beim Schreiben des wohl wichtigsten Werkes der Biologie der Neuzeit beflügelten. Humboldt, der bereits in seinen frühen Publikationen über die Entwicklung der Vegetation und der einzelnen Lebewesen spekuliert, mag somit einen wichtigen Grundstein zur Evolutionstheorie gelegt haben. Leider ist es ihm nicht vergönnt, Darwins ausgereifte Theorie zu lesen. Im Herbst von Humboldts Todesjahr publiziert der britische Biologe sein wichtigstes Werk *Über die Entstehung der Arten.* Darin legt er zahlreiche Belege für seine Theorie vor, dass sich Arten durch natürliche Auslese über lange Zeiträume verändern und alle heute existierenden Lebewesen von gemeinsamen Vorfahren abstammen.

DER MEISTER UND EINE ETWAS ANDERE REISE

Für Darwin ist Humboldt Lehrmeister und Vorbild. Von seinen Jugendjahren an eifert er ihm nach. Die Berichte über die Kanarischen Inseln haben es Darwin besonders angetan, und er will dort auf Biegen und Brechen auf Humboldts Spuren weiterforschen. Als sich ihm die Gelegenheit bietet, Kapitän Robert FitzRoy auf einer Expedition auf der HMS *Beagle* zu begleiten, setzt er alles daran, diesen Traum zu verwirklichen. Humboldts *Reise in die Aequinoctial-Gegenden des neuen Continents* ist eines von nur zwei Büchern, die Darwin mit auf die *Beagle* nimmt, und wenn man sein Tagebuch liest, so schwingt Humboldts Entdeckergeist darin permanent mit.

Die Reise wird den Grundstein für seine Erkenntnisse zur Evolutionstheorie legen, doch dies ist Darwin freilich nicht bewusst, als er am 27. Dezember 1831 in Devonport in See sticht. Es geht ihm wohl in erster Linie darum, seinem Vorbild Humboldt nachzueifern und ebenfalls ein großer Entdecker zu werden. Allerdings verläuft der Anfang der Reise anders als geplant. Gleich zu Beginn der Schiffsreise wird Darwin von Seekrankheit gequält, dann dürfen die Mannschaft und auch er wegen eines Seuchenverdachts das Schiff nicht verlassen,

Mit Charles Darwin war auch Conrad Martens auf der HMS *Beagle* dabei, der als Schiffsmaler die Reise mit Skizzen der Landschaften dokumentierte.

als sie endlich vor Teneriffa ankern. Seiner Traum, auf Humboldts Spuren die Insel zu erforschen, muss er aufgeben. Doch so unglücklich die Reise ihren Anfang nimmt, so beflügelnd wird sie für Darwin noch werden. Wie Humboldt hält er seine Beobachtungen in einem Tagebuch fest. Auch wenn er nicht die poetische Kraft seines Vorbilds erreicht, so sind die ersten Reisebeschreibungen sehr farbig, detailgenau und umsichtig verfasst. Dies trägt ihm den Spott seiner Schwester ein, für welche des Bruders Schriften plötzlich allzu blumig daherkommen.

Darwins Reise auf der HMS *Beagle* dauert fast fünf Jahre und ist, wie er später sagt, die wichtigste Begebenheit in seinem Leben, sie wird seinen Werdegang bestimmen. Auf seiner Reise sammelt er unglaublich viel Material, doch die eigentliche Auswertung erfolgt erst später in London. Zunächst publiziert er den Bericht von der *Voyage of the Beagle*, in welchem er in Humboldtschem Stil seine Reise beschreibt und dabei nicht nur wissenschaftliche Fakten niederschreibt, sondern auch seinen Empfindungen Raum gibt. Eines der ersten Exemplare des Buches, das ihn in England berühmt machen wird, schickt er seinem Vorbild nach Berlin. Humboldt liest es mit großer Begeisterung, er lobt den ausgezeichneten Beobachtungssinn und die ganzheitliche Betrachtung.

LONDON: ENTSTEHUNG DER ENTSTEHUNG

Mit der Auswertung des Materials, das er auf seiner Reise gesammelt hat, aber auch dank des Austauschs mit Forschern in Europa, formuliert Darwin nach der Rückkehr seine Theorie zur Entstehung der Arten. Dazu muss er zunächst den revolutionären Gedanken akzeptieren, dass die Arten eine Entwicklung durchlaufen, also nicht unveränderlich sind. Arten, die sich ändern, sind mit der Schöpfungsgeschichte schlecht vereinbar, denn sie stellen die Unfehlbarkeit Gottes in Frage. Evolution bedeutet, dass Gott laufend nachbessert und also immer mal wieder seine Meinung ändert. Für den gläubigen Darwin ist dieses Gedankenexperiment weit schwieriger als für Humboldt, in dessen Leben Religion keine Rolle spielt. Daher lässt Darwin sich Zeit, seine Evolutionstheorie zu veröffentlichen. Erst die Korrespondenz mit Alfred Russel Wallace, der durch seine Reisen in Südostasien zu denselben Ergebnissen gekommen ist, veranlasst ihn dazu, seine Evolutionstheorie der Öffentlichkeit vorzulegen. Schon zwanzig Jahre zuvor hat Humboldt in seinen Studien zur Geografie der Pflanzen die Idee verfolgt, dass sich ein Prototyp durch «Ausartung» dauerhaft verändern könne. Humboldt schreibt:

> «Die Geografie der Pflanzen untersucht, ob man unter den zahllosen Gewächsen der Erde gewisse Urformen entdecken, und ob man die specifischen Verschiedenheiten als Wirkung der Ausartung und als Abweichung von einem Prototypus betrachten kann. Sie löset das wichtige und oft bestrittene Problem, ob es Pflanzen gibt, die allen Klimaten, allen Höhlen und allen Erdstrichen eigen sind».

Humboldt geht davon aus, dass Arten veränderlich sind und sich ihrer jeweiligen Umwelt anpassen. Mit der Hypothese, dass die Arten, wie wir sie vorfinden, lediglich Ausartungen, also Abwandlungen von einem Prototyp sind, nimmt er die Möglichkeit einer Artbildung respektive einer Wandelfähigkeit der Arten voraus, ohne weiter darauf einzugehen. Im selben Werk stellt er diese Idee aber auch wieder in Frage:

> «Alle Pflanzen und Thiere, welche gegenwärtig den Erdboden bewohnen, scheinen seit vielen Jahrtausenden ihre charakteristische Form nicht verändert zu haben. [...] Diese Uebereinstimmungen, diese Beständigkeit der Form, beweisen, dass die kolossalischen Thiergerippe und die wunderbar gestalteten Pflanzen, welche das Innere der Erde einschliesst, nicht einer Ausartung einer jetzt vorhandener Species zuzuschreiben sind, sondern dass sie vielmehr einen Zustand unseres Planeten ahnden lassen, welcher von der jetzigen Anordnung der Dinge verschieden, und zu alt ist, als dass die Sagen des vielleicht später entstandenen Menschengeschlechts bis zu ihm aufsteigen könnten.»

Besonders bei seinen Untersuchungen an den Vogelpräparaten, die er von den Galapagos-Inseln mitgebracht hat, erkennt Darwin, dass die Annahme unveränderlicher Arten falsch ist und die Umwelt die Entwicklung der Arten beeinflusst. Wenn aber die Umwelt die Arten prägt, ist es logisch, sich in der Folge mit der Verteilung der Arten auf dem Planeten zu befassen, also mit der Pflanzengeografie, Humboldts Paradedisziplin. Darwin taucht also wieder in Humboldts *Reise in die Aequinoctial-Gegenden des neuen Continents* ein und sucht nach Stellen, in denen die Beziehung der Pflanzen zur Umwelt ausformuliert ist. Wie und warum aber sich die Arten in einem neuen Umfeld wandeln, bleibt vorerst ein Geheimnis.

Erst im Herbst 1838, als sich Darwin mit den Schriften des Ökonomen Thomas Malthus beschäftigt, kristallisiert sich bei ihm die Idee der natürlichen Selektion als Triebkraft der Artbildung heraus. Aus den Tatsachen, dass sich die Individuen einer Population unterscheiden und diese Unterschiede erblich sind, zieht Darwin die Schlussfolgerung, dass in einer Welt mit begrenzten Ressourcen die natürliche Selektion immer neue Arten hervorbringt.

DER FRÜHLING NACH HUMBOLDTS TOD ODER DIE GEBURTSSTUNDE DER EVOLUTIONÄREN BOTANIK

Im Frühling 1860, ein Jahr nach Humboldts Tod und wenige Monate nach dem Erscheinen der *Entstehung der Arten*, dem Buch, das die Biologie grundlegend verändern wird, untersucht Charles Darwin in der Wiese vor seinem Haus Primeln. Dabei stellt er fest, dass manche Primeln Griffel haben, die weit aus der Blüte ragen, während bei anderen der Griffel tief in der Blütenkrone versteckt ist. Gemeinsam mit seinen Kindern schwärmt er aus, sammelt Primeln – und siehe da, die unterschiedlichen Typen kommen fast in einem Verhältnis 50:50 vor. Dies erinnert ihn an das Geschlechterverhältnis, wie es beim Menschen vorliegt. Zuerst glaubt er, einen evolutionären Prozess zu beobachten, bei dem sich Primeln zu männlichen (die Kurzgriffligen) und weiblichen (die Langgriffligen) Individuen entwickeln. Doch zu seiner Überraschung produzieren die «Männer» in einem Kreuzungsversuch extrem viele Samen, und Darwin muss seine erste Hypothese aufgeben. In der Folge beobachtet er, dass die Primeln am meisten Nachkommen haben, wenn er die Pollen der einen Form auf die andere gibt, während selbstbestäubte Individuen vergleichsweise wenig Samen bilden. Die kreuzweise Bestäubung scheint also für die Pflanzen von Vorteil zu sein. Darwin hat an den Blüten der Primeln eine Strategie entdeckt und wird damit ein neues Zeitalter einläuten: Es ist die Geburtsstunde der evolutionären Botanik. Hat die Wissenschaft der Pflanzen mit Humboldt eine Dimension im Raum und in der Bewegung gewonnen, so führt Darwin diese Idee weiter und gibt der Botanik eine zeitliche Tiefendimension.

Links: Die Heterostylie bei Primeln, der ungleiche Aufbau der Blüten innerhalb der gleichen Art, hat Darwin zu spannenden Gedankenexperimenten verleitet.

Rechts: Über die Entstehung der Arten *(On the Origin of Species)* ist das Hauptwerk Darwins und gilt als Fundament der Evolutionslehre.

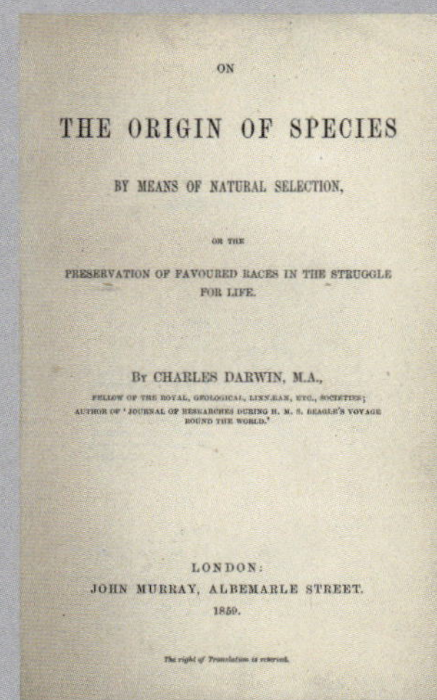

ON

THE ORIGIN OF SPECIES

BY MEANS OF NATURAL SELECTION,

OR THE

PRESERVATION OF FAVOURED RACES IN THE STRUGGLE FOR LIFE.

BY CHARLES DARWIN, M.A.,

FELLOW OF THE ROYAL, GEOLOGICAL, LINNÆAN, ETC., SOCIETIES;
AUTHOR OF 'JOURNAL OF RESEARCHES DURING H. M. S. BEAGLE'S VOYAGE ROUND THE WORLD.'

LONDON:
JOHN MURRAY, ALBEMARLE STREET.
1859.

The right of Translation is reserved.

IV Nachwirken

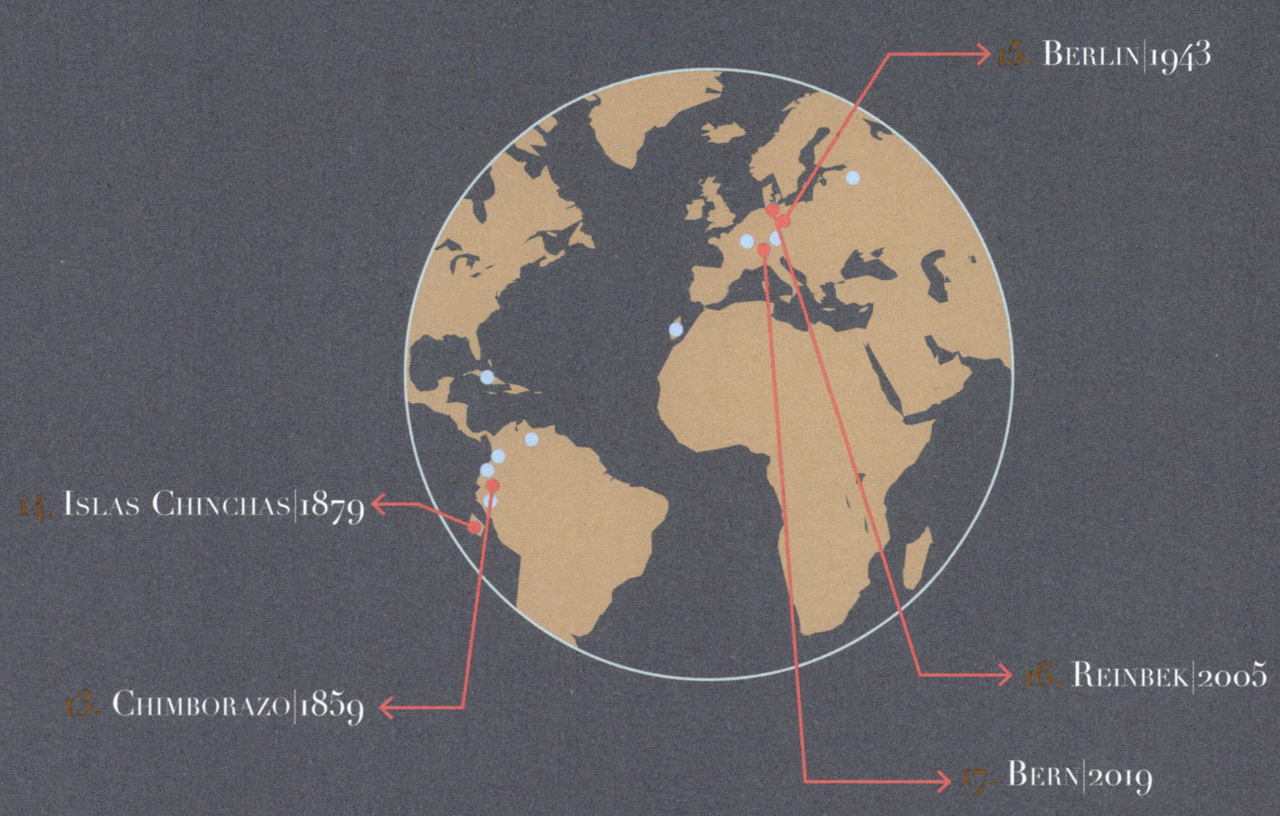

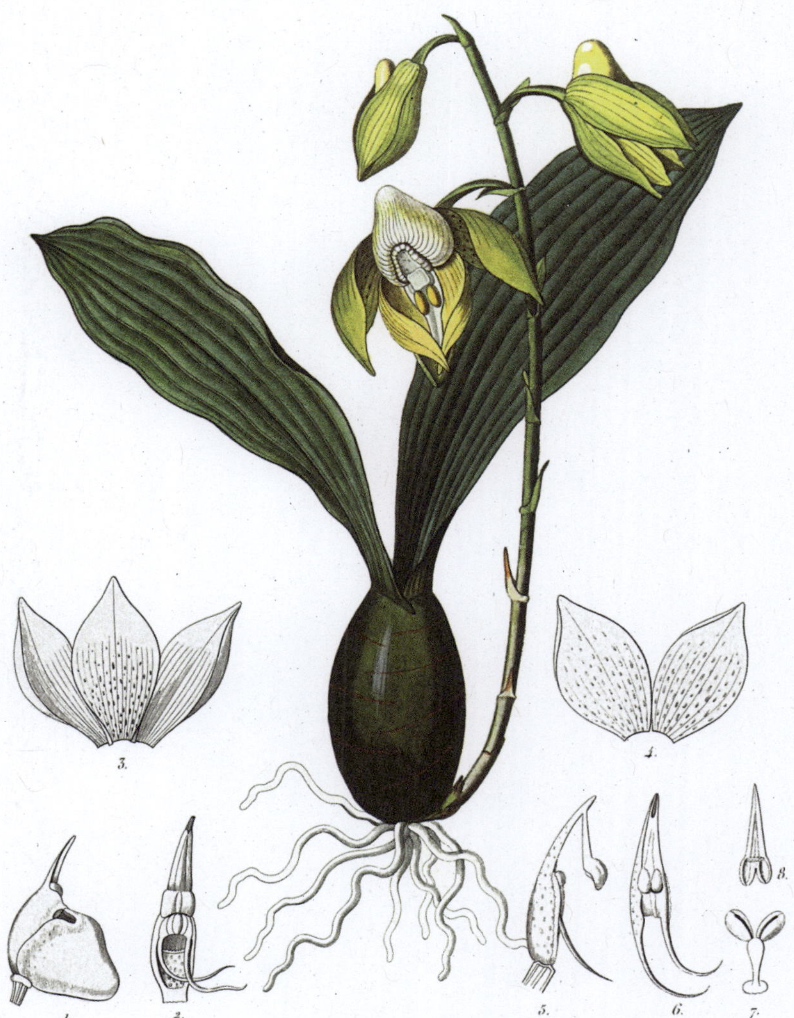

CATASETUM maculatum.

« … der Humboldt'sche Naturforscher war kein Botaniker, sondern ein Landschaftsmaler der allgemeinen Wachstumsprozesse des Lebens. »

César Aira, *Humboldts Schatten*[138]

13. Kunst als Wissenschaft

Chimborazo 1859

Weißes Haar vor schneeweißem Gipfel: Humboldt überragt den Chimborazo auf seinem letzten Porträt (Gemälde von Julius Schrader, 1859)

Humboldts Konzept einer Landschaftsmalerei, die künstlerisch ansprechend und wissenschaftlich genau sein soll, hat nicht nur er selbst in seinen Zeichnungen ausgeführt. Es übte eine starke Wirkung auf Künstler aus, die sein Programm ihrerseits in die Tat umsetzen.

Die Abbildungen, die Humboldt in seinen botanischen Werken veröffentlicht, zeugen von der Präzision, mit der er einzelne Pflanzen wahrnahm und analysierte. In den Landschaften, die sein Reisewerk illustrieren, geht er mit derselben Genauigkeit vor. Die Darstellung der Pflanzen ver-

Wanderer in exotischer Landschaft: Ansicht des Vulkans Cayambé im heutigen Ecuador nach einer Zeichnung von Humboldt (1812)

folgt hier einen doppelten Zweck: Sie stellt Experten exakte Informationen über die lokale Vegetation zur Verfügung. Und sie dient als künstlerisches Mittel der wirklichkeitsgetreuen Vermittlung einer fernen Natur für ein breiteres Publikum.[139]

Zahlreiche Künstler lassen sich von Humboldts Stil und Programm inspirieren,[140] darunter eine ganze Schule, die *Hudson River School*. Der US-Amerikaner Frederic Edwin Church (1826–1900) reist auf Humboldts Spuren durch Amerika und schafft in seinem Sinn botanisch informierte Kunstwerke. Er besucht und malt mehrere Schauplätze, die Humboldt beschrieben und abgebildet hat: den Wasserfall von Tequendama, dessen Gemälde wir mit Humboldts eigener Darstellung vergleichen können, die Vulkane Cayambé, Cotopaxi und Chimborazo.[141] Besonders bekannt ist seine Darstellung tropischer Landschaften in *The Heart of the Andes*, wo der Chimborazo einen Regenwald überragt. Bei diesem Gemälde handelt es sich indes nicht um eine tatsächliche, sondern um eine zusammengesetzte Landschaft. Zu sehen ist der Chimborazo, allerdings in einem Tropenszenario. Es entstand 1859, Humboldt hat es nicht mehr sehen können.

Julius Schrader malt Humboldt noch in dessen letztem Lebensjahr, ebenfalls fiktiv, vor dem Chimborazo, der sein symbolischer Berg wurde, wie der Drachenbaum seine symbolische Pflanze ist. Humboldt wird hier der Vegetation und allem Leben entrückt, sodass dem schneebedeckten Gipfel des andinen Vulkans, den er überragt, sein schneeweißes Haar entspricht.

Ferdinand Bellermann verwirklicht in Venezuela sogar ein Gemälde, *Die Guácharo-Höhle*

Maler auf Humboldts Spuren: Der Cayambé auf einem Gemälde von Frederic Edwin Church (1858)

Der Cayambé als Fotografie

Der Wasserfall von Tequendama nach einer Zeichnung von Humboldt (1810)

Der Wasserfall von Tequendama auf einem Gemälde von Frederic Edwin Church (1854)

(1843),[142] das Humboldt in seinem Reisebericht literarisch nur angedeutet hat. Nach seinem Abstieg in die Höhle des Fettvogels bemerkte Humboldt, wie der Blick aus der Höhle hinaus wie von den Wänden des Eingangs gerahmt wirkte. «Es war, als hätte man in der Ferne ein Gemälde aufgestellt, dem die Öffnung der Höhle als Rahmen diente.»[143]

Und es sind noch weitere Künstler in Humboldts Sinn unterwegs. Eduard Hildebrandt malt in Brasilien.[144] Johann Moritz Rugendas, der durch Mexiko und Südamerika reist, wird von Humboldt gefördert.[145]

Der argentinische Schriftsteller César Aira hat Rugendas zur Hauptfigur einer Novelle gemacht, die auf Deutsch unter dem Titel *Humboldts Schatten* erschien: *Un episodio en la vida del pintor viajero*, das heißt übersetzt: *Eine Episode im Leben des Reisemalers* (2000).[146] Der Anfang der Novelle enthält einen Miniatur-Essay über «die Methode», die Rugendas von Humboldt gelernt hat und die zunächst die Grundlagen seiner Kunst verständlich machen soll, Humboldts «Landschaftswissenschaft» als «Kunstgeographie», die «Physiognomie der Natur, ein von Humboldt erfundenes Verfahren».

Der Wasserfall von Tequendama, Fotografie

> «Rugendas war ein Genremaler; sein Genre die Physiognomik der Natur, eine von Humboldt erfundene Methode. Der große Naturforscher war der Vater einer Disziplin, […]: die Erdtheorie oder *Physique du Monde*, eine Art künstlerischer Geographie, ästhetische Naturkunde, Wissenschaft der Landschaft.»[147]

Im Verlauf der Novelle trifft den Physiognomiker dann in der Pampa ein fantastischer Blitz, der sein Gesicht entstellt, aber seine Kunst elektrisiert.

Humboldt beeinflusst jedoch nicht nur zeitgenössische Landschaftsmaler. Auch heute lassen sich Künstler anregen durch seine ebenso präzise wie ästhetische Art, die Natur zu betrachten, nicht zuletzt durch seine Botanik und seine Pflanzengeografie. Fotografien von Dornith Doherty, die in hoher Auflösung eine Landschaft oder eine einzelne Pflanze zeigen, wurden als Serie unter dem Titel *Rio Grande: Verbranntes Wasser* in der Humboldt gewidmeten Ausgabe der Zeitschrift *Du* (2016) abgebildet, darunter die Nahaufnahme eines Mexikanischen Rosenknöterichs auf der Titelseite.[148] Der Berner Künstler Andrés Fischer hat eine fotorealistische Installation geschaffen, die einer von Humboldt beobachteten Pflanze aus seiner kolumbianischen Heimat gewidmet ist: den *frailejones* (*Espeletia*).[149] Wer nicht aufpasst, kann leicht auf die großformatige Zeichnung auf schwarzem Papier treten, die sich von der Wand bis auf den Boden erstreckt. Auf diese Weise wird die Verletzlichkeit der Natur angedeutet – und die Künstlichkeit der zugleich so genauen Darstellung vorgeführt.

Alexander von Humboldt entwirft aber auch eine eigene Vision zur medialen Vermittlung tropischer Natur, die aus seiner Zeit weit in die Zukunft weist.[150] Als Forschungsreisender interessiert er sich für alle bestehenden oder denkbaren Möglichkeiten, ferne Gegenstände nahe zu bringen: für Guckkasten, Laterna magica, Diorama, Panorama. Alle diese Formate sind zu seiner Zeit verfügbar als Medien des Reisens und der Naturkunde, als populäre Televisionen, die es einer breiten Bevölkerung ermöglichen, zumindest virtuell die Tropen zu erleben. Im Atelier von Louis Daguerre lernt Humboldt im Frühjahr 1839 das neue Verfahren der Fotografie kennen, das er konsequent in seine Konzeption

Johann Moritz Rugendas, Palmenstudie (1834)

einbezieht. Es bringt technische Bilder hervor, die der Kunst der Naturbeschreibung eine neue Genauigkeit geben.

Im zweiten Band des *Kosmos* führt Humboldt all diese Mittel zusammen. Hier entfaltet er eine avancierte Medientheorie, indem er populäre Formen und neue Erfindungen miteinander verbindet und sogar über den gegenwärtigen Stand der Technik hinausgeht. Malerei («Rundgemälde»), Szenografie («Coulissen») und Fotografie («Daguerre's Meisterwerke», «*Lichtbilder*») bringt er zusammen in der Konzeption eines multimedialen Erlebnisraums.[151]

«Die Vervollkommnung der Landschaftmalerei in großen Dimensionen (als Decorationsmalerei, als Panorama, Diorama und Neorama) hat in neueren Zeiten zugleich die Allgemeinheit und die Stärke des Eindrucks vermehrt. Was Vitruvius und der Aegyptier Julius Pollux als ›ländliche *(satyrische)* Verzierungen der Bühne‹ schildern, was in der Mitte des sechzehnten Jahrhunderts, durch Serlio's Coulissen-Einrichtungen, die Sinnestäuschung vermehrte, kann jetzt, seit Prevost's und Daguerre's Meisterwerken, in Parker'schen *Rundgemälden,* die Wanderung durch verschiedenartige Klimate fast ersetzen. Die Rundgemälde leisten mehr als die Bühnentechnik, weil der Beschauer, wie in einen magischen Kreis gebannt und aller störenden Realität entzogen, sich von der fremden Natur selbst umgeben wähnt. Sie lassen Erinnerungen zurück, die nach Jahren sich vor der Seele mit den wirklich gesehenen Naturscenen wundersam täuschend vermengen. Bisher sind Panoramen, welche nur wirken, wenn sie einen großen Durchmesser haben, mehr auf Ansichten von Städten und bewohnten Gegenden als auf solche Scenen angewendet worden, in denen die Natur in wilder Ueppigkeit und Lebensfülle prangt. Physiognomische Studien, an den schroffen Berggehängen des Himalaya und der Cordilleren oder in dem Inneren der indischen und südamerikanischen Flußwelt entworfen, ja durch *Lichtbilder* berichtigt, in denen nicht das Laubdach, aber die Form der Riesenstämme und der charakteristischen Verzweigung sich unübertrefflich darstellt, würden einen magischen Effect hervorbringen.»

Humboldts Projekt zielt auf eine dreidimensionale Simulation. Die exotische Ferne soll, zumindest als Realitätseffekt, für jedermann demokratisch verfügbar («dem Volke frei geöffnet») sein.

Diese Vision des *Kosmos* hat der deutsch-iranische Künstler Yadegar Asisi verwirklicht. Sein 360°-Tropenpanorama *Amazonien* (2009), das in einem alten Gasometer in Leipzig mit Licht- und Geräuscheffekten den Eindruck einer Urwaldlandschaft zu verschiedenen Tageszeiten erzeugt, ist eine «Hommage an Alexander von Humboldt».[152]

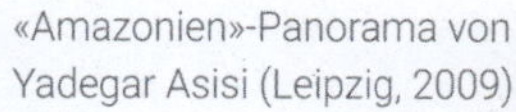

«Amazonien»-Panorama von Yadegar Asisi (Leipzig, 2009)

Andrés Fischer, «Frailejones (nach A. v. Humboldt)», Tinte und Bleistift auf Papier, 149 x 350 cm (2018)

Schon früh wurde Humboldt in der zeitgenössischen Literatur nicht nur mit tropischer Landschaftsmalerei, sondern auch mit multimedialen Erlebniswelten in Verbindung gebracht. So hat Ludwig Achim von Arnims Novellenzyklus *Der Wintergarten* (1809) seine Rahmenhandlung in einem Anwesen am Brandenburger Tor, dessen Gastgeberin am Ende einen geheimnisvollen, botanisch inszenierten Raum öffnet:

> «Wir glaubten am Tage ins Freye zu sehn, so herrlich durchsichtig war die Höhe gemalt und weithin zu Gegenden jenseit des Chimborasso versetzt, da lag er vor uns in prächtigem Morgenblau, und hinter ihm stieg die Sonne empor, die uns verlassen. Die Ebene war wunderbar von den fremdartigen riesenhaften Pflanzen unterbrochen, unser Landsmann Humboldt saß im Vordergrunde und zeichnete, ein Condor lag zu seinen Füßen. Dieses wohlgelungene Panorama, wurde noch außerordentlich von einem *Wintergarten* unterstützt […].»[153]

Das Panorama, das den Vulkan seinerseits in einer fiktiven Tropenlandschaft zeigt, in der, wie es bei Arnim augenzwinkernd heißt, «der ganze vegetabilische Unsinn jener Zonen» erfahrbar wird, scheint vor allem auf zwei Gemälde von Friedrich Georg Weitsch zurückzugehen, die den Reisenden im Regenwald, in der Hand eine Pflanze (1806), und am Chimborazo, zu seinen Füßen ein erlegter Kondor (1810), darstellen.

Arnims Buch trägt diesen *Wintergarten* nicht von ungefähr im Titel. Denn als symbolischer Ort eröffnet er einen politischen Subtext. Unter der französischen Besatzung (seit 1806) haben sich die Figuren in der preußischen Hauptstadt wie aus einer beißenden Kälte in ihre fiktionalen Intérieurs zurückgezogen. Sie fliehen in Erzählungen und in die Scheinwelt eines klimatisierten Kunstraums, der eine tropische Landschaft simuliert. Am Ende jedoch werden die Fenster aufgerissen, das Mikroklima vergeht, die Vögel entfliegen «in die Freiheit». Das Finale deutet voraus auf die Befreiungskriege. Arnims Geschichte endet, im Angesicht Humboldts, mit dem Aufbruch zu einer «Reise um die Welt». Man verlässt die Kunst und stellt sich der Wirklichkeit.

Im Herzen der Anden oder wie Wissenschaft die Malerei erobert

Ein Gemälde, vor dem die Damen in Ohnmacht fallen, welches Botaniker zu stundenlangen Fachsimpeleien einlädt und das Publikum in seinen Bann zieht, kann durchaus als außergewöhnlich bezeichnet werden. Gemalt wird es 1859, und Alexander von Humboldt ist sein geistiger Vater.

Das Bild «The Andes of Ecuador» von 1855 ist geradezu eine Verkörperung von Humboldts Beschreibung der Anden, wie er sie im Kosmos beschrieb.

DAS HERZ UND DER KOSMOS

Der US-Amerikaner Frederic Edwin Church gilt als einer der bedeutendsten Landschaftsmaler der Neuen Welt. Seine Bilder bestechen zum einen durch ihre Präzision und ihre Details, zum anderen wirkt ihre Dramatik wie ein Magnet. Church folgt Humboldts Aufruf, dass sich Künstler in die Anden begeben sollen, um sich von der Natur und den Landschaften inspirieren zu lassen. Humboldts Wunsch, die Physiognomie der Anden abzubilden, hat es Church angetan. Er begibt sich auf Humboldts Spuren und besucht das Herz des südamerikanischen Kontinents in zwei mehrwöchigen Reisen in den Jahren 1853 und 1857.

Humboldts *Kosmos. Entwurf einer physischen Weltbeschreibung* gilt als wichtigste Inspiration für Churchs Bilder. Im *Kosmos* fordert Humboldt eine neue Generation von Malern, die sich wie die alten holländischen Maler ihren Sujets in beinahe wissenschaftlicher Weise nähern. Diesem Programm will Church folgen.

Church kennt den *Kosmos* in englischer Übersetzung, und auch den Bericht der Amerikareise liest er mit großem Interesse. Im Tagebuch seiner ersten Reise finden sich neben vielen Skizzen immer wieder Hinweise, wie sehr Humboldt ihn auf seiner Reise leitet. Wie vor ihm Humboldt skizziert er bei Bogotá den berühmten Tequendama-Wasserfall. Wie Humboldt ist Church von den Vulkanen und der Wildnis der Anden begeistert und versucht, die Vegetation, die Geologie, aber auch einzelne Pflanzen und Tiere naturgetreu abzubilden. So erkennt man im Bild *The Andes of Ecuador* von 1855 geradezu eine Umsetzung von Humboldts Beschreibung der Anden, wie er sie im *Kosmos* gegeben hat:

> «Die dem Aequator nahe Gebirgsgegend hat einen anderen, nicht genugsam beachteten Vorzug: es ist der Theil der Oberfläche unseres Planeten, wo im engsten Raume die Mannigfaltigkeit der Natureindrücke ihr Maximum erreicht. In der tiefgefurchten Andenkette von Neu-Granada und Quito ist es dem Menschen gegeben, alle Gestalten der Pflanzen und alle Gestirne des Himmels gleichzeitig zu schauen. Ein Blick umfasst Heliconien, hochgefiederte Palmen, Bambusen, und über dieser Formen der

Tropenwelt: Eichenwälder, Mespilus-Arten und Dolden-Gewächse, wie in unserer deutschen Heimath […]. Dort öffnen der Erde Schooß und beide Hemisphären des Himmels den ganzen Reichthum ihrer Erscheinungen und verschiedenartigen Gebilde; dort sind die Klimate, wie die sie bestimmten Pflanzen-Zonen schichtenweise über einander gelagert; dort die Gesetzen abnehmender Wärme, dem aufmerksamen Beobachter verständlich, mit ewigen Zügen in den Felswänden der Andeskette, am Abhange des Gebirges, eingegraben.» [Kosmos, Band I, S. 12]

The Andes of Ecuador wird von Kunsthistorikern als Vorläufer zu Churchs berühmtestem Werk betrachtet, der imaginären Landschaft, die der Künstler vier Jahre später malen wird. In vielem entsprechen *The Andes of Ecuador* schon den Anforderungen, die Humboldt im *Kosmos* an die Landschaftsmalerei gestellt hat: Der Maler solle wie ein Wissenschaftler vorgehen, die Landschaften naturgetreu wiedergeben. Im Idealfall kann ein Botaniker einzelne Pflanzen auf den Gemälden bestimmen.

KEIN ORT, EIN NORMALBETRACHTER UND EINE DÉFORMATION PROFESSIONNELLE

The Heart of the Andes ist ein 1,7 auf 3 Meter großes Ölgemälde und gilt als Hauptwerk von Church. Es stellt eine idealisierte Landschaft in den Anden dar, wobei die Details zwar naturgetreu abgebildet werden, die Landschaft aber keinem realen Ort entspricht. Der Normalbetrachter soll darin eine herrlich wilde Landschaft sehen, welche Reiselust und Sehnsucht nach fremden Ländern weckt. Das Bild besticht durch seine Detailtreue, insgesamt wirkt es romantisch. So kann man sich am harmonisch warmen Farbenspiel erfreuen, aber auch an konkreten Elementen wie dem Fluss und dem Wasserfall in der Bildmitte, an blau blühenden Sträuchern oder Anzeichen menschlicher Zivilisation wie dem Kreuz und dem Weg in der linken Bildhälfte. Während ein

Kunsthistoriker das Gemälde der *Hudson River School* zuordnen kann, wird es ein Botaniker anders betrachten. Er wird feststellen, wie genau, nach Humboldtscher Manier, Church die Höhenstufung der Anden wiedergegeben hat. So finden sich im Vordergrund um den Wasserfall Überreste tropischer Nebelwälder, darüber kann man das «kalte Land», die «terra fría» ausmachen. Dies ist die Höhenstufe, in der die Sträucher zwar oftmals noch dominieren, die großen Bäume aber weitgehend fehlen. Noch eine Stufe höher erkennt man Páramo-Vegetation: Grasländer, die unseren alpinen Rasengesellschaften weitgehend entsprechen. Unverkennbar ist dann im Hintergrund die «tierra nevada», die Höhenstufe des ewigen Schnees. Auch wenn Church keinen geografischen Ort darstellt, erinnert die Landschaft doch am ehesten an Ecuador, und der Schneeberg, der über dem Bild thront, gleicht dem Chimborazo.

«The Heart of the Andes» stellt eine idealisierte Landschaft in den Anden dar und ist das berühmteste und erfolgreichste Werk von Frederic Edwin Church.

Während manche vor dem riesigen Gemälde in Ohnmacht fielen, entdeckten andere viele der kleinen Details wie den Quetzal oder Peperomien.

Manche Botaniker leiden an einer *déformation professionnelle*: kein Spaziergang, ohne dass eine seltene Pflanzenart wahrgenommen wird; in Hollywood-Filmen ist die Vegetation im Hintergrund plötzlich spannender als der sterbende Held in der Leinwandmitte; und im Kunstmuseum werden Arten bestimmt, statt Gemälde bestaunt. *The Heart of the Andes* lädt geradezu zu solch einer Übung ein. Was ist das für eine Baumart, die mit ihren hellen Stämmen in der Bildmitte in den blauen Himmel ragt? Vielleicht ein Myrtengewächs, denn dafür würde nicht nur die helle Farbe, sondern auch die charakteristische Verzweigung sprechen? Oder sind die Stämme nur aufgrund von Flechtenbewuchs so hell? Doch halt, es könnte auch eine Kordie aus der Familie der Raublattgewächse sein, denn gerade *Cordia alliodora* bildet solche auffällig hellen Stämme. Eine eindeutige Antwort auf diese Frage gibt es nicht, denn es handelt sich um ein Gemälde und nicht um eine botanische Illustration. Auch wenn Church in Humboldts Geist ausgezogen ist, südamerikanische Landschaften naturgetreu wiederzugeben, hat er sich künstlerische Freiheiten genommen.

IM REICH DES QUETZALS UND EIN GROSSERFOLG

Die Natur in der linken Ecke im Vordergrund ist besonders authentisch dargestellt. Dort sitzt auf einem toten Ast ein Quetzal (*Pharomachrus mocinno*), eine tropische Vogelart aus der Familie der Trogone. So richtig zum Chimborazo im Hintergrund passt dieser Vogel nicht, seine Heimat erstreckt sich von Südmexiko bis Panama. Links des Quetzals, auf dem Baum, auf dem Church auch das Jahr festhält, in dem das Gemälde entstanden ist, sind verschiedenste Gewächse besonders detailgetreu wiedergegeben. So erkennt man einen kletternden Philodendron, Peperomien, Orchideen und eine wunderschön rot fruchtende Bromelie. Man geht davon aus, dass dem Maler für diese Pflanzen Vorlagen zur Verfügung standen, die er in eine Art Wimmelbild eingebaut hat. Es geht in diesem Gemälde nicht so sehr darum, was man sieht, sondern vielmehr, was man entdeckt. Ähnlich wie bei Humboldts

Church war stets bedacht, die Pflanzen und Tiere möglichst detailgetreu abzubilden. Bromelien hat er sicher in der Wildnis skizziert, um sie so genau wieder zu geben

Höhenprofilen legen wir bei genauerem Hinsehen einen Fokus auf einzelne Arten und Gattungen, die aber ihrerseits Teil eines ganzen Vegetationsgürtels sind.

Humboldt hätte an diesem Bild sicher große Freude gehabt. Church wollte, dass der Meister und Anreger des Gemäldes *The Heart of the Andes* zu sehen bekommt. Erstmals wird das Ölbild jedoch im Frühjahr 1859 in New York ausgestellt. Mit enormem Erfolg: Mehr als 12.000 Personen sind bereit, die 25 Cent Eintritt für die Ausstellung zu bezahlen, die nur gerade dieses eine Bild zeigt. Am letzten Tag der zweimonatigen Ausstellung hätten die Leute mehrere Stunden lang Schlange gestanden, um einen Blick ins Herz der Anden zu werfen. Die Wirkung des Gemäldes sei geradezu umwerfend gewesen: Etliche Zuschauerinnen sollen in Ohnmacht gefallen sein. Damit auf dem großen Gemälde auch die kleinsten Details beobachtet werden können, wurden Operngläser verteilt.

Von diesem Erfolg ermutigt, setzt Church alles daran, das Gemälde nach Berlin zu schicken und dort eine weitere Ausstellung zu organisieren, damit Humboldt die Landschaft, die er 60 Jahre zuvor

Die kolumbianischen Anden können heute relativ einfach besucht werden. Es gibt zahlreiche Fotografien dieser wundervollen Landschaft. Zu Churchs Zeiten war man auf Reisebeschriebe und Malereien angewiesen, um die Schönheit dieser Gegend kennen zu lernen.

selbst gesehen hatte, noch einmal sehen kann. Aber kurz bevor das Bild nach Europa verschifft werden kann, verstirbt Humboldt in Berlin. Von Juli bis August 1859 wird das Gemälde in London mit ähnlichem Erfolg wie in New York gezeigt. Danach wird es nach Amerika zurückgeführt, wo es im folgenden Jahr für 10.000 Dollar verkauft wird, den damals höchsten Preis für ein Gemälde eines lebenden Künstlers. Heute ist es im Metropolitan Museum of Art in New York zu sehen.

« Europe's descriptive taxonomies, like its museums, botanical gardens, and natural history collections, were symbolic forms of planetary appropriation ».

Mary Louise Pratt[154]

Die Islas Chinchas in einer historischen Darstellung (1864)

14. Schattenseiten

Islas Chinchas 1879

Wissenschaft hat Nebenwirkungen. Sie kann unbeabsichtigte Folgen auslösen. Welche Schattenseiten zeigt Humboldts Forschung?

Humboldt wird, zum Beispiel, vorgeworfen, seine Studien in Mexiko hätten die USA in die Lage versetzt, sich eines großen Teils des mexikanischen Territoriums zu bemächtigen. Er hätte sein Wissen über die Bodenschätze und die Geografie des Landes, als er sich auf seiner Rückreise nach Europa für vier Wochen in den Vereinigten Staaten aufhielt, fahrlässig mit deren Regierung geteilt. Sogar in der Neuverfilmung von Karl Mays *Winnetou* (RTL, 2016) bedienen sich die Schurken einer Karte von Humboldt, die sie zum «Schatz im Silbersee» führen soll.

Nicht nur die ruhmreichen, auch die problematischen Aspekte der Forschung lassen sich an Humboldts Beispiel vor Augen führen: ihre finanziellen Voraussetzungen, politischen Bedingungen, ideologischen Implikationen und möglichen Spätfolgen.

Ein Beispiel für die kolonialen Kollateralschäden der Wissenschaft ist Humboldts Entdeckung, dass der pazifische Vogelkot Guano als Düngemittel eingesetzt werden kann. Denn seine Ausbeutung ruinierte eine ganze Region.

In seiner klassischen Geschichte des Kolonialismus und Neokolonialismus, *Die offenen Adern Lateinamerikas* (1971), bringt Eduardo Galeano das Paradox des Reichtums, der Armut produziert, auf eine prägnante These:

> «Je stärker es auf dem Weltmarkt nachgefragt wird, desto größeres Unglück bringt ein Produkt dem lateinamerikanischen Volk, das es aufopferungsvoll erzeugt.»[155]

In seiner dreibändigen Geschichte Lateinamerikas, die er in poetischen Miniaturen chronologisch erzählt, *Memoria del fuego* (1982–1986), schildert der uruguayische Schriftsteller ein Dutzend Episoden um Alexander von Humboldt. Unter ihnen ist eine über den Guano, «El guano», datiert auf das Jahr 1879, verortet auf den Islas Chinchas. Der Text lautet vollständig wie folgt:[156]

> «Purer Kot waren die Hügel auf den Inseln. Tausende von Jahren lang endeten die Verdauungsvorgänge von Millionen Vögeln vor der Südküste Perus.
> Die Inkas wußten, daß dieser Vogelmist Leben in jeden noch so müden Boden bringt. Europa lernte die Wunderwirkung des peruanischen Düngers erst kennen, als Humboldt die ersten Proben mitbrachte.
> Peru hatte es zwar wegen seiner Gold- und Silbervorkommen zu Weltruhm gebracht, konnte aber dank der Aktivität der Vögel seinen Ruhm noch weiter ausbauen. Schiffe voll stinkendem Guano fuhren nach Europa und brachten Marmorstatuen aus Carrara zur Zierde der Alameda in Lima zurück. In den Laderäumen stapelten sich englische Konfektionskleider, die die Webereien in den Anden ruinierten, und Weine aus Bordeaux, die die Weinberge in Moquegua liquidierten. Ganze Häuser kamen aus London nach Callao. Aus Paris komplette Luxushotels, mit Koch und allen Raffinessen.
> Vierzig Jahre später sind die Inseln kahl. Zwölf Millionen Tonnen Guano hat Peru verkauft, noch einmal soviel ausgegeben, und jetzt hat es mehr Schulden als Haare auf dem Kopf.»[157]

Guano-Abbau in einer historischen Darstellung (1894)

Und der Guano ist nicht der einzige Fall, in dem Humboldts Forschung auch kritisch zu sehen ist. Der mexikanische Historiker Juan Ortega y Medina bezeichnet Humboldt als «Spion» der USA, weil er Präsident Thomas Jefferson von Mexikos Reichtümern berichtet und eine Karte des Landes anvertraut habe.[158] Die Literaturwissenschaftlerin Mary Louise Pratt erklärt ihn zum Agenten einer «kapitalistischen Vorhut», der Südamerika ausgekundschaftet habe.[159] Solche Vorwürfe sind mindestens übertrieben. Denn auch ohne Humboldt wussten die US-Amerikaner, wo Mexiko liegt; und den Krieg von 1846–1848 auf seinen Aufenthalt in Philadelphia und Washington im Jahr 1804 zurückzuführen, wie Ortega y Medina es tut, ist historisch gewagt. Dass Humboldt die «Neue Welt» als ausbeutbare Natur dargestellt («naturalisiert») und die indigenen Kulturen ideologisch «abgetötet» («archäologisiert») habe, wie Pratt meint, ist allenfalls selektiv nachzuweisen; und jedenfalls nur, wenn man seine Auseinandersetzung mit den indigenen Völkern und seine ethnografischen, soziologischen, demografischen und volkswirtschaftlichen Schriften ausblendet.

Gleichwohl lassen sich an Humboldts Reisen und Schriften durchaus einige Schatten entdecken, die wir heute kritisch beurteilen können – zum Beispiel aus den Perspektiven des Tierschutzes, der Museologie oder der Geopolitik.

Die Produzenten des Guano

Schon in seiner Jugend interessiert sich Humboldt für Bioelektrizität, für die Erforschung der «Lebenskraft». Er unternimmt neurophysiologische Versuche und Selbstversuche an der «gereizten Muskel- und Nervenfaser».[160] So liegt es nahe, dass er in Südamerika elektrische Aale sezieren würde. Aber die Art und Weise, wie die Ureinwohner ihn mit lebenden Exemplaren versorgen, ist aus heutiger Sicht problematisch. In einem Feldforschungsbericht mit dem Titel «Jagd und Kampf der electrischen Aale mit Pferden» beschreibt Humboldt, wie die «Indianer» Pferde in ein Gewässer treiben, damit die Zitteraale sich mit Stromstößen zur Wehr setzen, dadurch entkräftet werden und schließlich gefahrlos zu fangen sind.[161] Bei diesem gewaltigen Tierversuch kommen sowohl Pferde wie auch Fische zu Schaden. Der Biologe Kenneth Catania hat Humboldts Befund, dass sich Zitteraale mit Stromschlägen verteidigen, in einem tierethisch weniger fragwürdigen Experiment 2016 bestätigt.[162]

In seinem amerikanischen Reisebericht schildert Humboldt, wie er im Juni 1800 in der Höhle von Ataruipe, der Grabstätte der Aturer, ein Sakrileg beging. «Zum größten Bedauern unserer Führer», gesteht er, hätten er und seine Begleiter einige Gräber geöffnet, um die Skelette zu untersuchen. Mehrere Schädel hätten sie sogar mitgenommen, vorsichtshalber umhüllt, wegen des «Aberglaubens» der Einheimischen, die den Frevel dennoch bemerkten.[163] Auf die Pietät der Indigenen geht Humboldt aber nicht wirklich ein, seinen Grabraub reflektiert er nicht als Vergehen. Fast wie Odysseus, dem seine Neugier zum Verhängnis wird, als er die Insel der Kyklopen erkundet, macht sich auch der moderne Reisende einer wissenschaftlichen Hybris schuldig. Und er deutet selbst an, dass sie fatale Folgen hat. Denn die Ladung ging, als lastete tatsächlich ein Fluch auf ihr, in einem Schiffbruch verloren.

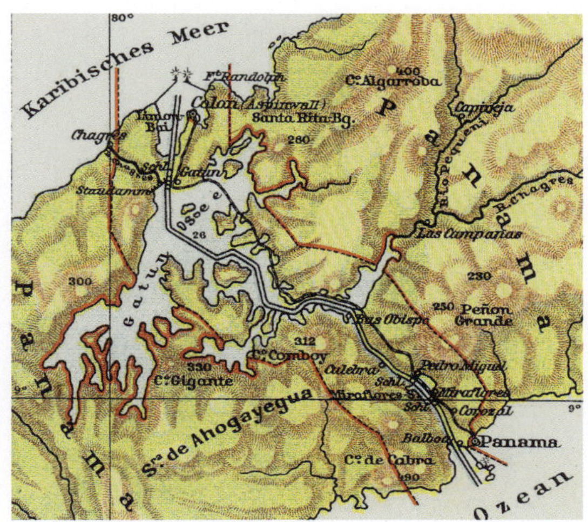

Der Panama-Kanal (auf einer Landkarte von 1930)

Eines von Humboldts Lieblingsprojekten war eine Wasserstraße durch die zentralamerikanische Landenge. Auf die Idee eines Kanals, der Atlantik und Pazifik verbindet, kommt er in mehreren Artikeln zu sprechen. Er verbindet mit ihr die Hoffnung, dass eine Beförderung des Welthandels sowohl Europa wie auch den ehemaligen Kolonien zugutekommen und nicht nur einen ökonomischen, sondern auch einen politischen Fortschritt befördern würde. Der Panamakanal wurde erst 1914 eröffnet, aber eine geopolitische Problematik war bereits zu Humboldts Zeit absehbar. Johann Peter Eckermann überliefert ein Gespräch mit Goethe vom 21. Februar 1827, das sich um Humboldts Vision drehte:

> «Er sprach viel und mit Bewunderung über Alexander von Humboldt, dessen Werk über Cuba und Columbien er zu lesen angefangen, und dessen Ansichten über das Projekt eines Durchstiches der Landenge von Panama für ihn ein ganz besonderes Interesse zu haben schienen.»

Aber Goethe erkannte auch, was Humboldt vielleicht zunächst nicht bedacht hatte: «Wundern sollte es mich aber, wenn die Vereinigten Staaten es sich sollten entgehen lassen, ein solches Werk in ihre Hände zu bekommen.»[164] Goethe sollte mit seiner Vorhersage Recht behalten.

Guano – Fluch und Segen eines Mitbringsels

Bewohner der mitteleuropäischen Tieflagen bewegen sich heute meistens in Landschaften, die von Nährstoffen strotzen: Fette Wiesen reihen sich an üppige Felder, und dazwischen fließen überdüngte Flüsse und Bäche. Man kann sich kaum vorstellen, dass bis zu Beginn des 19. Jahrhunderts Düngemittel Mangelware waren und nur ganz lokal und gezielt eingesetzt wurden.

Am Anfang war nur Euphorie: Der Guano-Abbau sollte die europäischen Hungerböden fruchtbar machen.

THE CHINCHA (GUANO) ISLANDS: MIDDLE ISLAND, AS SEEN FROM NORTH ISLAND.

VON DÜNGER UND EINEM STARK RIECHENDEN PULVER

Dünger ist ein Sammelbegriff für Nährstoffe, welche Pflanzen für ihr Gedeihen benötigen. Die Pflanze entnimmt diese Nährstoffe dem Boden und nutzt sie für das Wachstum und zur Produktion von Früchten und Samenanlagen. Durch abgestorbene Pflanzenteile, die zu Boden fallen und sich dort zersetzen, werden dem Boden Nährstoffe zurückgeführt. Das Ernten von Pflanzen und Früchten entzieht diesem Kreislauf dauernd Nährstoffe. Mit dem Übergang zu einer sesshaften Lebensweise, mit Ackerbau am gleichen Ort, musste der Mensch die bebauten Böden immer wieder längere Zeit brachlegen oder düngen, um ein Auslaugen und Verarmen des Bodens zu verhindern. Dem Boden müssen die Nährstoffe in Form von Dünger zurückgeführt werden. Besonders Stickstoff, Phosphor (meist in Form von Phosphaten) und Kalium spielen eine wichtige Rolle, ohne die eine ertragreiche Landwirtschaft nicht möglich wäre. Kalium ist in europäischen Böden meist in genügend großen Mengen vorhanden, und Stickstoff kann mithilfe von Mikroorganismen aus der Luft gebunden werden – oft war aber das Phosphat, ohne das kein Organismus bestehen kann, in den Böden nur ungenügend vorhanden. Die Verfügbarkeit von Phosphat ist für Pflanzen vielfach der entscheidende Wachstumsfaktor. Manche Autoren gehen sogar so weit, Phosphat als den globalen Energieträger aller Lebewesen zu bezeichnen und in der Konkurrenz um Phosphor einen Kampf auf Leben und Tod zu sehen.

Bereits im Altertum stellte man fest, dass das Ausbringen von Mist, kohlensaurem Kalk und Mergel zu besseren Ernten führte. Erst um 1840, also rund vierzig Jahre nach Humboldts Amerikareise, wies der Chemiker Justus von Liebig die wachstumsfördernde Wirkung von Stickstoff und Phosphor nach. So erkannte man die Eigenschaften von Dünger erst nach und nach.

Von seiner Amerikareise bringt Humboldt Proben von Guano mit, die auf den Chinchas-Inseln gesammelt wurden. Besonders attraktiv ist das ätzend stinkende, gelblich-braune Pulver nicht, aber es soll zu einem Segen für Europas Hungerböden werden. Guano besteht aus den Exkrementen von Seevögeln, es bildet sich auf Kalkböden bei der

Verwitterung des Dungs zusammen mit Harnstoff. Hochwertiger Guano findet sich in Trockengebieten, wo er nicht vom Regen ausgeschwemmt wird. Der Name Guano stammt aus der Quecha-Sprache und bedeutet Dünger.

Humboldt bekommt Guano im November 1802 zu sehen, und er ist der erste Europäer, der sich damit beschäftigt. In Peru ist der Vogeldünger schon seit langer Zeit in Gebrauch, mindestens seit dem 12. oder 13. Jahrhundert. Die Inkas nutzen Guano für den Mais- und Kartoffelanbau. Sie verehren sogar einen Gott des Guanos, Huamancantac, den sie mit Gold und Silber gewogen stimmen. Der beste Guano kommt von den Chinchas-Inseln, die Humboldt zwar nie besucht, von denen er aber Proben erhalten hat. In Europa übergibt er diese Proben den Chemikern Antoine François Fourcroy und Nicolas Louis Vauquelin in Paris sowie Martin Heinrich Klaproth in Berlin, welche die Bedeutung des bräunlichen Pulvers schnell erkennen.

Humboldts Mitbringsel aus Peru hatte gravierende Konsequenzen für die Chincha-Inseln: Ganze Inseln und mit ihr die Vogelwelt wurden hier zerstört.

DER GUANO-BOOM

Bis Guano im großen Stil abgebaut und nach Europa exportiert wird, dauert es aber noch eine Weile. Erst als der Chemiker Justus von Liebig 1840 seine *Agriculturchemie* publiziert, in der die Eigenschaften des Guanos eine zentrale Rolle spielen, ist der Guano-Boom nicht mehr zu stoppen. In Versuchen kann der landwirtschaftliche Ertrag zwischen 30 und 300 Prozent erhöht werden. Über Guano wird in der Folge sehr viel geschrieben, oft nimmt man es aber mit der Wahrheit nicht ganz so genau. Humboldt ärgert sich über die Übertreibungen. Er sieht darin sogar eine Gefahr, und so schreibt er am 5. März 1842 in einem Brief an den Redakteur der *Berlinischen Nachrichten von Staats- und gelehrten Sachen*: «ob Sie nicht, um dem vielen vaguen was man jetzt über den Guano drukt, ein Ende zu machen, einen kleinen Artikel aufnehmen wollen, der meine ältern Rechte bewahrt».

Alleine im Jahr 1870 werden 520.000 Tonnen Guano nach Deutschland exportiert. Wer sich den Vogeldünger leisten kann, setzt ihn ein. Für Peru ist der Guano-Boom Fluch und Segen zugleich. Man geht davon aus, dass zwischen 1850 bis 1890 über 11 Millionen Tonnen Guano aus Peru nach Übersee gebracht wurden. Peru, das lange Zeit fast ein Monopol auf den begehrten Vogelkot besaß, wurde praktisch über Nacht reich – mit allen Begleiterscheinungen, die ein plötzlicher Reichtum für ein Land mitbringen kann. Der ungebremste Raubbau führte auf den Chinchas-Inseln zu einer ökologischen Katastrophe. Der ungesunde Abbau gilt noch heute als unverarbeiteter Alptraum. Als die Sklaverei während des Guano-Booms abgeschafft wurde und plötzlich Arbeitskräfte fehlten, wurden über 100.000 Chinesen nach Peru umgesiedelt. Die Arbeitsbedingungen auf den peruanischen Inseln waren schrecklich, verschärft durch beißenden Ammoniak-Geruch und Wassermangel. Viele Vogelarten, die in dem weichen Guano nistete, wurden mit dem Abbau praktisch ausgerottet. Der Guano-Abbau brachte menschliches Leid und ökologische Probleme mit sich, die aus dem kollektiven Gedächtnis verdrängt wurden.

KÜNSTLICHER DÜNGER UND DIE ÜBERSÄTTIGTE LANDSCHAFT

Die Abhängigkeit vom Dünger aus Übersee und die Engpässe, die es im Guano-Handel immer wieder gab, mögen dazu geführt haben, dass man in Europa nach einer eigenen, unversiegbaren Düngerquelle suchte. 1908 gelingt es dem deutschen Chemiker Fritz Haber, aus Wasserstoff und Stickstoff synthetisch Ammoniak herzustellen, ein Prozess, der später von dem Industriellen Carl Bosch zum sogenannten Haber-Bosch-Verfahren weiterentwickelt wurde. Mittels Energie wird aus der «Luft» Dünger gewonnen. Mit dieser Erfindung brach die Nachfrage nach Guano über Nacht ein, was zu wirtschaftlichen Einbußen für Peru und andere Guano exportierende Länder führte. Im 20. Jahrhundert wurden weitere künstliche Düngerquellen gefunden und die einst hungrigen Böden immer stärker überfüttert. In der zweiten Hälfte des 20. Jahrhunderts wurde man sich jedoch der ökologischen Probleme bewusst, welche die Düngung mit sich brachte. Die vielen Nährstoffe ließen wenige und besonders konkurrenzstarke Arten dominieren. Manche Pflanzen und Tiere, die im allgemeinen Wachstumswettbewerb mit dominanten Arten nicht mithalten können, werden selten und sterben schließlich aus. Neben dem exzessiven Einsatz von Mineraldünger wurde die Massentierhaltung, die große Mengen von Dünger abwirft, zu einem Problem für die Nährstoffbilanz

Viele Gebiete Mitteleuropas sind heute überdüngt und strotzen von Nährstoffen, was auf die Artenvielfalt einen negativen Einfluss hat.

Der Handel mit Guano-Dünger war bis zur Erfindung des Kunstdüngers ein einträgliches Geschäft.

in der Natur. Oftmals können die Böden die großen Mengen an Phosphaten und leicht auswaschbaren Nitraten nicht mehr aufnehmen. Diese gelangen ins Grundwasser oder in Gewässer, wo sie eutrophierend und sauerstoffzehrend wirken. Vielerorts ist das Wasser auch heute noch stark nitratbelastet, und viele Gewässer sind extrem nährstoffreich, besonders diejenigen in Regionen mit starker Landwirtschaft. Wasser- und Sumpfpflanzen, die eher in oder an nährstoffarmen Gewässern vorkommen, haben das Nachsehen. So erstaunt es nicht, dass die meisten Arten, die einen Gefährdungsstatus auf der Roten Liste aufweisen, diesen beiden Habitaten eigen sind. Die artenreichen Magerrasen sind so stark zurückgegangen, dass sie heute zu den stark gefährdeten Lebensräumen zu zählen sind.

Aus den übersättigten Böden gelangen Nährstoffe in die Atmosphäre. Dort legen sie oft weite Entfernungen zurück, bevor sie durch Niederschläge in Gebiete gelangen, die nie gedüngt wurden und wo sie großen Schaden anrichten. So sind zum Beispiel die heute in Mitteleuropa selten gewordenen Hochmoore durch stickstoffreichen Regen stark gefährdet.

Man mag sich fragen, was dies alles mit den Säckchen braunen Pulvers zu tun hat, die Humboldt nach Europa brachte. Niemandem würde es in den Sinn kommen, Humboldt für die Ausbeutung der Chinchas-Inseln oder die Überdüngung der Böden in Zentraleuropa persönlich verantwortlich zu machen. Und doch sehen wir heute seine Entdeckung vielleicht differenzierter. Die Forschung und der Entdeckergeist haben ihre Unschuld verloren.

« … für den eifrigen, vielgereisten Botaniker haben die getrockneten Pflanzen eines Herbariums, wenn sie auf den Cordilleren von Südamerika oder in den Ebenen Indiens gesammelt wurden, oft mehr Werth als der Anblick derselben Pflanzenart, wenn sie einem europäischen Gewächshause entnommen ist. »

Alexander von Humboldt, *Kosmos*[165]

15. Das zerstörte Herbarium

Berlin 1943

Der 1943 zerstörte Herbarflügel des Botanischen Museums Berlin

Das materielle Ergebnis der botanischen Feldforschung sind vor allem Herbarien. Viele Blätter, die Humboldt und Bonpland nach Europa schickten, sind noch heute in Berlin und Paris, aber auch in Halle und Genf erhalten. Große Teile des Herbariums in Berlin wurden jedoch 1943 durch einen Luftangriff zerstört.

Aber es gibt fotografische Aufnahmen, die J. Francis Macbride 1929–1933 für das *Field Museum of Natural History* in Chicago angefertigt hat, um europäische Belege auch in Amerika als Forschungsgrundlage verfügbar zu machen. Diese sogenannten «*Berlin Negatives*» symbolisieren die Vergänglichkeit der Wissenschaft – nicht nur der Humboldtschen. Die verblüffend hochwertigen Schwarzweiß-Aufnahmen sind erhalten geblieben.[166]

Über sein Herbarium schreibt Humboldt in banger Voraussicht am 29. April 1803 aus México an Willdenow:

> «Ich besitze eine ausgezeichnete Sammlung, die ich zu Quito, zu Loxa, am Amazonenfluße bei Jaen, auf den Anden von Peru, und auf dem Wege von Akapulko nach Chilpensingo und Mexiko, zusammengebracht habe. Diesen Schatz will ich nicht dem Zufall der Posten, die unglaublich nachläßig sind, anvertrauen; sondern, da ich nun im Begrif stehe selbst nach Havanah und Europa abzureisen, Dir selber überbringen. Ich habe Alles höchst sorgfältig getrocknet. Was ich Dir bringe, sind viele Samen von Melastoma, Psychotria, Kassia, Bignonia, Mimosa (ohne Zahl!), Solanum, Jacquinia, Embothrium, Ruellia, Gyrokarpus Jacq., Bornadesia, Achras, Lukuma, Bugainvillea, Lobelia, und ein halbes Hundert Pakete unbekannter Arten aus den Andes, aus dem Amazonenlande, u. s. w. …»[167]

Erhaltenes Herbarblatt aus dem Berliner Generalherbar *(Ibatia cumanensis)*

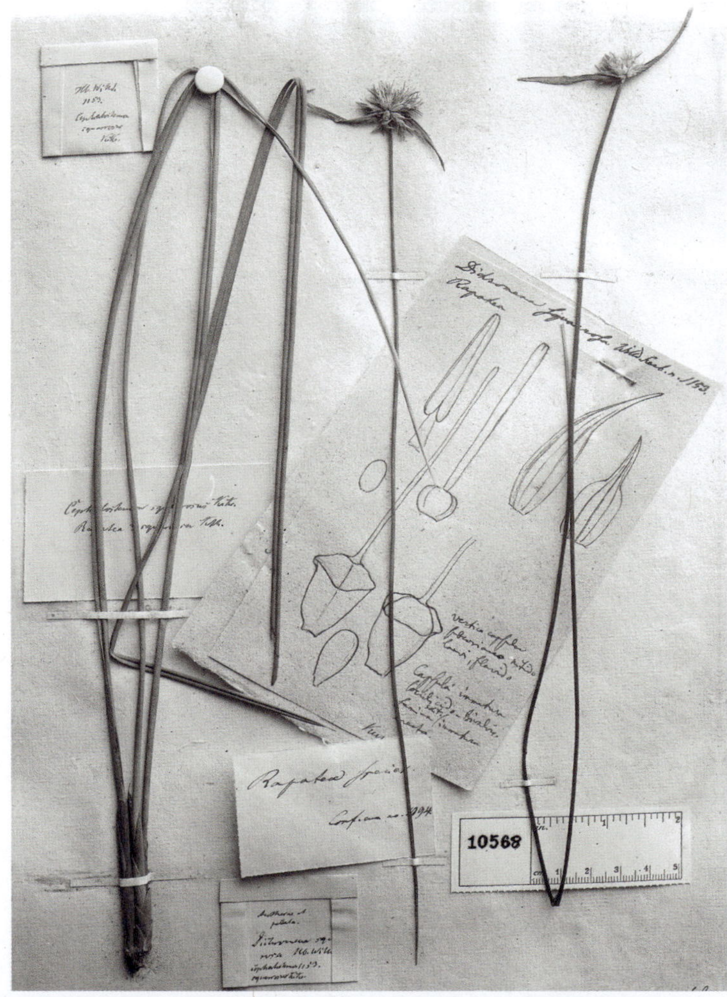

Ein Herbarblatt von Humboldt & Bonpland, aufgenommen von J. Francis Macbride

Inszenierung der *Berlin Negatives* in der Ausstellung «Botanik in Bewegung» (Bern, 2018)

Herbargeschichten

Noch heute gilt die Pflanzensammlung von Aimé Bonpland und Alexander von Humboldt als eine der wichtigsten zur Flora des tropischen Südamerika. Nicht nur das Sammeln und Erstellen der Herbarpräparate war außerordentlich schwierig und abenteuerlich. Auch der Transport nach Europa hatte seine Tücken, ebenso wie die Aufarbeitung der Präparate in Paris und Berlin.

Warum herbarisiert der Mensch?

Für viele Menschen hat ein Herbarium etwas Verstaubtes. Einige mussten vielleicht widerwillig in der Schule oder im Studium Pflanzen pressen und beschriften. Nur wenige kennen die wissenschaftlichen Herbarien und Sammlungen an den Universitäten, die kaum etwas mit einem Schulherbarium gemein haben. Wer sie einmal besucht hat, wird begeistert sein. Ein wissenschaftlich geführtes Herbarium ist eine Schatzkammer, in der es viel zu entdecken gibt, darunter seltene Arten und Pflanzen, die vor langer Zeit gesammelt wurden. Immer wieder ist man überrascht, wie Formen und Farben die Zeit überstehen.

Alexander von Humboldt ist dank seiner Ausbildung der Wert von Herbarien früh schon bewusst. Obwohl das Wissen, dass getrocknete und gepresste Pflanzen ihre Form und Farbe bewahren, sehr alt ist, hat die Tradition, botanische Sammlungen oder Herbarien anzulegen, eine erstaunlich kurze Geschichte. Erste systematisch erstellte Sammlungen getrockneter Pflanzen sind seit dem Beginn des 16. Jahrhundert bekannt. Man nennt sie *Herbarium vivum* oder, weil sie meist an einen botanischen Garten gekoppelt sind, *Hortus hiemalis* (Wintergarten), weil sie im Winter die Anschauung der lebenden Pflanzen im Garten ersetzen sollen. Die Belege werden meist nach taxonomischen Gesichtspunkten (Familien,

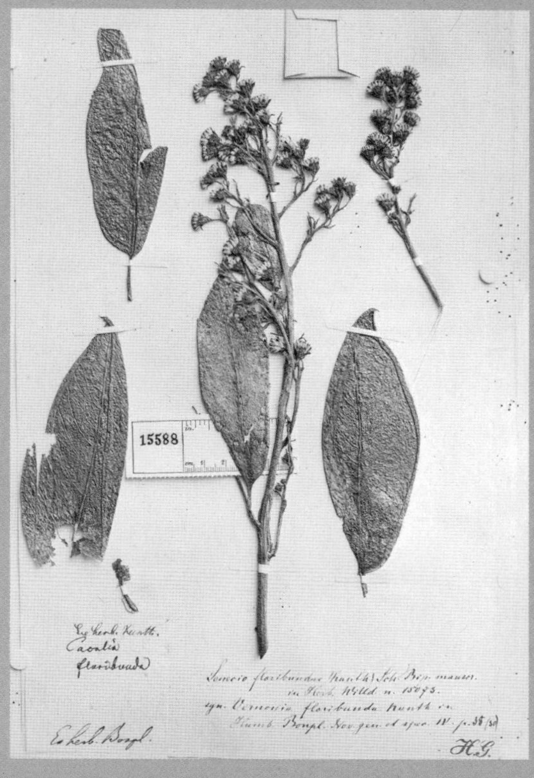

Glück im Unglück: Etliche der Herbarbelege, welche in Berlin den Bomben zum Opfer fielen, sind immerhin noch als Fotografien vorhanden.

Gattungen und Arten) gruppiert und entweder nach einer bestimmten Klassifikation oder alphabetisch geordnet. Damit können die zur Bestimmung wichtigen Merkmale eines konservierten Individuums auch nach Jahrhunderten noch untersucht und beobachtet werden; die relevanten Strukturen bleiben nämlich beim Trocknen und Pressen erhalten.

Humboldt weiß also um die wichtigen Funktionen eines Herbars. Einerseits kann man damit Pflanzen unterschiedlicher Herkunft vergleichen und unsichere Bestimmungen überprüfen – der Botaniker spricht hier von einem Vergleichsherbar. Noch wichtiger aber ist eine andere Funktion: Man kann damit Vorkommen bestimmter Arten an ihren Wuchsorten nachweisen – der technische Begriff dafür ist Belegherbar. Für Humboldt und Bonpland, die viele unbekannte Arten der neuweltlichen Tropen beschreiben, ist wichtig, dass sie möglichst viele und gute Belege für ein Belegherbar sammeln können. Denn für die Namensgebung, also die Neubeschreibung einer Art, musste (und muss noch heute) nach den Regeln der wissenschaftlichen Nomenklatur ein konserviertes Individuum in einem öffentlichen Herbarium hinterlegt werden. Der Name der entsprechenden Art ist dann für immer mit diesem einen

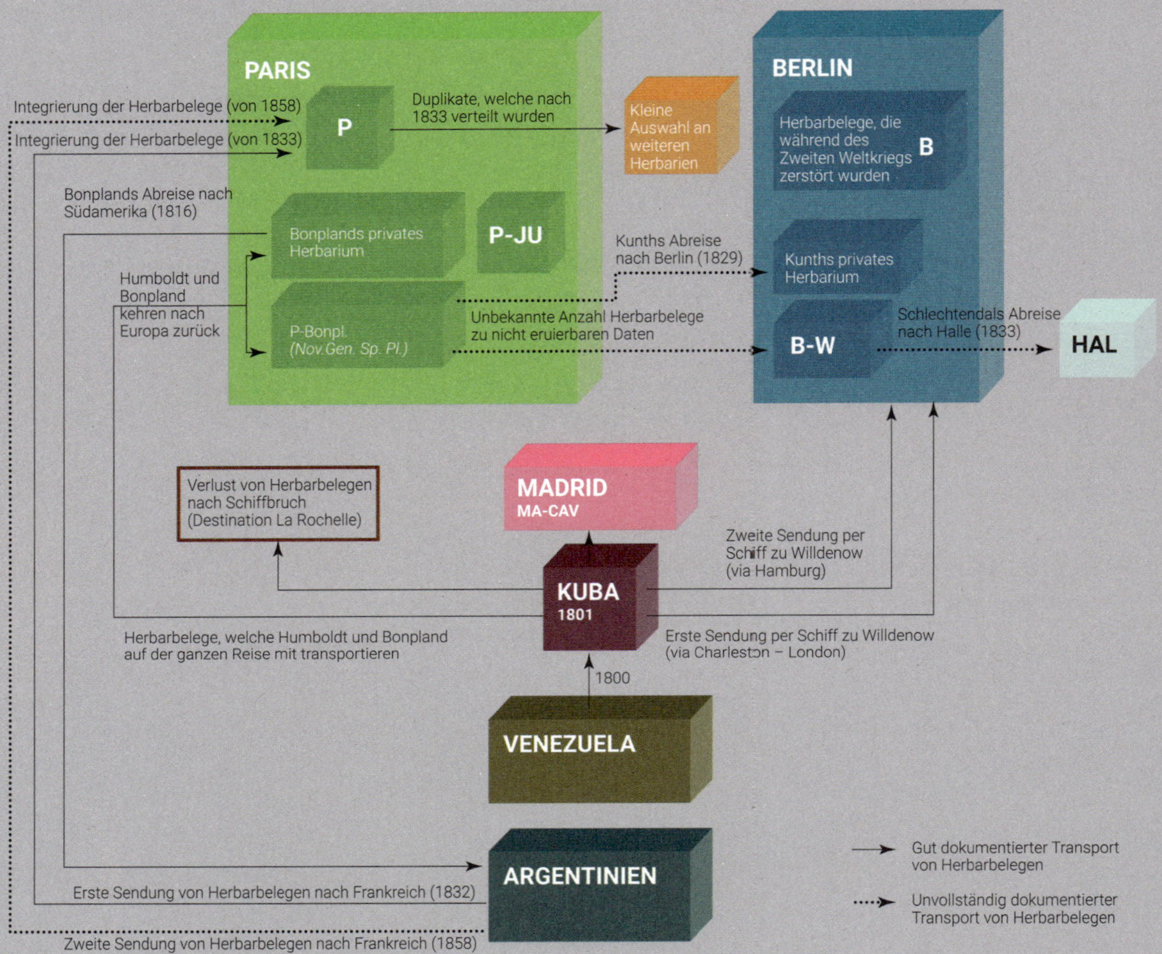

Individuum verknüpft. Man nennt diesen Beleg den «Typus». Findet später jemand eine ähnliche Art, kann er diese mit dem Typusbeleg vergleichen, um festzustellen, ob es sich um dieselbe Art handelt oder nicht. Da viele von Bonpland und Humboldt gesammelte Arten der Wissenschaft zuvor nicht bekannt sind, handelt es sich bei einem sehr großen Teil der erhaltenen Herbarbelege um Typusbelege. Insofern ist das gesammelte und präparierte Pflanzenmaterial ein wahrer botanischer Schatz: Über 3600 Pflanzenarten werden nach der Ankunft des Materials in Paris als neue Arten für die Wissenschaft beschrieben, was noch heute der größte Zuwachs an neu beschriebenen Pflanzen (zumindest auf Gattungsebene) seit Linnés *Species Plantarum* aus dem Jahr 1753 darstellt.

Der Genfer Botaniker Fred Stauffer hat die Geschichte von Humboldts Herbarbelegen aufgearbeitet und damit Klarheit in die verworrene Transportgeschichte gebracht.

SAMMELEIFER, TROPISCHE ÖFEN UND SCHIMMELPILZE

Für Pflanzensammler sind die Regenwälder der Tropen Paradies und Hölle zugleich. Nirgendwo ist die biologische Vielfalt größer, auch heute werden hier viele neue Arten beschrieben – zu Humboldts Zeit ist fast die ganze neuweltliche Pflanzenwelt unbekannt. Es gibt viel zu sammeln und zu beschreiben. Wer je in den feuchten Tropen war, weiß, wie schwierig es dort ist, nasse Kleider zu trocknen. Mit Pflanzen verhält es sich gleich. Pressen kann man sie zwar auch unterwegs im Dschungel, doch meistens ist das Papier in einer Pflanzenpresse so feucht, dass der Zersetzungsprozess nicht oder nur schwer aufgehalten werden kann. Eigentlich ist ein Trocknen nur möglich, wenn man Wärme zuführt, die gepressten Pflanzen also in einem Ofen oder am Feuer trocknet. Bonpland und Humboldt scheuen dafür keinen Aufwand. Man kann sich vorstellen, dass die Arbeit am Feuer und an den Öfen im ohnehin heißen Dschungelklima alles andere als angenehm ist. Daniel Kehlmann stellt sich in *Die Vermessung der Welt* vor, dass Bonpland sich gerne in diese Öfen verkrochen hätte, um den Moskitos wenigstens auf Zeit zu entkommen. Man kann sich aber auch einen anderen Grund vorstellen: wohl viel eher, um sicherzustellen, dass die mühsam gesammelten Belege nicht verbrennen, denn die Grenze zwischen Trocknen und Verbrennen kann in den feuchten Tropen schon sehr nahe beieinander liegen.

Selbst wenn es gelungen ist, die Pflanzen zu trocknen, besteht weiterhin die Gefahr, die wertvollen Belege zu verlieren, denn Termiten oder Ameisen sind allgegenwärtig. Humboldt und Bonpland lernen schnell, jeweils mehrere Belege zu sammeln und diese möglichst getrennt nach Europa zu senden. In einem Brief beklagt sich Humboldt bei seinem botanischen Lehrmeister Carl Willdenow:

> «Aber, ach! mit Thränen eröffnen wir fast unsere Pflanzenkisten. Unsere Herbaria haben dasselbe Schicksal, über das bereits Sparman, Banks, Swartz und Jacquin geklagt. Die unermeßliche Nässe des amerikan[ischen] Klimas, die Geilheit der Vegetation, in der es so schwer ist, alte, ausgewachsene Blätter zu finden,

haben über 1/3 unserer Sammlung verdorben. Wir finden täglich neue Insekten, welche Papier und Pflanzen zerstöhren. Kampher, Terpentin, Theer, verpichte Bretter, Aufhängen der Kisten an Seilen in freier Luft, alle in Europa ersonnene[n] Künste scheitern hier, und unsere Geduld ermüdet. Ist man 3–4 Monath abwesend, so kennt man sein Herbar[ium] kaum wieder, von 8 Exemplaren muß man 5 wegwerfen.» [zuerst publiziert in *Spenersche Zeitung* vom 18 Juli 1801; Moheit, 1993]

GESUNKENE SCHIFFE UND SCHICKSALHAFTES EUROPA

Um das Risiko eines weiteren Verlusts von Herbarpräparaten möglichst gering zu halten, setzen Bonpland und Humboldt stets auf mehrere Karten. Sie führen einen Teil der Belege mit sich, und sie schicken von verschiedenen Stationen auf ihrer Reise Kisten mit getrockneten Pflanzen nach Europa. Diese Strategie lohnt sich, gerät doch zum Beispiel ein Schiff, mit dem Herbarbelege an Bonplands Bruder in La Rochelle geschickt werden sollen, vor der spanischen Küste in Seenot und erleidet Schiffbruch. Undenkbar, welche wertvolle Sammlung zer-

Ein gut geführtes Herbar ist eine wertvolle naturwissenschaftliche Sammlung und dient sowohl der Dokumentation als auch der Forschung. Hier ein Blick in das Genfer Herbar, welches mit ca. 6 Millionen Herbarbelegen eines der wichtigsten der Welt ist.

Zwei Herbarbelege von Humboldt & Bonpland, die in Genf gelagert werden: oben *Passiflora alnifolia* (Monte Quindio, Kolumbien, 1801) und unten *Turpinia laurifolia* (Equador, ohne Datum)

stört worden wäre, hätten Humboldt und Bonpland alles Sammelgut aus Venezuela mit diesem einen Schiff versandt. Eine bedeutende Sendung mit Herbarbelegen, 30 Kisten mit getrockneten Pflanzen, kommt 1804 mit Humboldt und Bonpland in Paris an. Ein großer Teil dieser Sammlung ist bis heute in Paris und kann dort eingesehen werden. Verschiedene Teile der Sammlung werden auch nach Berlin gesandt. Über den Verblieb einiger Teile der Sammlung kann jedoch nur gerätselt werden. Wir wissen, dass eine unbestimmte Anzahl Belege von Schwarzmundgewächsen 1814 an den britischen Botaniker Aylmer Bourke Lambert geliefert wird und dass dessen Herbar später auseinandergerissen und die einzelnen Belege versteigert werden. Humboldt schenkt einen großen Teil der Sammlung Carl Sigismund Kunth, der die Sammlung zunächst in Paris bearbeitet. Bei diesen Belegen handelt es sich hauptsächlich um Doubletten, also um gesammelte Pflanzen, die auch in Paris archiviert werden. Kunth nimmt die Sammlung mit nach Berlin. Nach dessen Ableben kauft sie der preußische Staat und fügt sie ins Berliner Herbar ein. Leider wird ein Teil dieser Belege im Zweiten Weltkrieg während einer Bombardierung durch die Alliierten zerstört. Glücklicherweise sind zahlreiche der zerstörten Herbarbögen zuvor vom amerikanischen Fotografen J. Francis Macbride für das Field Museum in Chicago fotografiert worden. Wenn auch die Belege selbst für immer zerstört sind, bleiben wenigstens diese Fotografien erhalten.

Auch heute noch sind die Belege von Humboldt und Bonpland überaus wertvoll, und nach mehr als 200 Jahren werden sie noch immer zum Vergleich eingesehen. Herbarien werden heute aber auch digitalisiert, damit wenigstens die Bilder verfügbar sind. Der physische Herbarbeleg ist jedoch auch im 21. Jahrhundert unersetzlich. Bilder können die gepressten Pflanzen nicht ersetzen, und immer häufiger greifen Forscher auf die Möglichkeit zurück, genetische Analysen aus Herbarmaterial zu machen. So ist denn die Zeit der Herbarien noch lange nicht abgelaufen, und botanische Sammlungen werden auch in Zukunft bedeutend bleiben.

«Es wandelt niemand ungestraft unter Palmen.»

Johann Wolfgang von Goethe, *Die Wahlverwandtschaften*[168]

16. Kultur und Popkultur

Reinbek 2005

Durch seine Expeditionen wird Humboldt weltberühmt. Kein Name soll der Geografie häufiger eingeschrieben sein. Schriftsteller setzen sich mit ihm auseinander: von Jules Verne bis zu Gabriel García Márquez. Daniel Kehlmanns Gelehrtensatire *Die Vermessung der Welt* (erschienen 2005 im Rowohlt Verlag in Reinbek bei Hamburg) wird zum internationalen Bestseller.

Alexander von Humboldt ist auch als Botaniker in die Populärkultur eingegangen. Man wirbt mit ihm für Schokolade[169], für Tabak[170] oder für Pflanzendünger[171]. Die US-amerikanische Rap-Gruppe The Pharcyde veröffentlicht eine CD mit dem Titel *Humboldt Beginnings* (2004).[172] Das ist ein Wortspiel und eine Andeutung: Der Name «Humboldt» verbindet die englischen

Alexander von Humboldt auf einer Werbung für Schokolade

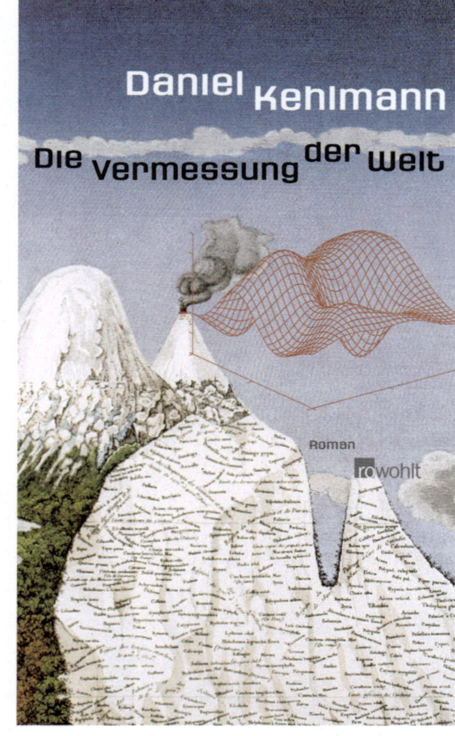

Oben: Der Kritiker des Kolonialismus als Werbeträger für Kolonialwaren: Zigaretten und Zigarren

Unten: Das Gebirgsprofil als Datennetz: Umschlag von Daniel Kehlmanns *Die Vermessung der Welt* (2005)

Gegenüberliegende Seite: Ganz links: Der Vermesser der Welt: Jan Josef Liefers als Alexander von Humboldt in *Die Besteigung des Chimborazo* (1989)

Mitte links: Humboldt-Kitsch

Mitte rechts: Düngen ohne Guano: «Humboldt's Secret»

Ganz rechts: Rap und Marihuana: The Pharcyde, «Humboldt Beginnings» (2004)

Adjektive «humble» und «bold», «schüchtern» und «forsch». Und er verweist nach «Humboldt County» in Nordkalifornien, in dessen Wäldern besonders viel Marihuana angebaut werden soll. So ist denn auch die CD mit der «botanischen» Nahaufnahme bestimmter grüner Pflanzen bedruckt.

Es gibt vier Spielfilme zu Alexander von Humboldt, von denen ihn die ersten drei als Pflanzenforscher zeigen, der letzte als Landschaftsvermesser: *Die Besteigung des Chimborazo* von Rainer Simon (DDR 1989), *Aire libre* von Luis Armando Roche (Venezuela 1996) und *Die Vermessung der Welt* von Detlev Buck (2012) sowie *Die andere Heimat – Chronik einer Sehnsucht* von Edgar Reitz (2013).[173]

Im Kino bekommt die Botanik existenzielle, politische, erotische und satirische Bedeutungen. Rainer Simon zeigt, wie beschwerlich das Botanisieren am Chimborazo ist, bei Wind und Kälte, in zunehmend spärlicher Vegetation. Der Film zeigt dabei auch, wie Witterung und Insekten ein Herbarium gefährden. Er veranschaulicht die Strapazen der Forschung und die aufopferungsvolle Hingabe der Forscher.

Luis Armando Roche führt die Figur eines Venezolaners ein, der den europäischen Forschern die Vegetation seiner Heimat erklärt, wodurch sich die Perspektive auf die berühmte Expedition umkehrt und die europäischen Entdecker zu Schülern ihres amerikanischen Lehrers werden. Indem sich der Film über die Leidenschaft der Botaniker lustig macht, spielt er auf Humboldts sexuelle Orientierung an, der hier im Gegensatz zu Bonpland als latent homo- oder asexuell inszeniert wird. Als Bonpland eine Orchidee pflückt, erwartet eine junge Frau, dass er sie ihr überreichen wird, aber der Wissenschaftler läuft aufgeregt an ihr vorbei zu seinem Kollegen und ruft: «Alexandre!»

Bei Detlev Buck schließlich wird das Interesse für Pflanzen zu einem Motiv unter vielen, das die vermessen(d)en Forscher zu lächerlichen und zugleich traurigen Gestalten macht.

Humboldt heute – ein Gespräch am Pazifik

Vielen Botanikern in Europa ist der Name Alexander von Humboldt zwar geläufig, aber seine einzelnen Beiträge sind kaum mehr bekannt. In Südamerika ist das anders. Auf einer Exkursion nach Kolumbien ergab sich folgendes Gespräch mit zwei Botanikerinnen, der Kolumbianerin Estela María Quintero Vallejo und der Venezolanerin Victoria Cabrera.

Was bedeutet Alexander von Humboldt für euch?

Victoria Cabrera: Für mich ist er pure Inspiration, und zwar als Abenteurer, als Botaniker, als Naturliebhaber, als Geograf. Jemand, der sich für unglaubliche viele Disziplinen interessierte und diese auch mit viel Eifer verfolgte. Eine durch und durch positive Figur.

Estela María Quintero Vallejo: Ich bin Alexander von Humboldt in einem Kurs zur Biogeografie begegnet. Ich war beeindruckt, dass er als Erster die verschiedenen Höhenstufen beschrieb – und dass es ihm gelang, was er in der Natur beobachtet hatte, zu synthetisieren.

Humboldt genießt in Südamerika einen hervorragenden Ruf. Viele seiner Errungenschaften sind hier bekannt. In Mexico City wird er mit dieser weißen Statue geehrt.

Wie seht ihr Humboldt als Botanikerinnen?

EMQV: Botanik ist genaue Beobachtung, und darin war Humboldt ein Meister.

VC: Für mich steht der Entdecker an erster Stelle und erst dann der Wissensvermittler. Er war immer einer, der gleich zur Tat schritt, beobachtete, was da ist, Inventare machte. Er war der Erste, der in Venezuela Umweltschutz betrieb. Als er zum Valencia-See kam, der schon damals ziemlich verschmutzt war, riet er den Menschen: «Ihr müsst lernen, mit Eurer Umwelt so umzugehen, dass der See wieder sauber wird.»

Was wissen die Menschen in Kolumbien oder Venezuela über Humboldt?

VC: Ich denke, dass viele den Namen kennen und sie würden wohl sagen, er sei mit einem Team nach Venezuela gekommen, um das Land zu entdecken – aber das dürfte wohl auch schon alles sein.

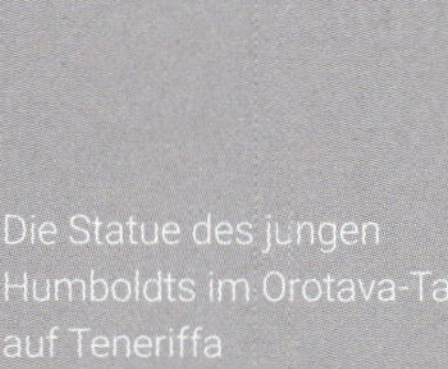

Die Statue des jungen Humboldts im Orotava-Tal auf Teneriffa

EMQV: Ich glaube, in Kolumbien gibt es viele Leute, die ihn überhaupt nicht kennen. Was bei uns zu seiner Bekanntheit beigetragen hat, ist die Tatsache, dass es in Kolumbien die Alexander-von-Humboldt-Universität gibt. Bei einer Umfrage würden wohl viele vermuten, dass Humboldt irgendwie mit Umwelt oder Umweltschutz zu tun hatte, weil sich diese Universität in diesem Gebiet einen Namen gemacht hat. Bei uns sind es außerdem Leute, die sich für Geschichte interessieren, denen der Name Humboldt geläufig ist, nicht nur in einem akademischen Kontext. Das hat mit Francisco José Caldas zu tun, der unser «kolumbianischer Humboldt» ist. Caldas war in regem Austausch mit Humboldt. Historiker diskutieren die Frage, wer wen mehr beeinflusste und inwiefern gewisse Erkenntnisse von Humboldt auf Caldas zurückgehen.

Wie steht es mit Bonpland? Ist auch er ein Begriff?

VC: Für uns ist Bonpland Humboldts Anhängsel. Es ist wie bei Batman und Robin, der Superheld ist Humboldt, Bonpland ist ein Mitläufer. Ich glaube aber, dass es Humboldt ohne Bonpland nie so weit gebracht hätte, er war die Schlüsselperson bei der Erschließung der Botanik der Neuen Welt. Die beiden werden immer als Team erwähnt. Bonpland alleine kennt niemand, es heißt immer «Humboldt und Bonpland» – ich habe schon den Eindruck, dass Humboldt viel mehr Ehre zukommt. Ob zu Recht, da bin ich mir nicht ganz so sicher. Bonpland war wohl der praktische Botaniker, Humboldt eher der «project manager».

Wenn Humboldt heute nach Venezuela oder Kolumbien käme, was würde er wohl denken?

VC: Seit seiner Reise wurde sehr viel zerstört. Diese Zerstörung würde ihn sicher traurig machen. Aber die Vielfalt ist noch immer gewaltig.

Der Pico Humboldt im Santa Marta-Gebirge in Nordkolumbien ist ein Naturdenkmal für Alexander von Humboldt.

Ich denke, er wäre vor allem über das gegenwärtige Elend in Venezuela erschüttert.

EMQV: Wahrscheinlich würde er noch immer mit der Idee kommen, wir Europäer können euch beraten. Sogar wenn die Leute hier vielleicht mehr wissen. Aber das ist spekulativ.

VC: Ich würde gerne sein Gesicht sehen, wenn er die Seilbahn von Mérida in Venezuela nimmt. Sie fährt in kurzer Zeit auf fast 5.000 Meter. Humboldt war ja ein Bergmann, er stieg in Ecuador auf über 5.000 Meter, sein ganzes Gepäck mitschleppend. Es wäre für ihn sicher genial, wenn er in kurzer Zeit auf den Berg gelangen und gleich losforschen könnte, das GPS in der Hand, ohne schweres Gepäck. Es wäre wunderbar zu sehen, wie sich mit ihm das Wissen in unserer Zeit entwickeln würde.

Francisco José Caldas hätte sich eine engere Zusammenarbeit mit Humboldt erhofft. Seine Schriften sind heute besonders in Südamerika sehr bekannt und geschätzt.

« Die Pflanzen (ohne Empfindelei zu reden) werden unsere Freunde, unter denen uns einige werther als andere sind. Auf jedem einsamen Spaziergange wandelt man wie mitten unter seinen Bekannten. »

Alexander von Humboldt[174]

17. Humboldts Pflanzen

Bern 2019

Die Humboldt-Weide *(Salix humboldtiana)* ist von Mexiko bis Feuerland weit verbreitet.

Um seine Leistungen auf dem Gebiet der Botanik zu würdigen, wurden zahlreiche Pflanzen nach Humboldt benannt, etwa *Lilium humboldtii*, die Humboldt-Lilie, oder *Seticereus humboldtii*, der Humboldt-Kaktus.[175] Unter den Pflanzen, die in seiner *Voyage* abgebildet werden, sind dies *Fucus humboldtii*, die Humboldt-Alge (*Plantes équinoxiales*, Tafel 68), oder *Quercus humboldtii*, die Humboldt-Eiche (*Plantes équinoxiales*, Tafel 130).[176]

Einige «Humboldt-Pflanzen» wurden für die Ausstellung «Botanik in Bewegung» im Botanischen Garten Bern (2018) in einem «Humboldt-Beet» kultiviert. Sie machten die Arten für die Besucher sinnlich erfahrbar und Humboldts Forschung lebendig anschaulich: «Amerika an der Aare».

In Bern wurden auch Humboldts pflanzenwissenschaftliche Beiträge gesammelt und in der Berner Ausgabe seiner *Sämtlichen Schriften* zum 250. Geburtstag des Autors im Jahr 2019 ediert. An ihnen können wir die Kontinuität seiner botanischen Studien nachvollziehen.

Die Auseinandersetzung mit botanischen Themen durchzieht Humboldts Werk über sieben Jahrzehnte. Sie beginnt mit dem Beitrag des noch nicht einmal 20-Jährigen über den Giftbaum «Bohon-Upas» (1789), und sie endet aus der

Die Humboldt-Weide wächst entlang von Gewässern von Meereshöhe bis auf über 3000 Meter über Meer.

Erinnerung des beinahe 90-Jährigen mit einer Würdigung seines amerikanischen Reisegefährten, «Sur les collections et les manuscrits de M. Bonpland» (1858).

Humboldt publiziert botanische Schriften in sämtlichen Lebensphasen. Er verfasst sie auf Deutsch, Französisch und Latein. Sie erscheinen in internationalen Zeitschriften und Zeitungen. In den Jugendjahren veröffentlicht er zunächst vor allem (A) Besprechungen botanischer Publikationen und (B) Abhandlungen über unterirdische Gewächse, während der Amerikareise dann (C) Berichte aus der Feldforschung, nach der Rückkehr (D) Studien zu einzelnen exotischen Pflanzen, (E) programmatische Schriften zur Pflanzengeografie, (F) anwendungsorientierte Beiträge in Physiologie, Pharmakologie und Agrikultur sowie (G) Würdigungen bedeutender Botaniker. Einige Beispiele dieser pflanzenwissenschaftlichen Beiträge seien hier zur Übersicht angeführt.

A) **BESPRECHUNGEN:**

— Zu Steven Jan van Geuns, *Verhandeling over de inlandsche Plantgevvassen* (1790)

— Ankündigung von Carl von Linné, *Praelectiones in ordines naturales plantarum* (1791)

— «Beobachtungen auf Reisen nach dem Riesengebirge, von Johann Jirasek, Thaddaeus Haenke, Abbé Gruber und Franz Gerstner, mit Kupfern. Dresden, bey Walther. 1791. 4. (270 Seit.)» (1791)

— Zu Christian Philipp Ripke, *Dissertatio de meritis Hamburgensium in historiam naturalem* (1791)

- «Gramina pascua or a Collection of Specimens of the commun pasture grasses by G. Swayne, Vicar of Pucklechurch, Gloucestershire. 6 plates (nemlich aufgeklebte Gräser) Richardson. 1790. fol.» (1791)
- Zu William Curtis, *Practical Observations on the British Grasses* (1791)
- «Einleitung über einige Gegenstände der Pflanzenphysiologie», zur deutschen Ausgabe der Studie des niederländischen Botanikers Jan Ingenhousz, *An Essay on the food of*

Kunth hat die Art als *Perilomia scutellarioides* beschrieben, heute ist das rotblühende Helmkraut unter dem Namen *Scutellaria scutellarioides* bekannt.

plants and the renovation of the soil (1798), übersetzt von Johann Gotthelf Fischer von Waldheim, *Über Ernährung der Pflanzen und Fruchtbarkeit des Bodens* (1798)

B) HÖHLENBOTANIK:

— «Auszüge aus Briefen» (1791)
— «Vom Hrn. v. Humboldt in Freyberg» (1792)
— «Von Hr. von Humboldt» (1792)
— «Lettre de M. de Homboldt, à M. Delamétherie, sur la couleur verte des végétaux qui ne sont pas exposés à la lumière» (1792)
— «Versuche und Beobachtungen über die grüne Farbe unterirdischer Vegetabilien» (1792)
— «Plantas subterraneas descripsit Fr. A. ab Humboldt» (1792); ins Deutsche übersetzt von Eberhard Knobloch: «Fr. A. von Humboldt hat unterirdische Pflanzen beschrieben» (2019).
— [Selbstanzeige von *Florae Fribergensis specimen*] (1793)

C) FELDFORSCHUNG:

— «Briefe des Herrn Alexander von Humboldt» aus Aranjuez vom 20. April 1799 an Carl Ludwig Willdenow, aus Puerto Orotava vom 20. Juni 1799 und aus Cumaná vom 16. Juli 1799 an Wilhelm von Humboldt (1801)
— «Extrait d'une lettre de M. Humboldt, au C. Fourcroy» aus Cumaná vom 16. Oktober 1800 (1801)
— [Brief an Carl Ludwig Willdenow], aus Havanna vom 21. Februar 1801 (1801)
— «Briefe des Herrn Oberbergraths von Humboldt» aus Lima vom 25. November 1802 an Jean-Baptiste Joseph Delambre und aus Mexiko vom 29. April 1803 an Carl Ludwig Willdenow (1803)
— «Extracto de la carta que el Baron de Humboldt escribió desde México en 22 de Abril de 1803 á D. Antonio Josef Cavanilles» (1803)
— «Anzahl der von Humboldt und Bonpland auf ihrer Reise nach Süd-Amerika entdeckten Pflanzen» (1821), als Auszug aus *De distributione geographica plantarum* (1817)
— «Botanische Notizen» (1834)
— «Über die Hochebene von Bogota» (1838)
— «Der Pflanzenwuchs in den Tropen» (1850), als Auszug aus den *Ansichten der Natur*

Der Kaktus *Mammillaria humboldtii* ist im Nordwesten von Mexiko beheimatet.

D) **PFLANZENSTUDIEN:**

— «Observatio critica de Elymi hystricis charactere» (1790); übersetzt von Eberhard Knobloch: «Kritische Beobachtung über die Merkmale des Elymus hystrix» (2019)
— «Aracacha» (1807)
— «Pflanzenbilder. Die Orchiden-Familie» (1817)
— «Sur le Lait de l'arbre de la Vache et le Lait des végétaux en général» (1818)
— «Ueber die natürliche Familie der Gräser» (1818)
— [The famous Ahahuete] (1821)
— «Palma de cera. Ceroxilon Andicola» (1841)
— «Les palmiers» (1852)
— «Le dragonier d'Orotava» (1852)

E) **PFLANZENGEOGRAFIE:**

— «Geografía física. Ideas sobre el límite inferior de la nieve perpétua, y sobre la geografía de las plantas» (1804)
— «Ideen zu einer Physiognomik der Gewächse» (1806)
— «Geografía de las plantas» (1809)
— «Ideen zu einer Geografie der Pflanzen» (1811)
— «Sur les lois que l'on observe dans la distribution des formes végétales» (1816)
— «Alex. v. Humboldt's neueste Ansicht von der Wanderung der Pflanzen» (1818, als Auszug aus der *Relation historique*)
— «On the Geografical Distribution of Ferns» (1818, als Auszug aus den *Nova genera et species plantarum* beziehungsweise aus *De distributione geographica plantarum*)
— «Sur les lois que l'on observe dans la distribution des formes végétales» (1820, «tiré de la seconde édition, *inédite*, de la *Géographie des plantes*»), Übersetzung: «Ueber die Gesetze, welche man in der Vertheilung der Pflanzenformen beobachtet» (1831)
— «Nouvelles recherches sur les lois que l'on observe dans la distribution des formes végétales» (1821, «lu à l'Académie des Sciences le 19 février 1821»), Übersetzung: «Neue Untersuchungen über die Gesetze, welche man in der Vertheilung der Pflanzenformen bemerkt» (1821)
— «Ansicht über die Verschiedenheit der Erzeugnisse nach den Erdstrichen» (1822, als Auszug aus der *Relation historique*)

F) **ANWENDUNGEN:**

— «Beobachtungen über die Staubfäden der Parnassia palustris» (1792)
— «Ueber eine zweifache Prolification der Cardamine pratensis» (1792)
— «Lettre de F. Humboldt à M. Pictet, professeur de philosophie à Genève, sur l'influence de l'acide muriatique oxygené et sur l'irritabilité de la fibre organisée» (1796)
— «De la germination» (1798)
— «Einleitung über einige Gegenstände der Pflanzenphysiologie» (1798)
— «Ueber das Keimen der Saamen in oxygenirter Kochsalzsäure» (1799)
— «Über die Chinawälder in Südamerika» (1807)
— «War poison of the indians» (1821, als Auszug aus der *Relation historique*)

G) **BOTANIKER:**

- Eintrag zu José Celestino Mutis in der *Biographie universelle, ancienne et moderne* (1821)
- «Rapport verbal fait à l'Académie des Sciences sur un ouvrage de M. Auguste Saint-Hilaire, intitulé: *Plantes usuelles des Brasiliens*» (1824)
- «Rapport verbal sur la Flore du Brésil méridional de M. Auguste de Saint-Hilaire» (1825)
- «Schreiben Sr. Exc. des Wirkl. Geh. Raths, Hrn. Freiherrn Alexander von Humboldt an den Oberdirector des Vereins» (1841)
- [Nachruf auf Carl Sigismund Kunth] (1851)
- [Brief an Berthold Carl Seemann] (1853)
- Diverse Beiträge über Aimé Bonpland: «Nouvelles récentes de M. de Bompland» (1832); «M. de Humboldt et M. Bonpland. – Lettre adressée par le premier aux professeurs-administrateurs du muséum d'histoire naturelle» (1851); «Briefe Bonpland's an A. v. Humboldt» (1854), mit einer Einleitung Humboldts; «A. Bonpland's Biographie und Portrait» (1855); «Aimé Bonpland's Aufnahme in die Akademie» (1857); [Humboldt an Ehrenberg] (1857); «Neueste Nachrichten über den Botaniker Aimé Bonpland» (1858); [Nachricht vom Tode Aimé Bonplands] (1858); Nachruf (1858).

Zu diesen kleineren Schriften kommen die pflanzenwissenschaftlichen Beiträge in Humboldts Buchwerken hinzu:

- Die *Vues des Cordillères* enthalten zum Beispiel ein Kapitel zum Drachenbaum (Tafel 69).
- Ihre Landschaftsdarstellungen sind ästhetisch ebenso wie botanisch zu verstehen (Tafel 5 u. a.).
- Die *Ideen zu einer Geographie der Pflanzen* (1807) präsentieren das infografisch innovative «Naturgemälde», den Querschnitt durch die Anden mit gestaffelten Vegetationszonen und Datenkolonnen.
- Weitere Gebirgsquerschnitte setzen diese pflanzengeographische Darstellungsform fort: «Geographiæ plantarum lineamenta» in den *Nova genera et species plantarum* (1816) und «Voyage vers la cime du Chimborazo, tenté le 23 Juin 1802» (1825) im *Atlas géographique et physique des régions équinoxiales du Nouveau Continent*.
- Unter den rund 1500 publizierten Graphiken in Humboldts Büchern und Schriften, die im *Graphischen Gesamtwerk* (2014) zusammengestellt wurden, sind insgesamt 1.240 (bzw. mit Varianten 1.260) Abbildungen von Pflanzen.

Alexander von Humboldts Werk ist zu wesentlichen Teilen ein pflanzenwissenschaftliches.

Eine etwas eigentümliche Darstellung von Humboldts Wasserschlauch *(Utricularia humboldtii)*, wie sie 1845 in den *Annales de la Société royale d'Agriculture et de Botanique* von Gent erschienen ist.

Humboldtiella, Humboldtia und humboldtii

Der Name Humboldt wird namentlich so oft gewürdigt wie sonst keiner: Kein Zweiter hat mehr Ortschaften, Straßen oder Pflanzen nach sich benannt. Eine Pinguinart trägt seinen Namen, und auch ein eiskalter Meeresstrom ist nach ihm benannt. Besonders auffällig ist dieses Phänomen bei Pflanzennamen: Hat Humboldt diese Pflanzen nach sich selbst benannt, oder wie kommt es, dass so viele Gewächse seinen Namen tragen?

Humboldt-Weiden oder die Regeln in der Botanik

Schaut man sich zum Beispiel die wissenschaftlichen Namen der Orchideen an, so scheint es, als ob es keine Regeln gäbe, welche die Fantasie der Botaniker bremste. So findet man in dieser riesigen Familie zum Beispiel die Gattung *Aa* oder eine andere mit dem Namen *Dracula,* der besonders schauerlich ist, wenn mit ihrem Artnamen *vampira* kombiniert wird, als *Dracula vampira*.

Anders, als man vielleicht meinen könnte, ist die Namensgebung in der Biologie eindeutig geregelt und in internationalen Vereinbarungen verankert. Im *Internationalen Code der Botanischen Nomenklatur* ist festgelegt, wann ein wissenschaftlicher Name gültig ist und wann er nicht korrekt publiziert worden ist. Die Disziplin, die sich mit der wissenschaftlichen Benennung von Lebewesen befasst, heißt Nomenklatur. Ihre Regeln, die sogenannten Codes, sind international

Ein für eine Orchidee untypischer Name, aber dennoch sehr passend: *Dracula vampyra*

Die Humboldt-Lillie *(Lilium humboldtii)* ist in den Sierras von Kalifornien beheimatet und nur sehr selten in Gärten zu sehen.

Wer möchte nicht eine Eichenart nach sich benannt haben? Humboldt hat es geschafft und *Quercus humboldtii* ist in Südamerika weitum bekannt.

verbindlich. Basierend auf den Ansätzen von Carl von Linné, formulierte Augustin-Pyrame de Candolle 1813 einen ersten Vorschlag zur Vereinheitlichung der botanischen Nomenklatur. Erst 1930 konnte sich die internationale Gemeinschaft der Botaniker auf ein abschließendes Regelwerk einigen, das bis auf kleinere Änderungen heute noch gültig ist.

Wissenschaftliche Pflanzennamen bestehen aus zwei Teilen. Das erste Wort bezeichnet die Gattung. Die Humboldt-Weide (*Salix humboldtiana* Willd.) beispielsweise gehört zur Gattung der Weiden *(Salix)*. Der zweite Teil des Namens *(humboldtii)* wird als Artepitheton bezeichnet. Es dient dazu, die Art innerhalb der Gattung zu bezeichnen. Wissenschaftliche Gattungs- und Artnamen werden in gedruckten Texten kursiv geschrieben. Damit ein Name vollständig ist, muss dabei auch jeweils der Autor angegeben werden, also derjenige, welcher die Art als erster wissenschaftlich beschrieben hat. Bei der Humboldt-Weide ist dies der deutsche Botaniker Carl Ludwig Willdenow, dessen botanisches Kürzel Willd. lautet. Willdenow hat mit dem Artnamen seinen Freund und Schüler Alexander von Humboldt geehrt. Sowohl Gattungen wie auch Arten werden oft nach Personen benannt, die sich in einer

Humboldt-Eichen *(Quercus humboldtii)* beeindrucken durch ihre Höhe und Massigkeit. Sie finden sich in den Nebelwäldern Kolumbiens und Panamas.

Disziplin verdient gemacht haben. So erstaunt es wenig, dass zahlreiche Pflanzen Humboldt im Namen tragen. Während es verpönt ist, eine Pflanze nach sich selbst zu benennen, war die Ehrung einer anderen Person besonders im 19. und 20. Jahrhundert üblich. Heute ist man dazu übergegangen, eher eine Eigenschaft oder den Herkunftsort im Namen festzuhalten.

HUMBOLDT-EICHEN, HUMBOLDT-LILIEN UND HUMBOLDTIAS

Die deutschen Namen der Pflanzen sind oft eine direkte Übersetzung der wissenschaftlichen Bezeichnung. Nicht alle Pflanzenarten haben jedoch einen deutschen Namen, und dieser hat auch keine Verbindlichkeit. So besitzt die Gattung *Humboldtia* keinen deutschen Namen. Es handelt sich um eine kleine Gattung aus der riesigen Familie der Schmetterlingsblütler. Die meisten *Humboldtia*-Arten kommen ausschließlich in Indien vor. Martin Vahl, ein norwegisch-dänischer Botaniker und Zeitgenosse Alexander von Humboldts, benannte die Gattung nach Humboldt und zollte damit dem Vater der Pflanzengeografie Respekt. Besonders bekannt sind die Pflanzen aus dieser Gattung nicht, auch wenn sie durchaus schöne Blüten hervorbringen und auch ökologisch bedeutend sind. Wie viele andere Schmetterlingsblütler bilden sie extraflorale Nektarien, bieten also Insekten und insbesondere Ameisen an kleinen Drüsen außerhalb der Blüten zuckrigen Nektarsaft an. Manche Arten bilden zusätzlich Domatien, kleine Unterschlüpfe, die Ameisen als Behausung dienen. Warum eine Pflanze einer Ameise eine Unterkunft anbietet, und neben der Behausung auch noch süßen Nektar offeriert, ist schnell beantwortet: Ameisen schützen eine Pflanze, die sie adoptiert haben, vor Fressfeinden aller Art. Auch wenn *Humboldtia*-Arten für den Menschen kaum von Bedeutung sind, ist Humboldt doch mit einer ausnehmend interessanten Gattung beehrt worden.

Auch mit der Humboldt-Lilie (*Lilium humboldtii* W. Bull) würde jeder gerne beehrt werden. William Bull, ein britischer Botaniker und Pflanzenjäger, beschreibt diese amerikanische Lilienart und widmet

Die Humboldt-Eiche, wie sie im grafischen Gesamtwerk von Alexander von Humboldt abgebildet ist

sie Humboldt. Zu sehen bekommt man die Lilie mit den leuchtend orangen Blüten in der kalifornischen Sierra Nevada, wo sie besonders in Grasländern und an Waldrändern gedeiht. Manchmal soll sie bis zu 25 Blüten pro Zweig tragen, die von Schwalbenschwanzarten und Monarchfaltern bestäubt werden.

Die Humboldt-Eiche (*Quercus humboldtii* Bonpl.) kann als pflanzliches Monument für Alexander von Humboldt gesehen werden. Sie ist eine der wenigen Eichen-Arten, die bis nach Südamerika vorgedrungen sind, und bildet in den Andenkordilleren ausgedehnte Wälder. Das Kürzel Bonpl. verrät, dass Aimé Bonpland diese Art seinem Reisegenossen widmete. Einen schöneren Baum kann man sich nicht wünschen: Die Stämme sind mächtig, die Blätter elegant zugespitzt und die Früchte bei vielen Bewohnern der Nebelwälder als Nahrung begehrt.

Auch heute wird Alexander von Humboldt immer noch mit Pflanzennamen geehrt. Der Humboldt-Wegerich *(Plantago humboldtiana)* ist ein seltener Endemit aus Brasilien.

SEETANG UND ORCHIDEEN

Die Liste der Pflanzen, die nach Humboldt benannt sind, ist lang. Eine abschließende Liste zu erstellen, wäre eine Aufgabe mit vielen schwierigen Entscheidungen. Denn die Beschreibung der Pflanzen ist ein Prozess, der einem steten Wandel unterworfen ist. Immer wieder müssen Namen geändert werden, weil sich eine Art nur als eine Form einer anderen herausstellt oder im Gegenteil aus einer Art zwei gemacht werden. Auch ist es möglich, dass eine ganze Gattung plötzlich in eine andere überführt wird. So erging es der Gattung *Humboldtiella* aus der Familie der Schmetterlingsblütler, die 1923 vom Botaniker Hermann August Theodor Harms beschrieben wurde. Auch er wollte Humboldt ehren, weil aber der Name *Humboldtia* schon besetzt war, hat er sie «die kleine Humboldtia», also *Humboldtiella* benannt. Leider hat sich später herausgestellt, dass *Humboldtiella* keine eigene Gattung darstellt, sondern es sich um Vertreter der Gattung *Coursetia* handelt, die bereits hundert Jahre zuvor beschrieben worden war. Eine Regel der Nomenklatur besagt, dass immer der zuerst publizierte Name gilt. So ist der Name *Buddleja humboldtiana* verschwunden, die Art wird heute *Buddleja cordata* genannt, denn unter diesem Name wurde die Art erstmals beschrieben. Aber immerhin, *Buddleja humboldtiana* darf immer noch als akzeptiertes Synonym verwendet werden.

Schaut man sich die Liste der Arten an, die Humboldt ehren, fällt auf, dass sie nicht nur sehr lang ist, sondern auch verschiedenste

Pflanzenfamilien enthält: von A wie Acanthaceae (Akanthusgewächse) bis V wie Violaceae (Veilchengewächse). Und vielleicht kommt einst auch ein Jochblattgewächs, also ein Z wie Zygophyllaceae, dazu.

Auf der Liste gibt es auffällig viele Orchideen, von denen es ohnehin sehr viele Arten gibt, und sogar ein Seetang ist nach Humboldt benannt, *Fucus humboldtii.*

Humboldt wird immer wieder mit botanischen Namen geehrt. So wurde eine erst 2016 entdeckte Wegerich-Art, die nur gerade an einem einzigen Wasserfall in Brasilien vorkommt, nach Humboldt benannt. Sie trägt nun den klingenden Namen: *Plantago humboldtiana*.

Der Humboldt-Wegerich wurde erst 2016 beschrieben. Der dazu nötige Typus-Herbarbeleg wurde korrekt hinterlegt.

«Jedes Erforschte ist nur eine Stufe zu etwas Höherem.»

Alexander von Humboldt[177]

Epilog: Botanische Generationen

Die Botanik entwickelte sich im 18. und 19. Jahrhundert über vier «Generationen»: von Albrecht von Haller über Carl von Linné zu Alexander von Humboldt und Charles Darwin – vom Inventar über die Klassifikation zur Pflanzengeografie und schließlich zur Evolution.

LInks: Albrecht von Haller (1708–1777) – Das Inventar der Arten

Rechts: Carl von Linné (1707–1778) – Das System der Arten

In einer Besprechung von Humboldts Vortrag zur «Physiognomik der Gewächse» (1806) beschreibt Goethe, wie Humboldt über das bisherige Paradigma hinausgeht, indem er die Botanik in Bewegung setzt:

> «Nachdem *Linnée* [sic] ein Alphabet der Pflanzengestalten ausgebildet, und uns ein bequem zu benutzendes Verzeichniß hinterlassen [...]: so thut hier der Mann, dem die über die Erdfläche vertheilten Pflanzengestalten in lebendigen Gruppen und Massen gegenwärtig sind, schon vorauseilend den letzten Schritt [...].»[178]

Darwins Evolutionstheorie wird über Humboldts Pflanzengeografie weit hinausgehen. Welche Perspektiven eröffnen sich der heutigen Pflanzenwissenschaft für eine Botanik der Zukunft?

Links: Alexander von Humboldt (1769–1859) – Die Umwelt der Arten

Rechts: Charles Darwin (1809–1882) – Die Evolution der Arten

Aber Humboldt ist sich der Begrenzung seines eigenen Wissens im Klaren. Er weiß, dass seine Forschung auf Vorgängern beruht und dass Nachfolger sie hinter sich lassen werden. Aus dem Bewusstsein, dass jede Forschung nur eine Momentaufnahme sein kann, bezieht er die Hoffnung auf ein Fortschreiten der Erkenntnisse von Generation zu Generation. Im zweiten Band des *Kosmos* stehen die wissenschaftsphilosophischen Sätze:

> «Durch den Glanz neuer Entdeckungen angeregt, mit Hoffnungen genährt, deren Täuschung oft spät erst eintritt, wähnt sich jedes Zeitalter dem Culminationspunkt im Erkennen und Verstehen der Natur nahe gelangt zu sein. […] Belebender und der großen Idee von der Bestimmung unseres Geschlechtes angemessener ist die Überzeugung, daß der eroberte Besitz nur ein sehr unbeträchtlicher Theil von dem ist, was bei fortschreitender Thätigkeit und gemeinsamer Ausbildung die freie Menschheit in den kommenden Jahren erringen wird. Jedes Erforschte ist nur eine Stufe zu etwas Höherem in dem verhängnißvollen Laufe der Dinge.»[179]

Humboldts Forschung in Zeiten globaler Erwärmung

Alexander von Humboldt war eine Schlüsselfigur für die Entwicklung der Ökologie als Wissenschaft. Seine Schriften haben sehr viel zum Verständnis des Zusammenhangs zwischen Klima und Vegetation beigetragen, ein Thema, das in Zeiten eines globalen Klimawandels von großer Aktualität ist. Sind Erkenntnisse, die vor mehr als 200 Jahren gemacht wurden, heute noch relevant, und können wir bei Humboldt Lösungsansätze für die Probleme unserer Zeit finden? Wie hat das Humboldtsche Denken die heutige Ökologie geprägt? Oder müssten in einer Zeit großer Umweltveränderungen und globaler Klimaerwärmung einige von Humboldts Denkansätzen vielleicht revidiert werden?

Flucht nach oben oder was man mit Humboldts Daten heute messen kann

Wir leben in einer Zeit der globalen Klimaerwärmung. Dank des heutigen Verständnisses vom Zusammenhang zwischen Klima und Vegetation wissen wir, dass sich diese Erwärmung auf die Pflanzenwelt auswirken wird. Um zu belegen, wie der Klimawandel die Vegetation beeinflusst, brauchen wir Daten, die über einen größeren Zeitraum gesammelt wurden. Auch wenn die durchschnittlichen Temperaturen weltweit schnell steigen, reagiert die Pflanzendecke insgesamt doch zu träge, als dass dies für uns kurzfristig zu beobachten wäre.

Wie zeitlos Humboldts Forschungsresultate sind und wie man sie auch heute noch nutzen kann, beweist eine Publikation aus dem

Oben: Espeletien (hier: *Espeletia hartwegiana*) wachsen nur unter ganz bestimmten ökologischen Bedingungen hoch oben in den Anden.

Unten: Blick in den Paramó mit einer silberhaarigen Lupine *(Lupinus alopecuroides)*

Jahr 2015. Darin wird Humboldts Verteilung der Arten am Chimborazo als Grundlage für eine Studie genommen, um die Klimaerwärmung zu belegen.

Humboldts Arbeiten zum Chimborazo sind eine der ältesten Datensammlungen zur Verbreitung von Arten entlang eines Höhengradienten. Das Team um die Botanikerin Naia Morueta-Holme hat verschiedene Stellen am Chimborazo in Ecuador aufgesucht, an denen Humboldt vor über 200 Jahren die Vegetation und zahlreiche Arten dokumentiert hatte.

Als Grundlage für die historische Verbreitung der Arten diente dem Forschungsteam zum einen das «Tableau physique des Andes», aber auch die ursprüngliche Skizze dieser Grafik, die noch wesentlich mehr Arten enthielt. Weitere Quellen waren Humboldts *Ideen zur Geographie der Pflanzen*», der Essay «Ueber zwei Versuche den Chimborazo zu besteigen» sowie das taxonomische Werk *Nova genera et species plantarum*. Da Humboldt die Daten nicht mit dem Gedanken an eine spätere Vergleichsstudie aufgenommen hatte, mussten die Angaben bearbeitet und interpretiert werden. Die historischen Daten wurden dann mit der aktuellen Verbreitung verglichen, welche in verschiedenen Höhentransekten erfasst wurden. Die Resultate waren aufschlussreich und erschreckend: Nicht nur einzelne Arten, sondern ganze Vegetationsstufen sind in den letzten 200 Jahren deutlich in die Höhe gewandert. Während sich die Obergrenze der Vegetation zu Humboldts Zeiten noch bei 4.600 Metern über dem Meer befand, liegt sie heute fast 600 Höhemeter höher, bei 5.185 Metern. Auch die Grenze des ewigen Schnees hat sich in diesem Zeitraum um 450 Meter nach oben verschoben. Die einzelnen Vegetationsstufen und landwirtschaftlich genutzten Höhenstufen sind ebenso nach oben gerückt. Jüngst wurden Kritiken laut, dass Humboldt sein Tableau physique nie im Hinblick auf einen späteren Vergleich erstellt hat, sondern vielmehr eine idealisierte Andenlandschaft skizzierte. Somit ist es fraglich, ob die Schlüsse, die in der Studie von Morueta-Holme gezogen wurden, überhaupt legitim sind.

Doch wo liegt das Problem? Ist es nicht ein Vorteil, wenn Pflanzenarten ihr Areal ausdehnen und die Zone des ewigen Schnees zurückgeht?

Weil die mittlere Jahrestemperatur durchschnittlich um etwa 0,65 °C pro hundert Höhenmeter abnimmt, führt die Klimaerwärmung langfristig zu einer Migration einzelner Arten oder ganzer Vegetationsgürtel nach oben. Aber Pflanzen als sesshafte Organismen können nicht einfach so in die Höhe fliehen. Weil sich mit der Erwärmung die Konkurenzverhältnisse auf den Höhenstufen verändern, ist damit zu rechnen, dass viele Arten lokal aussterben werden. Besonders gefährdet sind die Arten der Gipfelregionen, denn sie haben keine Möglichkeit, weiter nach oben auszuweichen.

EIN VISIONÄR, EINE KRITIK UND EIN TRAUM

Humboldt machte sich wie kein anderer Forscher seiner Zeit Gedanken über den Einfluss des Menschen auf die globale Umwelt. Am Valencia-See wies er auf den Zusammenhang zwischen der Abholzung der Wälder und dem Austrocknen des Sees hin, in den Steppen Asiens auf den menschgemachten Klimawandel – und dies lange bevor sich jemand mit Treibhausgasen, Erderwärmung oder überhaupt dem Zusammenhang zwischen Vegetation und Atmosphäre befasste. In dieser Hinsicht ist Alexander von Humboldt eine Ausnahmeerscheinung, sah er doch Zusammenhänge, noch bevor die Ökologie als solche überhaupt gedacht wurde.

So visionär Humboldts Sicht auf den Zusammenhang zwischen Klima und Vegetation jedoch war, sie hat ihm nicht nur Lob und Bewunderung eingebracht. Unlängst wurden auch Stimmen laut, die unsere Humboldtsche Sicht auf die Vegetation kritisch hinterfragen. Nach einer These von Juli Pausas und William Bond führte Humboldts Ansicht, dass die Vegetation als Ausdruck des vorherrschenden Klimas zu betrachten sei, zu einer Vernachlässigung anderer wichtiger Faktoren. So seien zum Beispiel das Feuer oder der Weidedruck durch Großsäugetiere lange Zeit ignoriert worden, weil sich die Forschenden damit begnügten, die Vegetation immer nur durch Klima- und Bodenfaktoren zu erklären – so wie Humboldt dies postuliert hatte.

Zu Humboldts Zeit war Holz eine der wichtigsten Ressourcen, die das Wachstum der Industrie befeuerte. Humboldt kannte die Folgen des Holzabbaus in Europa, daher reagierte er sensibel auf das Thema der Abholzung. In ihrer Publikation *Humboldt and the reinvention of nature* vertreten Pausas und Bond die Ansicht, dass Humboldt einer Sichtweise anhing, in der Wäldern eine zentrale Rolle zukam. Wälder sind in Europa tatsächlich sehr bedeutend, vielerorts wären Wälder wohl noch immer die vorherrschende Vegetation, wenn der Mensch nicht eingegriffen hätte. Doch darf man diese Sichtweise auf die ganze Welt projizieren?

Als Humboldt in Venezuela zum ersten Mal ausgedehnte Savannen durchwanderte, sah er in ihnen eine menschgemachte Landschaft

Die Synthese der Arbeit der Botanikerin Naia Morueta-Holme zeigt die Verschiebung der Vegetationsgürtel am Chimbarazo sehr anschaulich. Ob Humboldts Grundlagen 1:1 übernommen werden dürfen, um damit eine mögliche Verschiebung des Vegetationsgürtels zu belegen, ist umstritten.

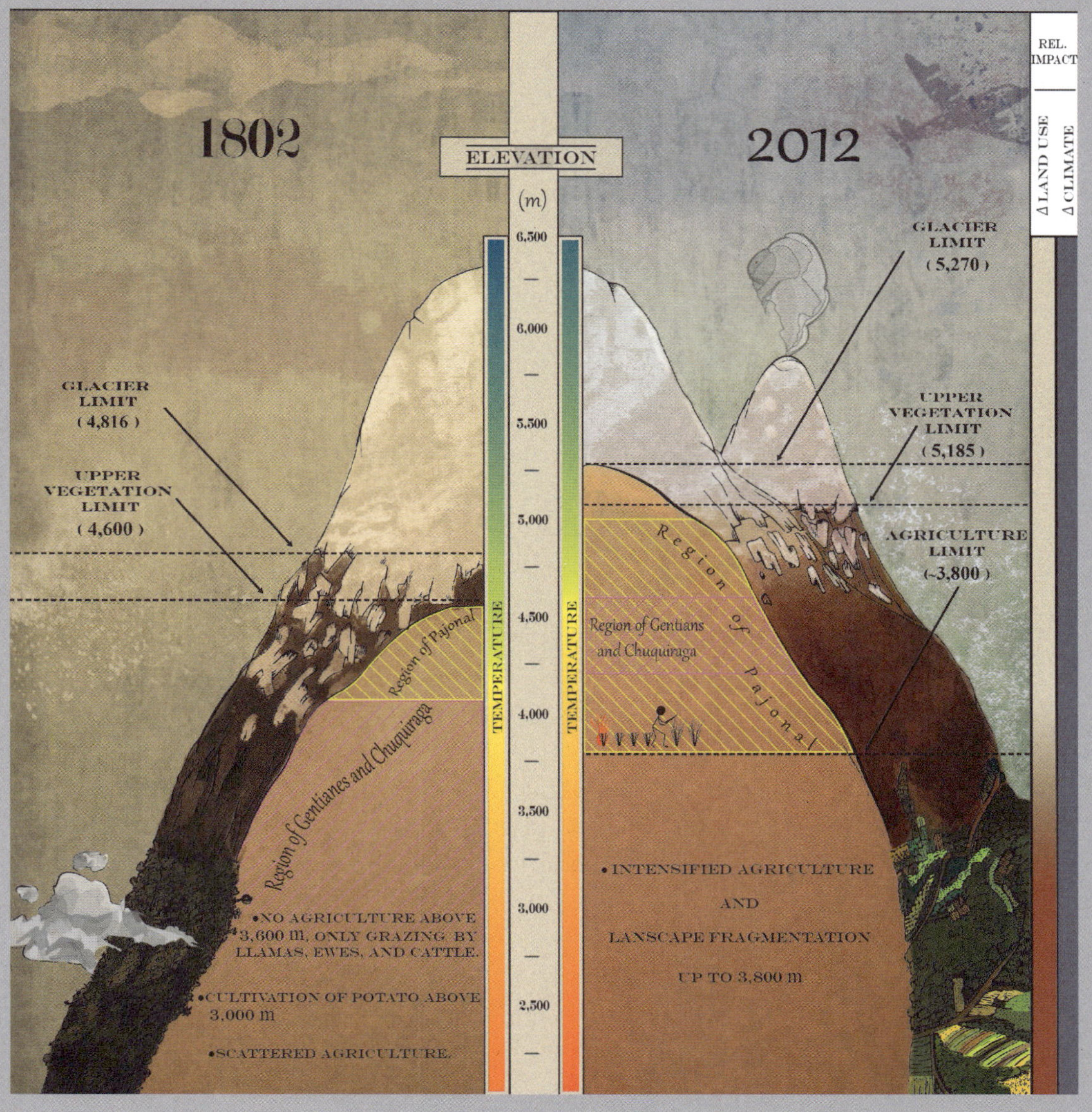

1802
ELEVATION
(m)
2012
REL. IMPACT
Δ LAND USE
Δ CLIMATE
GLACIER LIMIT (4,816)
UPPER VEGETATION LIMIT (4,600)
Region of Pajonal
Region of Gentianes and Chuquiraga
•NO AGRICULTURE ABOVE 3,600 m, ONLY GRAZING BY LLAMAS, EWES, AND CATTLE.
•CULTIVATION OF POTATO ABOVE 3,000 m
•SCATTERED AGRICULTURE.
6,500
6,000
5,500
5,000
4,500
4,000
3,500
3,000
2,500
TEMPERATURE
TEMPERATURE
GLACIER LIMIT (5,270)
UPPER VEGETATION LIMIT (5,185)
AGRICULTURE LIMIT (~3,800)
Region of Gentians and Chuquiraga
Region of Pajonal
• INTENSIFIED AGRICULTURE
AND
LANSCAPE FRAGMENTATION
UP TO 3,800 m

und beklagte, dass die Abholzung durch den Menschen zu Dürre geführt habe. Doch nicht alle baumlosen Landschaften sind vom Menschen degradierte Wüsten. Nicht in jedem Fall hilft es, Bäume zu pflanzen, um dem Austrocknen eines Flusses entgegenzuwirken oder die Wasserbalance in einem Gebiet zu verbessern. Das Forscherduo Pausas und Bond beanstanden denn auch, dass die Wissenschaftler zu lange Humboldts Aussagen gefolgt seien und diese zu wenig hinterfragt hätten. Das Resultat sei eine waldzentrierte Sicht der Welt. In Wirklichkeit gibt es aber riesige Gebiete auf der Erde, in denen natürlicherweise keine Wälder vorhanden sind, in denen die Vegetation viel weniger Biomasse erzeugt, als dies das vorherrschende Klima und die Böden vermuten ließen. Dies sind die Gebiete, in denen Feuer oder Großsäuger die Pflanzendecke kärglich halten. Störungen spielen eine viel größere und ganz natürliche Rolle, als dies die Weltanschauung von Humboldt voraussagte, in der alles im Einklang ist und Klima und Böden die Vegetation bedingen. Schaut man sich die Evolution der Vegetation sowie der Arten an, stellt man fest, dass Feuer und Herbivorie wichtige Faktoren waren bei der Gestaltung der Pflanzenwelt, so wie wir sie heute kennen.

Humboldt wäre diesen Ideen, welche die Pflanzengeografie weiter dynamisieren und ausdifferenzieren, mit Offenheit und Interesse begegnet. Angesichts komplexer Themen wie der globalen Erwärmung mit all ihren katastrophalen Auswirkungen wünschte man sich einen Naturforscher mit einem ähnlichen Scharfsinn wie Humboldt, der sich den Problemen der gegenwärtigen Klimaveränderungen annähme – mit dem Wissen, über das wir heute verfügen.

Oben: Auch in den Anden schrumpfen die Gletscher, und die Zone des ewigen Schnees liegt immer höher.

Unten links: Mit der Klimaerwärmung steigen Arten wie der Mauerpfefferblättrige Enzian *(Gentiana sedifolia)* immer höher.

Unten rechts: Verschiedene Greiskräuter finden sich heute in den Anden viel höher verbreitet, als das noch zu Humboldts Zeiten der Fall war.

“Alles ist Wechselwirkung.”

Alexander von Humboldt[180]

Rückblicke und Aussichten

Welche Erkenntnisse gewinnen wir, wenn wir Alexander von Humboldt als Botaniker bei seiner Feldforschung begleitet haben? Und welche Aussichten eröffnen sich?

1. Pflanzengeografie: Mit Humboldt können wir die Geschichte der Pflanzenwissenschaft an einem ihrer Wendepunkte nachvollziehen. Indem er Linnés statische Taxonomie zu einer dynamischen «Geographie der Pflanzen» weiterentwickelte, vollzog Humboldt (zusammen mit anderen) einen Wechsel der *Episteme* im Sinne von Michel Foucault oder des Paradigmas im Sinne von Thomas Kuhn: von der Klassifikation zur Historisierung. Und er bereitete den Weg für Darwins Evolutionstheorie: von der Beschreibung unterschiedlicher Arten über das Studium ihrer Verbreitung zur Erkenntnis ihrer Veränderung.

2. Ökologie: Die monodisziplinäre, kontextindifferente Klassifikation ergänzte Humboldt durch ein (*avant la lettre*) «ökologisches» Denken in Wirkungszusammenhängen. Er verstand Pflanzen in ihren natürlichen ebenso wie kulturellen Kontexten. Die Verschiebung der Perspektive auf das Zusammenwirken von Botanik, Geografie und Klima sowie auf den Einfluss des Menschen ist eine Voraussetzung für das Verständnis der Veränderungen in der Natur – wie Entwaldung, Klimawandel oder die Verbreitung invasiver Arten. Mit Humboldt schulen wir unseren Blick für die Wechselwirkungen in der Natur und die Gefährdung unserer Umwelt.

3. Interdisziplinarität: In seiner fächerübergreifenden Forschung verband Humboldt die Botanik mit anderen Disziplinen, insbesondere Geologie (der Höhlen und Bergwerke, in denen er unterirdische Gewächse untersuchte, sowie der Gebirge und Vulkane, an denen er Vegetationszonen beobachtete), Geschichte (der Migration, der Kolonisierung und der Verbreitung von Pflanzenarten), Ethnologie (amerikanischer Völker und ihrer botanischen Praktiken), Klimaforschung (als umfassender Umweltwissenschaft), Agrarwissenschaft (Nutzpflanzen und ihr Anbau) und Pharmakologie (Wirkung und Einsatz von Heilpflanzen). Was wir von Humboldt lernen können, ist das Denken über Fächergrenzen hinweg – entlang von Problemen und Fragestellungen.

4. Reisen: Humboldt tat all dies «in Bewegung» auch in einem buchstäblichen Sinn, nämlich empirisch auf Forschungsreisen. An seinem Beispiel sehen wir, wie phasen- und facettenreich botanische Forschung sein kann. Sie führt von der Beobachtung in der Natur über das Sammeln, Beschreiben und Zeichnen zu konzeptionellen Überlegungen – und dabei von der Naturwissenschaft zur Kunst, Kultur, Geschichte und in die Gesellschaft.

5. Humboldt-Forschung: Nachdem lange Zeit Humboldts Beiträge zu einzelnen Disziplinen aufgearbeitet worden waren, wurde er seit den 1990er-Jahren zunehmend als moderner inter- oder transdisziplinärer Denker wahrgenommen.[181] Neben diese wissenschaftsgeschichtliche und wissenschaftsprogrammatische Rezeption trat ein politisches Interesse an seinen Zeugnissen im Kontext postkolonialer Studien.[182] Im Zuge des *Ecocriticism* geriet der Verfasser der *Pflanzengeografie* schließlich als Vordenker der Ökologie in den Blick, der ein Verständnis für Biodiversität und Klimaveränderungen entwickelte.[183] Diese Forschung ist anschlussfähig für eine gegenwärtige Pflanzenwissenschaft, die sich mit der globalen Wanderung von Gewächsen und der Verbreitung invasiver Arten auseinandersetzt – als Erbe Humboldtscher Pflanzengeografie.

6. Kunst: Mit seinem Querschnitt der Anden, in dem sogar Pflanzennamen eine zeichnerische Qualität annehmen, wurde Humboldt zu einem Pionier der Infografik. Seine botanisch präzisen «Naturgemälde» inspirierten Landschaftsmaler und Raumkünstler. Seine literarischen Schilderungen werden wiederentdeckt als Vorbilder eines modernen *Nature Writing*. Mit Humboldt erkennen wir das künstlerische Potenzial der Wissenschaft und das wissenschaftliche Potenzial der Kunst. Als Künstler wie als Schriftsteller schärft und sensibilisiert er unsere Wahrnehmung der Natur.

ENDNOTEN

1 Charles Baudelaire, «L'invitation au voyage», in: *Les fleurs du mal,* Paris: Poulet-Malassis et de Broise 1857, S. 115–117, hier: S. 116, 117.

2 Alexander von Humboldt, *Sämtliche Schriften: Aufsätze, Artikel, Essays* (Berner Ausgabe), 7 Textbände mit 3 Apparatbänden, herausgegeben von Oliver Lubrich und Thomas Nehrlich, München: dtv 2019. Mitarbeit: Sarah Bärtschi, Michael Strobl, Mitherausgeber: Yvonne Wübben (Bd. 1: Texte 1789–1799), Rex Clark (Bd. 2: Texte 1800–1809), Jobst Welge (Bd. 3: Texte 1810–1819), Norbert Wernicke (Bd. 4: Texte 1820–1829), Bernhard Metz (Bd. 5: Texte 1830–1839), Jutta Müller-Tamm (Bd. 6: Texte 1840–1849), Joachim Eibach (Bd. 7: Texte 1850–1859); Redakteure: Norbert Wernicke (Apparatband), Johannes Görbert (Forschungsband), Corinna Fiedler (Übersetzungsband), Beirat: Michael Hagner (Zürich), Eberhard Knobloch (Berlin), Alexander Košenina (Hannover), Hinrich C. Seeba (Berkeley). Projekt-Website: www.humboldt.unibe.ch.

3 *Botanik in Bewegung – Humboldts Expeditionen,* Ausstellung im Botanischen Garten Bern (mit Satelliten im Naturhistorischen Museum Bern, im Generationenhaus der Burgergemeinde Bern, in der Zentralbibliothek der Universität Bern und im Kunstmuseum Bern), 2. Juni bis 30. September 2018; Centrum für Naturkunde und Botanischer Garten Hamburg, 8. Mai bis 29. September 2019.

4 Alain de Botton, «On Curiosity», in: *The Art of Travel,* New York: Pantheon 2002, S. 99–123, hier: S. 116.

5 Alexander von Humboldt, *Kosmos. Entwurf einer physischen Weltbeschreibung,* 5 Bände, Stuttgart/Tübingen: J. G. Cotta 1845–1862, hier: Band 2 (1847), S. 5 (Hervorhebungen hinzugefügt).

6 *Der alte Heim. Leben und Wirken Ernst Ludwig Heim's,* herausgegeben von Georg Wilhelm Keßler, 2. Auflage, Leipzig: Brockhaus 1846, S. 266.

7 Brief vom 25. Februar 1789 an Wilhelm Gabriel Wegener, in: *Die Jugendbriefe Alexander von Humboldts,* herausgegeben von Ilse Jahn und Fritz G. Lange, Berlin (DDR): Akademie 1973, S. 48.

8 «Auszüge aus Briefen. Von Hr. F. A. v. Humboldt d. d. 22 Sept. 1791. Freyberg im Erzgebirge», in: *Annalen der Botanick* 1:2 (1791), S. 193 («eines Botanophili, wie ich»).

9 Carl Ludwig Willdenow, *Grundriß der Kräuterkunde,* Berlin: Haude und Spener 1792, S. 345–380.

10 Ebda., S. 345.

11 Alexander von Humboldt, *Ansichten der Natur mit wissenschaftlichen Erläuterungen,* Tübingen: Cotta 1808, S. VIII; Friedrich Schiller, *Die Braut von Messina,* IV.vii.

12 *Kosmos,* a. a. O., Band 1, S. 4.

13 *Gazette littéraire de Berlin* 1270 (5. Januar 1789), S. 4–8; 1271 (12. Januar 1789), S. 11–13. (Der Titel enthält im ersten Teil einen Setzfehler, *Bohonu.pas,* der im zweiten Teil korrigiert wird: Bohon-upas.) Vgl. François Labbé, *Gazette littéraire de Berlin (1764–1792),* Paris: Honoré Champion 2004, S. 65, 184, 413.

14 Vgl. Hanno Beck, *Alexander von Humboldt,* 2 Bände, Wiesbaden: Franz Steiner 1959, Band 1, S. 17.

15 Brief vom 12. Februar 1791 an Thunberg, in: *Die Jugendbriefe Alexander von Humboldts,* herausgegeben von Ilse Jahn und Fritz G. Lange, Berlin (DDR): Akademie 1973, S. 125.

16 Alexander von Humboldt, «Ueber Grubenwetter und die Verbreitung des Kohlenstoffs in geognostischer Hinsicht», in: *Chemische Annalen* 12, 2:8 (1795), S. 99–119, hier: S. 106; ders., *Versuche über die gereizte Muskel- und Nervenfaser nebst Vermuthungen über den chemischen Process des Lebens in der Thier- und Pflanzenwelt,* 2 Bände, Posen: Decker und Compagnie/Berlin Heinrich August Rottmann 1797, Band 2, S. 141; ders., *Ueber die unterirdischen Gasarten und die Mittel ihren Nachtheil zu vermindern,* Braunschweig: Friedrich Vieweg 1799, S. 376. Rezipiert wird Humboldts Beitrag unter anderem in: Carl Alexander Ferdinand Kluge, *Versuch einer Darstellung des animalischen Magnetismus, als Heilmittel. Erster, oder theoretischer Teil,* Wien: Franz Haas 1815, S. 244.

17 Vgl. «Relation extraite d'une lettre de M. N. P. Foersch, Hollandois [...], sur le Bohon Upas & l'effet terrible de son poison», in: *Gazette littéraire de l'Europe* 8 (August 1785), S. 431–438; Ernst Wilhelm Martius, *Gesammelte Nachrichten über den Macassarischen Giftbaum,* Erlangen: Walthersche Buchhandlung 1792.

18 Carl Peter Thunberg, *Arbor toxicaria Macassariensis,* Uppsala: Joh. Edman 1788. Wenn gelegentlich kolportiert wird, es handele sich bei Humboldts Aufsatz um eine Übersetzung dieser Abhandlung, so ist dies wohl auf Humboldts bescheidene Formulierung im Brief an Thunberg und in seinen Selbstzitationen zurückzuführen.

19 Alexander von Humboldt, *Relation historique du Voyage aux régions équinoxiales du Nouveau Continent,* 3 Bände, Paris: F. Schoell 1814[–1817], N. Maze 1819[–1821], J. Smith et Gide Fils 1825[–1831], Band 2, S. 547–550, 551 und 553; ders., «War Poison of the Indians», in: *Philosophical Magazine and Journal* 58 (Juli–Dezember 1821), S. 231–234.

20 Vgl. Oliver Lubrich, «Von der ersten bis zur letzten Veröffentlichung. Alexander von Humboldts ‹Sämtliche Schriften› in der ‹Berner Ausgabe›», in: *Zeitschrift für Germanistik* 28:1 (2018), S. 119–130.

21 Alexander von Humboldt, «Lettre à L'Auteur de cette Feuille; sur le Bohon-Upas», a. a. O., S. 6.

22 [Zunächst anonym:] *The Botanic Garden, Part II: Containing The Loves of the Plants, a Poem: With Philosophical Notes,* Lichfield: Johnson 1789. Hier zitiert nach: *The Poetical Works of Erasmus Darwin,* 3 Bände, Band 2: *The Loves of the Plants,* London: J. Johnson 1806, S. 143–145, 185, 246–247.

23 *Les Amours des plantes, poëme en quatre chants; suivi de notes, et de dialogues sur la poésie:* Ouvrage traduit de l'anglais de Darwin; Par J. P. F. Deleuze, Paris: Digeon, An VIII [1799/1800], S. 141–142, 323–335.

24 «Auszüge aus Briefen. Von Hr. F. A. v. Humboldt d. d. 22 Sept. 1791. Freyberg im Erzgebirge», in: *Annalen der Botanick* 1:2 (1791), S. 193.

25 Alexander von Humboldt, «Versuche und Beobachtungen über die grüne Farbe unterirdischer Vegetabilien», in: *Journal der Physik* 5:2 (1792), S. 195–204; «Plantas subterraneas descripsit Fr. A. ab Humboldt», in: *Annalen der Botanick* 1:3 (1792), S. 53–58.

26 «Vom Hrn. v. Humboldt in Freiberg», in: *Chemische Annalen für die Freunde der Naturlehre, Arzneygelahrtheit, Haushaltungskunst und Manufacturen* 9:1:1 (1792), S. 70–72, hier: S. 72.

27 Alexander von Humboldt, [Selbstanzeige von *Florae Fribergensis specimen*], in: *Intelligenzblatt der Allgemeinen Literatur-Zeitung* 54 (1. Juni 1793), Sp. 428–429, hier: Sp. 429.

28 Alexander von Humboldt, *Florae Fribergensis specimen plantas cryptogamicas praesertim subterraneas exhibens edidit Fredericus Alexander ab Humboldt,* Berlin: Heinrich August Rottmann 1793.

29 Alexander von Humboldt, *Aphorismen aus der chemischen Physiologie der Pflanzen,* übersetzt von Gotthelf Fischer, Leipzig: Voss und Compagnie 1794.

30 Vorrede von Christian Friedrich Ludwig, S. V.–XX, hier: S. V.

31 Ebda., S. 1.

32 Ebda., S. 1–128.

33 «Auszüge aus Briefen. Von Hr. F. A. v. Humboldt d. d. 22 Sept. 1791. Freyberg im Erzgebirge», in: *Annalen der Botanick* 1:2 (1791), S. 193.

34 Vgl. Alexander von Humboldt, *Das graphische Gesamtwerk,* herausgegeben von Oliver Lubrich, Darmstadt: Lambert Schneider 2014, S. 36–39.

35 Alexander von Humboldt, «Einleitung über einige Gegenstände der Pflanzenphysiologie», in: Jan Ingenhousz, *Über Ernährung der Pflanzen und Fruchtbarkeit des Bodens.* Aus dem Englischen übersetzt und mit Anmerkungen versehen von Gotthelf Fischer [...]. Nebst einer Einleitung über einige Gegenstände der Pflanzenphysiologie von F. A. von Humboldt, Leipzig: Schäfersche Buchhandlung 1798, S. 3–44, hier: S. 4.

36 Alexander von Humboldt an Carl Ludwig Willdenow, Bayreuth, 20. Dezember 1796, in: *Die Jugendbriefe Alexander von Humboldts,* herausgegeben von Ilse Jahn und Fritz G. Lange, Berlin (DDR): Akademie 1973, S. 560.

37 «Alexander von Humboldt an den Herausgeber aus Corunna am 5. Jun. 1799», in: *Jahrbücher der Berg- und Hüttenkunde* 4 (1799), S. 399–401, hier: S. 400. (Vgl. Brief aus La Coruña vom 5. Juni 1799 an Karl Maria Erenbert Freiherr von Moll, in: *Briefe aus Amerika* 1799–1804, herausgegeben von Ulrike Moheit, Berlin: Akademie 1993, S. 33–34.)

38 Ebda., S. 400.

39 Ebda.

40 Ebda.

41 Vgl. René Bouvier und Edouard Maynial, *Der Botaniker von Malmaison. Aimé Bonpland, ein Freund Alexander von Humboldts,* übersetzt von Fritz Montfort, Neuwied: Lancelot 1948.

42 Alexander von Humboldt, *Relation historique du Voyage aux régions équinoxiales du Nouveau Continent,* 3 Bände, Paris: F. Schoell 1814[–1818], N. Maze 1819[–1821], J. Smith y Gide fils 1825[–1831], hier: Band 1, S. 57–60 («Liste des instrumens de physique et d'astronomie»).

43 Alexander von Humboldt, «Einleitung über einige Gegenstände der Pflanzenphysiologie», in: Jan Ingenhousz, *Über Ernährung der Pflanzen und Fruchtbarkeit des Bodens.* Aus dem Englischen übersetzt und mit Anmerkungen versehen von Gotthelf Fischer [...]. Nebst einer Einleitung über einige Gegenstände der Pflanzenphysiologie von F. A. von Humboldt, Leipzig: Schäfersche Buchhandlung 1798, S. 3–44, hier: S. 5.

44 Alexander von Humboldt, «Gelehrte Reisen», in: *Intelligenzblatt der Allgemeinen Literatur-Zeitung* 163 (21. Dezember 1799), Sp. 1322–1324, hier: Sp. 1323.

45 «Alexander von Humboldt an den Herausgeber aus Corunna am 5. Jun. 1799», in: *Jahrbücher der Berg- und Hüttenkunde* 4:1 (1799), S. 399–401, hier: S. 399.

46 Alexander von Humboldt, *Reise durch Venezuela* (Reisetagebücher), transkribiert von Gisela Lülfing und Margot Faak, übersetzt und herausgegeben von Margot Faak, Berlin: Akademie 2000, S. 57–99 («Von La Coruña nach Santa Cruz de Tenerife»), hier: S. 98.

47 Ebda., S. 199.

48 Alexander von Humboldt, «Le dragonnier de l'Orotava», in: *Vues des Cordillères et monumens des peuples indigènes de l'Amérique,* Paris: F. Schoell 1810[–1813], S. 298.

49 Alexander von Humboldt, *Ansichten der Kordilleren und Monumente der eingeborenen Völker Amerikas,* übersetzt von Claudia Kalscheuer, herausgegeben von Oliver Lubrich und Ottmar Ette, Frankfurt: Die Andere Bibliothek 2004, S. 384.

50 Alexander von Humboldt, «Le dragonier d'Orotava», in: *La Belgique Horticole* 2 (1852), S. 79–86. Der Text entspricht der erweiterten Anmerkung zum Drachenbaum in der dritten Ausgabe der *Ansichten der Natur,* Stuttgart/Tübingen: J. G. Cotta 1849, Band 2, S. 104–118.

51 Alexander von Humboldt, [Erklärung], in: *Intelligenzblatt der Allgemeinen Literatur-Zeitung* 38 (29. März 1797), Sp. 323–326, hier: Sp. 326.

52 Alexander von Humboldt, «Aus einem Schreiben Alexanders von Humboldt an seinen Bruder Wilhelm aus Fuere Orotava am Fuß des Pics von Teneriffa», in: *Jahrbücher der Berg- und Hüttenkunde* 4:2 (1800), S. 437–444, hier: S. 442–443.

53 «Auszug eines Schreibens des Herrn Alexander von Humboldt», in: *Neue allgemeine deutsche Bibliothek* 58:1 (1801), S. 60–64. Brief an Wilhelm von Humboldt, in: *Briefe aus Amerika*, a. a. O., S. 126.

54 *Journal botanique,* Manuscrits d'Aimé Goujaud, dit Bonpland (1773–1858), Muséum national d'histoire naturelle, Paris.

55 Vgl. Hans Walter Lack, «Botanik», in: *Alexander von Humboldt-Handbuch. Leben – Werk – Wirkung,* herausgegeben von Ottmar Ette, Stuttgart: J. B. Metzler 2018, S. 133–139, hier: S. 134.

56 Friedrich Georg Weitsch, «Alexander von Humboldt», in: Halina Nelken, *Alexander von Humboldt. His portraits and their artists. A Documentary Iconography,* Berlin: Dietrich Reimer 1980, S. 69.

57 Hans Walter Lack, *Alexander von Humboldt und die botanische Erforschung Amerikas,* München: Prestel 2009, S. 60. (Neue Auflage: 2018.)

58 Eduard Ender, «Humboldt und Bonpland in ihrer Dschungelhütte», in: Halina Nelken, a. a. O., S. 70, vgl. S. 74. (Zu einigen Unstimmigkeiten auf dem Gemälde vgl. *Spiegel Expeditionen*: *Alexander von Humboldt. Durch die Wildnis Lateinamerikas,* 2018, S. 106.)

59 Hans Magnus Enzensberger, «A. v. H. (1769–1859)», in: *Mausoleum. Siebenunddreißig Balladen aus der Geschichte des Fortschritts,* Frankfurt: Suhrkamp 1975, S. 56–58, hier: S. 56.

60 Charles Darwin, *Journal of Researches Into the Natural History and Geology of the Countries Visited During the Voyage of H. M. S. Beagle Round the World, Under the Command of Capt. Fitz Roy, R. N.,* 3 Bände, London: John Murray, 1. Auflage: 1837, 2. überarbeitete und erweiterte Auflage: 1845, Band 3, S. 502–503.

61 *Plantes équinoxiales,* 2 Bände, Paris: F. Schoell/Tübingen: J. G. Cotta [1805–] 1808, Paris: F. Schoell 1809 [1808–1817], Tafel 1.

62 Zur Bedeutung von Humboldts Kollegen und Mitarbeitern vgl. Lack, *Alexander von Humboldt und die botanische Erforschung Amerikas,* a. a. O.

63 Vgl. *Das graphische Gesamtwerk,* a. a. O., S. 17–18, 61.

64 Vgl. Benigno Trigo, «Walking Backward to the Future: Time, Travel, and Race», in: *Subjects of Crisis. Race and Gender as Disease in Latin America,* Hanover/London: Wesleyan University Press 2000, S. 16–46 (Anmerkungen: S. 130–135).

65 Alexander von Humboldt, *Vues des Cordillères et monumens des peuples indigènes de l'Amérique*, Paris: F. Schoell 1810 [–1813], S. 18. Deutsche Ausgabe: *Ansichten der Kordilleren und Monumente der eingeborenen Völker Amerikas,* übersetzt von Claudia Kalscheuer, herausgegeben von Oliver Lubrich und Ottmar Ette, Frankfurt: Die Andere Bibliothek 2004, S. 38–39.

66 «Von Hr. von Humboldt d. d. 10. Jan. 1792. Freiberg», in: *Annalen der Botanick* 1:3 (1792), S. 236–239, hier: S. 237.

67 Alexander von Humboldt, «Ueber zwei Versuche den Chimborazo zu besteigen», in: *Jahrbuch für 1837* (1837), S. 176–206. Vgl. Alexander von Humboldt, *Ueber einen Versuch den Gipfel des Chimborazo zu ersteigen,* herausgegeben von Oliver Lubrich und Ottmar Ette, Berlin: Eichborn 2006.

68 Alexander von Humboldt, «Ueber einen Versuch den Gipfel des Chimborazo zu ersteigen», in: *Kleinere Schriften. Erster Band. Geognostische und physikalische Erinnerungen. Mit einem Atlas, enthaltend Umrisse von Vulkanen aus den Cordilleren von Quito und Mexico,* Stuttgart/Tübingen: Cotta 1853, S. 133–174.

69 Ebda., S. 154.

70 Ebda., S. 152.

71 Ebda., S. 152.

72 Ebda., S. 152–153.

73 Ebda., S. 152.

74 Ebda., S. 142.

75 Ebda., S. 142.

76 Ebda., S. 141–142.

77 Vgl. Alexander von Humboldt, *Schriften zur Geographie der Pflanzen,* herausgegeben von Hanno Beck, Darmstadt: Wissenschaftliche Buchgesellschaft 1989 («Studienausgabe», Band 1), S. 35–36.

78 Alexander von Humboldt, «Geschichte der Pflanzen (Der Vierwaldstätter See) Naturgemälde», Staatsbibliothek zu Berlin, Nachl. Alexander von Humboldt, gr. Kasten 11, Nr. 125 («Parallelismus der Schichten», Bl. 9 r). Mit Dank an Dominik Erdmann, Berlin.

79 «Der älteste bis jetzt bekannt gewordene Entwurf einer ‹Geschichte der Pflanzen› und eines ‹Naturgemäldes› (1795)», in: Humboldt, *Schriften zur Geographie der Pflanzen,* a. a. O., S. 36–37; Kommentar: S. 292–293. Vgl. Hanno Beck, «Alexander von Humboldt über den Vierwaldstättersee», in: *Du* 15:10 (1955), S. 33. – Datierungen in der Handschrift lassen allerdings darauf schließen, dass Humboldt diese erst 1799 verfasst hat: «geschrieben in Spanien Mai 1799» (Deckblatt), «geschrieben in Spanien auf Reise von Madrid nach Coruña 1799», «Villafranca im Kön[igreich] Leon Mai 99» (Bl. 6 r), «le 26 Mai 99» (Bl. 7 r).

80 Ausstellung «Botanik in Bewegung – Humboldts Expeditionen», Botanischer Garten Bern, 2018.

81 Vgl. Oliver Lubrich, «Andine Alpen. Alexander von Humboldt und die Schweiz», in: *Abhandlungen der Humboldt-Gesellschaft* 41 (2018), S. 99–123.

82 Alexander von Humboldt, Brief an Wilhelm Gabriel Wegener vom 25. Februar 1789, in: *Die Jugendbriefe Alexander von Humboldts,* herausgegeben von Ilse Jahn und Fritz G. Lange, Berlin (DDR): Akademie 1973, S. 41.

83 Alexander von Humboldt, *Relation historique du Voyage aux régions équinoxiales du Nouveau Continent,* 3 Bände, Paris: F. Schoell 1814[–1818], N. Maze 1819[–1821], J. Smith y Gide fils 1825[–1831], Band 2, S. 620–621, Übersetzungen: Oliver Lubrich.

84 Ebda., Band 2, S. 551.

85 Ebda., Band 3, S. 42.

86 Ebda., Band 2, S. 672–673.

87 Alexander von Humboldt, «Über die Chinawälder in Südamerika», in: *Der Gesellschaft naturforschender Freunde zu Berlin Magazin für die neuesten Entdeckungen in der gesammten Naturkunde* 1 (1807), S. 57–68, S. 104–120.

88 Ebda., S. 60.

89 Ebda., S. 6[illegible].

90 Ebda., S. 107.

91 Daniel Kehlmann, *Die Vermessung der Welt*, Reinbek: Rowohlt 2005, S. 237.

92 Ebda., S. 177.

93 Alexander von Humboldt, *Reise auf dem Río Magdalena, durch die Anden und Mexico,* transkribiert von Gisela Lülfing und Margot Faak, übersetzt und herausgegeben von Margot Faak, 2 Bände, Berlin (DDR): Akademie 1986 und 1990, Band 2 (Übersetzungen, Anmerkungen, Register), S. 56.

94 Alexander von Humboldt, *Briefe aus Amerika 1799–1804*, herausgegeben von Ulrike Moheit, Berlin: Akademie 1993, S. 310.

95 Zitat frei überliefert, nach: *Goethes Unterhaltungen mit dem Kanzler Friedrich v. Müller*, herausgegeben von C. A. H. Burkhardt, Stuttgart: J. G. Cotta 1870, S. 101 (28. Mai 1825).

96 Alexander von Humboldt, *Plantes équinoxiales, recueillies Au Mexique, dans l'île de Cuba, dans les provinces de Caracas, de Cumana et de Barcelone; aux Andes de la Nouvelle-Grenade, de Quito et du Pérou, et sur les bords du Rio-Negro, de l'Orénoque et de la rivière des Amazones*, 2 Bände, Paris: F. Schoell / Tübingen: J. G. Cotta [1805–] 1808, Paris: F. Schoell 1809 [1808–1817].

97 *Essai sur la géographie des plantes, accompagné d'un tableau physique des régions équinoxiales, Fondé sur des mesures exécutées, depuis le dixième degré de latitude boréale jusqu'au dixième degré de latitude australe, pendant les années 1799, 1800, 1801, 1802 et 1803. Avec une planche*, Paris: Fr. Schoell / Tübingen: J. G. Cotta 1807.

98 *Plantes équinoxiales, recueillies au Mexique, dans l'île de Cuba, dans les provinces de Caracas, de Cumana et de Barcelone; aux Andes de la Nouvelle-Grenade, de Quito et du Pérou, et sur les bords du Rio-Negro, de l'Orénoque et de la rivière des Amazones*, 2 Bände, Paris: F. Schoell/Tübingen: J.G. Cotta [1805–] 1808, Paris: F. Schoell 1809 [1808–1817].

99 *Monographie des Melastomacées, comprenant Toutes les Plantes de cet ordre recueillies jusqu'à ce jour, et notamment au Mexique, dans l'île de Cuba, dans les provinces de Caracas, de Cumana et de Barcelone, aux Andes de la Nouvelle-Grenade, de Quito et du Pérou, et sur les bords du Rio-Negro, de l'Orénoque et de la rivière des Amazones*, 2 Bände, Band 1: *Melastomes*, Band 2: *Rhexies*, Paris: Librairie grecque-latine-allemande [1806–] 1816, Gide fils [1806–] 1823.

100 *Nova genera et species plantarum quas in peregrinatione orbis novi collegerunt, descripserunt, partim adumbraverunt Amat. Bonpland et Alex. de Humboldt. Ex schedis autographis Amati Bonplandi in ordinem digessit Carol. Sigismund. Kunth. Accedunt tabulæ æri incisæ, et Alexandri de Humboldt notationes ad geographiam plantarum spectantes*, 7 Bände, Paris: Librairie grecque-latine-allemande 1815 [1816], 1817 [–1818], 1818 [–1820], N. Maze 1820, 1821 [–1823], Gide fils 1823 [–1824], 1825 [1824–1826] (in Band 7 veränderter Titel: [...] *in peregrinatione ad plagam aequinoctialem orbis novis* [...].)

101 *De distributione geographica plantarum secundum coeli temperiem et altitudinem montium, prolegomena*, Paris: Librairie grecque-latine-allemande 1817.

102 [Von Kunth, mit Beiträgen von Humboldt:] *Synopsis plantarum, quas, in itinere ad plagam aequinoctialem orbis novi, collegerunt Al. de Humboldt et Am. Bonpland. Auctore Carolo Sigism. Kunth*, 4 Bände, Paris: F. G. Levrault 1822 [–1826].

103 *Mimoses et autres plantes légumineuses du Nouveau Continent, recueillies par MM. de Humboldt et Bonpland, décrites et publiées par Charles-Sigismond Kunth. Avec figures coloriées*, Paris: Librairie grecque-latine-allemande 1819 [–1824].

104 *Révision des Graminées publiées dans les Nova genera et species plantarum de Humboldt et Bonpland; précedée d'un travail général sur la famille des Graminées; par Charles-Sigismond Kunth. Dédié au Roi*, 3 Bände, Band 1: *Ouvrage accompagné de cent planches coloriées d'après les dessins de Madame Eulalie Delile*, Paris: Gide Fils 1829 [–1830]; Band 2: *Supplément accompagné de cent planches coloriées d'après les dessins de Madame Eulalie Delile*, Paris: Gide fils 1829 [1830–1832]; Band 3: *Troisième et dernière partie, accompagné de vingt planches coloriées d'après les dessins de Madame Eulalie Delile*, Paris: Gide 1829 [1834].

105 Vgl. Oliver Lubrich, «Humboldts Bilder: Naturwissenschaft, Anthropologie, Kunst», in: Alexander von Humboldt, *Das graphische Gesamtwerk*, herausgegeben von Oliver Lubrich, Darmstadt: Lambert Schneider 2014, S. 7–28, hier: S. 14–16 («Pflanzen und Tiere»).

106 Ausstellung «Botanik in Bewegung – Humboldts Expeditionen», Botanischer Garten Bern, 2018.

107 Alexander von Humboldt, *Essai sur la géographie des plantes*, Paris: Fr. Schoell/Tübingen: J.G. Cotta 1807; *Ideen zu einer Geographie der Pflanzen*, Tübingen: J. G. Cotta 1807.

108 *Essai sur la géographie des plantes*, a. a. O., S. 13.

109 *Ideen zu einer Geographie der Pflanzen*, a. a. O., S. 2.

110 Ebda., S. 23–24.

111 Vgl. Wolf Lepenies, *Das Ende der Naturgeschichte*, Frankfurt: Suhrkamp 1986.

112 *Ideen zu einer Geographie der Pflanzen*, a. a. O., S. II.

113 Hans Magnus Enzensberger, «A. v. H. (1769–1859)», a. a. O.

114 Vgl. Lubrich, «Humboldts Bilder», a. a. O., S. 21–24 («Diagramme»).

115 Michael Foucault, *Les mots et les choses: une archéologie des sciences humaines*, Paris: Gallimard 1966.

116 Den Begriff ‹Ökologie› definierte zuerst Ernst Haeckel im Jahr 1866: Ernst Haeckel, *Generelle Morphologie der Organismen. Allgemeine Grundzüge der organischen Formen-Wissenschaft, mechanisch begründet durch die von Charles Darwin reformirte Descendenz-Theorie*, 2 Bände, Berlin: Georg Reimer 1866, Band 2, S. 286. Vgl. Walther May, *Goethe – Humboldt – Darwin – Haeckel*, Berlin: Enno Quehl 1904. Zu Humboldts Einfluss auf Haeckel vgl. Andrea Wulf, *The Invention of Nature: Alexander von Humboldt's New World*, New York: Knopf 2015, Kapitel 22: «Art, Ecology and Nature. Ernst Haeckel and Humboldt», S. 298–314.

117 Günter Herburger, «Einführung», in: *Humboldt, Reise-Novellen*, München A1 100, S. 5–6, hier: S. 5.

118 Günter Herburger, «Humboldt», ebda., S. 7–22, hier: S. 11.

119 Johann Wolfgang von Goethe, «Höhen der alten und neuen Welt bildlich verglichen. Ein Tableau vom Hrn. Geh. Rath v. Göthe mit einem Schreiben an den Herausgeber», in: *Allgemeine Geographische Ephemeriden* 41 (15. Mai 1813), S. 3–8; vgl. «Höhen der alten und neuen Welt», in: *Johann Wolfgang Goethe. Zeichnungen*, herausgegeben von Petra Maisak, Stuttgart: Reclam 1996, S. 215; «Esquisse des principales hauteurs des deux continens», ebda., S. 216.

120 Johann Wolfgang von Goethe, *Tag- und Jahreshefte 1807*, in: *Goethes Werke*, Band 36, Weimar: Hermann Böhlau 1893, S. 9.

121 Johann Wolfgang von Goethe, Brief an Humboldt vom 3. April 1807, in: *Goethes Werke*, Band 19, Weimar: Hermann Böhlaus Nachfolger 1895, S. 297.

122 Goethe, «Höhen der alten und neuen Welt bildlich verglichen», a. a. O., S. 5.

123 «Geographiæ plantarum lineamenta», in: Alexander von Humboldt, *Nova genera et species plantarum*, 7 Bände, Paris: Librairie grecque-latine-allemande 1815–182[6], Band 1, Frontispiz (1816).

124 «Voyage vers la cime du Chimborazo, tenté le 23 Juin 1802», in: Alexander von Humboldt, *Atlas géographique et physique des régions équinoxiales du Nouveau Continent*, Paris: F. Schoell 1814 [–1838], Tafel 9 (1825).

125 Germaine de Staël, *Considérations sur les principaux événements de la Révolution françoise*, 3 Bände, Paris: Delaunay, Bossange & Masson 1818, Band 3, S. 389–391.

126 «Briefe von Alexander v. Humboldt», in: Max Hoffmann, *August Böckh. Lebensbeschreibung und Auswahl aus seinem wissenschaftlichen Briefwechsel*, Leipzig: B. G. Teubner 1901, S. 411–454, hier: S. 418 (Brief ca. 1840).

127 Adjutant Jermoloff über Ehrenbergs botanische Feldforschung, zitiert nach: Georg Schmid, «Zu Alexander von Humboldts Reise in Rußland. Nach russischen Quellen mitgeteilt», in: *Baltische Monatsschrift* 70 (1910), S. 249– 262, hier: S. 255–256.

128 Fotografisch dokumentiert in: Alexander von Humboldt, *Zentral-Asien,* herausgegeben von Oliver Lubrich, Frankfurt: S. Fischer 2009, S. B5–B8 (Moose aus dem Reiseherbarium Christian Gottfried Ehrenbergs).

129 *Briefe Alexander von Humboldts an seinen Bruder Wilhelm*, herausgegeben von der Familie von Humboldt in Ottmachau, Berlin: Verlag der Gesellschaft deutscher Literaturfreunde [1923], S. 190.

130 Ebda., S. 191.

131 Alexander von Humboldt, Brief an Wilhelm Gabriel Wegener vom 25. Februar 1789, in: *Die Jugendbriefe Alexander von Humboldts*, herausgegeben von Ilse Jahn und Fritz G. Lange, Berlin (DDR): Akademie 1973, S. 41.

132 Alexander von Humboldt, Brief an Varnhagen von Ense, Berlin, 24. Oktober 1834, in: *Briefe von Alexander von Humboldt an Varnhagen von Ense aus den Jahren 1827 bis 1858. Nebst Auszügen aus Varnhagen und Andern an Humboldt,* Leipzig: F. A. Brockhaus 1860, S. 20.

133 *Kosmos*, a. a. O., Band 1, S. 5–6.

134 Alexander von Humboldt, *Der Andere Kosmos. 70 Texte, 70 Orte, 70 Jahre*, herausgegeben von Oliver Lubrich und Thomas Nehrlich, München: dtv 2019; *Sämtliche Schriften*, 10 Bände, herausgegeben von Oliver Lubrich und Thomas Nehrlich, München: dtv 2019.

135 *Kosmos*, a. a. O., Band 1, S. 366–375.

136 Heinrich Berghaus, *Physikalischer Atlas*, 2 Bände, Gotha: Justus Perthes 1845/1848; herausgegeben von Ottmar Ette und Oliver Lubrich, Frankfurt: Die Andere Bibliothek 2004.

137 Oliver Lubrich, «Spaltenkunde. Alexander von Humboldts ungeschriebenes Programm», in: *Ungeschriebene Werke. Wozu Goethe, Flaubert, Jandl und all die anderen nicht gekommen sind*, herausgegeben von Martin Mittelmeier, München: Luchterhand 2006, S. 39–54.

138 César Aira, *Humboldts Schatten*, *Novelle*, übersetzt von Matthias Strobel, München/Wien: Nagel & Kimche 2003, S. 9–12, hier: S. 12.

139 Vgl. Oliver Lubrich, «Humboldts Bilder: Naturwissenschaft, Anthropologie, Kunst», a. a. O., hier: S. 16–18 («Landschaften»).

140 Sigrid Achenbach, *Kunst um Humboldt. Reisestudien aus Mittel- und Südamerika von Rugendas, Bellermann und Hildebrandt* (Ausstellungskatalog), München: Hirmer 2009; vgl. Pablo Diener, «Humboldt und die Kunst», in: *Alexander von Humboldt – Netzwerke des Wissens* (Ausstellungskatalog), Bonn: Kunst- und Ausstellungshalle der Bundesrepublik Deutschland 1999, S. 136–153; ders., «Die reisenden Künstler und die Landschaftsmalerei in Iberoamerika», in: *Expedition Kunst. Die Entdeckung der Natur von C. D. Friedrich bis Humboldt* (Ausstellungskatalog), Hamburg/München: Dölling und Galitz 2002, S. 47–55; Jean-Paul Duviols, «La escuela artística de Alexander von Humboldt», in: *Artes de México* 31 [ohne Jahr], S. 16–23; Renate Löschner, *Lateinamerikanische Landschaftsdarstellungen der Maler aus dem Umkreis von Alexander von Humboldt* [Dissertation], TU Berlin 1976; dies., «Die Amerikaillustration unter dem Einfluß Alexander von Humboldts», in: *Alexander von Humboldt. Leben und Werk*, herausgegeben von Wolfgang-Hagen Hein, Frankfurt: Weisbecker 1985, S. 283–300; Miguel Rojas-Mix, «Die Bedeutung Alexander von Humboldts für die künstlerische Darstellung Lateinamerikas», in: *Alexander von Humboldt. Werk und Weltgeltung*, herausgegeben von Heinrich Pfeiffer, München: R. Piper 1969, S. 97–130.

141 Frederic Edwin Church, «Letter, Bogotá, 7 July 1853», in: *Transatlantic Echoes. Alexander von Humboldt in World Literature*, herausgegeben von Rex Clark und Oliver Lubrich, New York/Oxford: Berghahn Books 2012, S. 137–140; vgl. Frank Baron, «From Alexander von Humboldt to Frederic Edwin Church: Voyages of Scientific Exploration and Creativity», in: *Humboldt im Netz* 6:10 (2005), 23 Seiten.

142 Ferdinand Bellermann, ‹Die Guácharo-Höhle› (1843), in: Sigrid Achenbach, *Kunst um Humboldt. Reisestudien aus Mittel- und Südamerika von Rugendas, Bellermann und Hildebrandt*, München: Hirmer 2009, S. 148; vgl. Klaus Haese, «Heroischer Norden und exotischer Süden. Der Maler Ferdinand Bellermann zwischen Rügen und Venezuela», in: *Die Welt im Großen und im Kleinen. Kunst und Wissenschaft im Umkreis von Alexander von Humboldt und August Ludwig Most*, herausgegeben von Gerd-Helge Vogel, Berlin: Lukas 2009, S. 96–108.

143 Humboldt, *Relation historique*, a. a. O., Band 1, S. 409–431, hier: S. 421–422.

144 Hannelore Gärtner, «Eduard Hildebrandt (1818–1868). Ein preußischer Maler in Brasilien», in: *Die Welt im Großen und im Kleinen. Kunst und Wissenschaft im Umkreis von Alexander von Humboldt und August Ludwig Most*, herausgegeben von Gerd-Helge Vogel, Berlin: Lukas 2009, S. 133–143.

145 Johann Moritz Rugendas, *Voyage pittoresque dans le Brésil*, 2 Bände, Paris: Engelmann 1827/1835; vgl. Helga von Kügelgen, «Pflanzenformen aus der ‹Physiognomie der Natur› als Programm für den Landschaftsmaler. Ein Brief Humboldts an Schinkel für Rugendas», in: *Alexander von Humboldt – Netzwerke des Wissens* (Ausstellungskatalog), Bonn: Kunst- und Ausstellungshalle der Bundesrepublik Deutschland 1999, S. 154–155; Nana Badenberg, «Sehnsucht nach den Tropen. Wissenschaft, Poesie und Imagination bei Humboldt und Rugendas», in: *kultuRRevolution* 23 (1990), S. 53–64.

146 César Aira, *Un episodio en la vida del pintor viajero*, Rosario: Beatriz Viterbo 2000, S. 10–12; deutsch: *Humboldts Schatten. Novelle*, übersetzt von Matthias Strobel, München/Wien: Nagel & Kimche 2003, S. 9–12, hier: S. 10.

147 César Aira, *Un episodio en la vida del pintor viajero*, a. a. O., S. 9–12, hier: S. 10.

148 Dornith Doherty, «*Rio Grande: Verbranntes Wasser*», mit einem Text von Sara-Jane Parsons, in: *Du* 866 (Mai 2016, «Grosse Expeditionen – Auf den Spuren von Alexander von Humboldt»), S. 50–59 (und Titelseite).

149 Andrés Fischer, «Frailejones», Bern 2018.

150 Humboldt, *Kosmos*, a. a. O., Band 2, S. 93–94.

151 Vgl. Lubrich, «Humboldts Bilder», a. a. O., S. 19–21.

150 Yadegar Asisi, *Amazonien*, Panorama, Leipzig 2009–2012, www.asisi.de.

153 Achim von Arnim, *Der Wintergarten*, Berlin: Realschulbuchhandlung 1809, S. 481–485.

154 Mary Louise Pratt, «Humboldt and the Reinvention of America», in: *Amerindian Images and the Legacy of Columbus*, herausgegeben von René Jara und Nicholas Spadaccini, Minneapolis: University of Minnesota Press 1992, S. 584–606, hier: S. 589.

155 Eduardo Galeano, *Las venas abiertas de América Latina*, Méxido: Siglo XXI 1971, S. 92. («*Cuanto más codiciado por el*

mercado mundial, mayor es la desgracia que un producto trae consigo al pueblo latinoamericano que, con su sacrificio, lo crea.»)

156 Eduardo Galeano, *Memoria del fuego*, 3 Bände, 1982, 1984, 1986, Band 2: *Las caras y las máscaras*, México: Siglo XXI 1984, S. 265.

157 Eduardo Galeano, *Erinnerung an das Feuer*, übersetzt von Monika López, Wuppertal: Peter Hammer 1983, 1986, 1988, Gesamtausgabe 2004, S. 275.

158 Juan A. Ortega y Medina, «Estudio preliminar», in: Alexander von Humboldt, *Ensayo político sobre el Reino de la Nueva España*, übersetzt von Vicente González Arnao, herausgegeben von Juan A. Ortega y Medina, México: Porrúa 1966, S. IX–LIII.

159 Mary Louise Pratt, «Humboldt and the Reinvention of America», in: *Amerindian Images and the Legacy of Columbus*, herausgegeben von René Jara und Nicholas Spadaccini, Minneapolis/London: University of Minnesota Press 1992, S. 584–606.

160 Alexander von Humboldt, «Ueber die gereitzte Muskelfaser», in: *Neues Journal der Physik* 2:2 (1795), S. 115–129.

161 Alexander von Humboldt, «Jagd und Kampf der electrischen Aale mit Pferden», in: *Annalen der Physik* 25:1 (1807), S. 34–43.

162 Kenneth C. Catania, «Leaping eels electrify threats, supporting Humboldt's account of a battle with horses», in: PNAS 113:25 (2016), S. 6979–6984.

163 Humboldt, *Relation historique*, a. a. O., Band 2, S. 599.

164 Johann Peter Eckermann, *Gespräche mit Goethe in den letzten Jahren seines Lebens*, herausgegeben von Otto Schönberger, Stuttgart: Reclam 1994, S. 613–614.

165 Humboldt, *Kosmos*, a. a. O., Band 2 (1847), S. 98.

166 Field Museum of Natural History, Chicago, «Berlin Negatives».

167 Humboldt, «Briefe des Herrn Oberbergraths von Humboldts», in: *Neue Berlinische Monatschrift* 10 (Oktober 1803), S. 242–272, hier: S. 269 f.

168 Johann Wolfgang von Goethe, *Die Wahlverwandtschaften. Ein Roman*, 2 Bände, Tübingen: J. G. Cotta 1809, Band 2, S. 150.

169 Schokoladenwerbung von Chocolat Poulain («Goûtez et comparez – qualité sans rivale»). (Abgebildet auf der Umschlagrückseite von Alexander von Humboldt, *Ueber einen Versuch den Gipfel des Chimborazo zu ersteigen*, herausgegeben von Oliver Lubrich und Ottmar Ette, Berlin: Eichborn Berlin 2006.)

170 «Baron von Humboldt» *Cigarette Card*, von F. & J. Smith's Cigarettes, aus der Reihe «Famous Explorers». (Digital Collections der New York Public Library.)

171 «Humboldts Secret», www.humboldtssecret.com.

172 The Pharcyde, «Humboldt Beginnings», 2004.

173 Humboldt wird gespielt von Jan Josef Liefers, Christian Vadim, Albrecht Schuch und Werner Herzog.

174 Alexander von Humboldt, Brief an Wilhelm Gabriel Wegener vom 27. März 1789, in: *Die Jugendbriefe Alexander von Humboldts*, herausgegeben von Ilse Jahn und Fritz G. Lange, Berlin (DDR): Akademie 1973, S. 48.

175 Insgesamt rund 300 Pflanzen sind nach Humboldt benannt: *Lilium humboldtii*, *Seticereus humboldtii*, *Fucus humboldtii*, *Quercus humboldtii* und viele andere.

176 Vgl. *Das Graphische Gesamtwerk*, a. a. O., S. 331, 347.

177 *Kosmos*, a. a. O., Band 2, S. 398–399.

178 Johann Wolfgang von Goethe, Besprechung von Humboldts Vortrag «Ideen zu einer Physiognomik der Gewächse» an der Akademie der Wissenschaften in Berlin vom 30. Januar 1806, in: *Jenaische Allgemeine Literatur-Zeitung*, 14. März 1806, Sp. 489–492, hier: Sp. 489.

179 *Kosmos*, a. a. O., Band 2, S. 398–399.

180 Alexander von Humboldt, *Reise auf dem Río Magdalena, durch die Anden und Mexico*, transkribiert von Gisela Lülfing und Margot Faak, übersetzt und herausgegeben von Margot Faak, 2 Bände, Berlin (DDR): Akademie 1986/1990, Band 1, S. 358.

181 Vgl. Ottmar Ette, *Weltbewußtsein. Alexander von Humboldt und das unvollendete Projekt einer anderen Moderne*, Weilerswist: Velbrück 2002.

182 Vgl. Mary Louise Pratt, «Alexander von Humboldt and the reinvention of América», in: *Imperial Eyes. Travel Writing and Transculturation*, London/New York: Routledge 1992, S. 111–143.

183 Vgl. Aaron Sachs, *The Humboldt Current. Nineteenth-Century Exploration and the Roots of American Environmentalism*, New York: Viking 2006; Sabine Wilke, «Alexander von Humboldt's *Ansichten der Natur* and the Colonial Roots of Nature Writing», in: *Postcolonial Green. Environmental Politics & World Narratives*, herausgegeben von Bonnie Roos und Alex Hunt, Charlottesville/London: University of Virginia Press 2011, S. 197–212; Andrea Wulf, *The Invention of Nature*, a. a. O.

ABBILDUNGSVERZEICHNIS

S. 2: Ausschnitt aus: *Geographie der Pflanzen in den Tropen-Ländern; ein Naturgemälde der Anden*, in: Alexander von Humboldt, *Ideen zu einer Geographie der Pflanzen nebst einem Naturgemälde der Tropenländer*, Paris: Schoell/Tübingen: J. G. Cotta 1807. S. 7: *Rhinocarpus excelsus*, in: Alexander von Humboldt, *Nova genera et species plantarum*, Band 7, 1824, Tafel 601, © Fines Mundi. S. 9: Fritz Hanemann, *Karte zur Übersicht von A. v. Humboldt's Reisen in der Alten und Neuen Welt 1799–1829*, in: *Mittheilungen aus Justus Perthes' Geographischer Anstalt über wichtige neue Erforschungen auf dem Gesammtgebiete der Geographie*, Band 15, 1869, Tafel 16 (S. 342). S. 13: *Tournefortia fuliginosa*, in: Alexander von Humboldt, *Nova genera et species plantarum*, Band 3, 1818, Tafel 203, © Fines Mundi. S. 16: Johann Poppel, *Humboldt im Park von Schloß Tegel*, Stahlstich, um 1850, public domain. S. 17: Schloss Tegel, Fotografie Adrian Möhl. S. 18: Ignaz Urban, *Plan des Königl. Botanischen Gartens zu Berlin*, in: *Jahrbuch des Königlichen Botanischen Gartens und Botanischen Museums Berlin*, Band 1, 1881, Tafel 2 (Anhang zu Seite 66), © Bibliothek und Archiv des Botanischen Gartens und Botanischen Museums Berlin, Freie Universität Berlin. S. 19: *Le Dragonnier de l'Orotava*, in: Alexander von Humboldt, *Vues des Cordillères*, 1813, Tafel 69, Universität Bern, Fotografie Hans Grunert. S. 20: Faksimile von: Alexander von Humboldt, «Sur le Bohon-Upas», in: *Gazette littéraire de Berlin*, 1270 (5. Januar 1789), S. 4, Universität Bern, Fotografie Hans Grunert. S. 23: © Yale University, Harvey Cushing/John Hay Whitney Medical Library. S. 24: Sophie Ulliac-Trémadeure, *Boom-upaa*, Skizze, in: Dies., *Entretiens familiers sur l'histoire naturelle des végétaux*, Paris: Didier 1838, Tafel 6 (Anhang zu S. 140), public domain. S. 25: Karl Ludwig Blume, *Antiaris toxicaria*, in: Ders., *Rumphia, sive, Commentationes botanicæ imprimis de plantis Indiæ Orientalis*, Band 1, 1835, Tafel 23, public domain. S. 26 alle: Fotografien Katja Rembold. S. 29: Faksimile von: Alexander von Humboldt, «Plantas subterraneas descripsit», in: *Annalen der Botanick*, 1, 1792 (S. 53), Universität Bern, Fotografie Hans Grunert. S. 30: Historische Ansicht Freiberg, Akademiestraße 6, © Universitätsbibliothek der Technischen Universität Bergakademie Freiberg. S. 31: Friedrich Wilhelm Wagner, *Grund Riß des Churfürstl. Alten tiefen Fürsten Alten Thurmhofer Hülfs und Neuen tiefen Fürsten Stollns ingl. Des Tiefen Fürsten Stollns in Emanuel Churfürst Johann Georgen und des Thelersberger Stollns. Zusammengetragen aus mehreren Charten. (copiert von G. A. Garbe (1804)*, Freiberg 1802, aus dem Werner-Nachlass, © Universitätsbibliothek der Technischen Universität Bergakademie Freiberg. S. 32: *Ceratosphora fribergensis*, in: Alexander von Humboldt, *Florae Fribergensis Specimen*, 1793, Tafel 1, Universität Bern, Fotografie Hans Grunert. S. 33: *9. Bolet. botryites. 10. Byssus digitata. 11. Bolet. corralinus. 12. Bol. venosus. 13. Peziza cryptophila. 14. Bolet. filamentosus. 15. Bolet. paradoxus.*, in: Alexander von Humboldt, *Florae Fribergensis Specimen*, 1793, Tafel 3, Universität Bern, Fotografie Hans Grunert. S. 35: Grafik Pool Design, © Haupt Verlag. S. 37: Links: *16. Lich. verticillatus. 17. Byssus clavata. 18. Byssus speciosa. 19. Bolet. striatus.*, in: Alexander von Humboldt, *Florae Fribergensis Specimen*, 1793, Tafel 4, Universität Bern, Fotografie Hans Grunert. Rechts: *2. Lych. parietinus. var. prolifera. 3. Tremella lycoperdoides. 4. Lich. pinnatus. 5. Bol. versicolor. var. stipitata. 6. Cladonia rubra. 7. Byssus plumosa. 8. Bolets fodinalis*, in: Alexander von Humboldt, *Florae Fribergensis Specimen*, 1793, Tafel 2, Universität Bern, Fotografie Hans Grunert. S. 39: beide Fotografien Max Danz. S. 41: Nicolas Jean-Baptiste Raguenet, *A View of Paris with the Ile de la Cité*, Öl auf Leinwand, 1763, J. P. Getty Museum, Los Angeles, public domain. S. 42: August Diezmann, *Goethe und die Brüder von Humboldt bei Schiller (Bilder aus dem Leben deutscher Dichter)*, Holzschnitt, in: *Die Gartenlaube*, Heft 15, 1860 (S. 229), public domain. S. 43: The Royal Armoury Sweden, Wikimedia Commons (CC-BY-SA-3.0). S. 44: R. Hoffmann, *Aimé Bonpland*, Zeichnung, 1857, in: Eduardo Röhl, *Exploradores famosos de la naturaleza venezolana*, Caracas 1948, (S. 31). S. 45: Briefmarke *Aimée Bonpland*, © Gerencia de Relaciones Institucionales del Correo Argentino. S. 46: Friedrich Georg Weitsch, *Alexander von Humboldt und Aimé Bonpland im Tal von Tapia am Fuß des Vulkans Chimborazo*, Öl auf Leinwand, 1810, public domain. S. 49: *Bonplandia trifoliata*, in: Alexander von Humboldt, *Plantes* équinoxiales, Band 2, 1812, Tafel 97, © Fines Mundi. S. 53: *Salvia tortuosa*, in: Alexander von Humboldt, *Nova genera et species plantarum*, 1817, Band 2, Tafel 142, © Fines Mundi. S. 55: Merciers Illustration zu: Alexander von Humboldt, *Le Dragonier d'Orotava*, in: *La Belgique Horticole*, Band 2, 1852 (S. 80). S. 56: La Ville de Laguna, aus: Jules Dumont d'Urville, *Voyage au Pôle Sud et dans l'Océanie sur les corvettes L'Astrolabe et La Zélée*, Paris: Gide 1846, public domain. S. 59: Johann Carl Ausfeld: *Umrisse der Pflanzengeographie*, in: *Dr. Heinrich Berghaus' Physikalischer Atlas oder Sammlung von Karten, auf denen die hauptsachlichsten Erscheinungen der anorganischen und organischen Natur nach ihrer geographischen Verbreitung und Vertheilung bildlich dargestellt sind*, Gotha: Justus Perthes, 1845, Abteilung 5, Tafel 1, Universität Bern, Fotografie Hans Grunert. S. 60: Fotografie Adrian Möhl. S. 62: Fotografie Adrian Möhl. S. 63: Ausschnitt aus: *Le Dragonnier de l'Orotava*, in: Alexander von Humboldt, *Vues des Cordillères*, 1813, Tafel 69, Universität Bern, Fotografie Hans Grunert. S. 64–65: beide Fotografien Adrian Möhl. S. 68: Eduard Ender, *Humboldt und Bonpland am Orinoco*, Öl auf Leinwand, 1870, © akg-images, Berlin. S. 69: Oben links: *Trichoceros antennifer*, Zeichnung von Alexander von Humboldt, 1802, © The Board of Trustees of the Royal Botanic Gardens, Kew. Oben rechts: *Escallonia pendula*, Zeichnung von Alexander von Humboldt, in: *Impressions naturelles de plantes du voyage de MM. Humboldt et Bompland en Amérique latine*, © Bibliothèque de l'Institut de France, Paris. Unten links: *Journal botanique*, Zeichnungen von Alexander von Humboldt, 1799–1804, © Muséum national d'Histoire naturelle, Paris. Unten rechts: *Ibatia cumanensis* (Willd. Ex. Schult.), Morillo, *Apocynaceae*, erhalten gebliebenes Blatt von Alexander von

Humboldt aus dem Berliner Generalherbar, © Herbarium, Botanisches Museum Berlin, Freie Universität Berlin. S. 70: *Anguloa superba*, in: Alexander von Humboldt, *Nova genera et species plantarum*, Band 1, 1816, Tafel 93, © Fines Mundi. S. 71: Oben: *Limnocharis emarginata*, in: Alexander von Humboldt, *Plantes* équinoxiales, Band 1, 1807, Tafel 34, © Fines Mundi. Unten: *Restrepia antennifera*, in: Alexander von Humboldt, *Nova genera et species plantarum*, Band 1, 1816, Tafel 94, © Fines Mundi. S. 72: Alexander von Humboldt, *Al. v. Humboldts nächtliche Scene am Orinoco*, Skizze, gehörend zu: Alexander von Humboldt, «Auszüge aus einigen Briefen des Frhrn. Alex. v. Humboldt an den Herausgeber», in: *Allgemeine Geographische Ephemeriden*, Band 22, 1807, Universität Bern, Fotografie Hans Grunert. S. 74: Fotografie Adrian Möhl. S. 76: Friedrich Georg Weitsch, *Bildnis Alexander von Humboldt*, 1806, © bpk/Nationalgalerie zu Berlin. S. 77: Ausschnitte aus: Vgl. S. 76. S. 78: Links: *Rhexia speciosa*, in: Alexander von Humboldt, *Monographie des Melastomcées*, Band 2, 1806, Tafel 4, © Fines Mundi. Rechts: *Meriania speciosa*, Jardín Botánico de Bogotá, Colombia, Wikimedia Commons (emendura CC-BY-SA-4.0). S. 79 Links: Vgl. S. 49. *Bonplandia trifoliata*, in: Alexander von Humboldt, *Plantes* équinoxiales, Band 2, 1812, Tafel 97, © Fines Mundi. Rechts: © R. Hilgenhof & the Trustees of the Royal Botanic Gardens, Kew. S. 81: *Passage du Quindiu, dans la Cordillère des Andes*, in: Alexander von Humboldt, *Vues des Cordillères*, 1810, Tafel 5, Universität Bern, Fotografie Hans Grunert. S. 82: *Ceroxylon*, Zeichnung, aus dem Nachlass von Alexander von Humboldt, © bpk/Staatsbibliothek zu Berlin. S. 83: *Volcans d'air de Turbaco*, in: Alexander von Humboldt, *Vues des Cordillères*, 1812, Tafel 41, Universität Bern, Fotografie Hans Grunert. S. 84: Ausschnitt aus: Vgl. S. 81 *(Passage du Quindiu, dans la Cordillère des Andes)*. S. 85: Johann Friedrich Waldeck, *The artist carried in a sillero over the Chiapas from Palenque to Ocosingo, Mexico*, um 1833, Princeton Art Museum, public domain. S. 89: *Ceroxylum andicola*, in: Alexander von Humboldt, *Plantes équinoxiales*, Band 1, 1805, Tafel 1(a), © Fines Mundi. S. 90: Bearbeitung Pool Design. S. 92–93: alle Fotografien Adrian Möhl. S. 96: *Le Chimborazo vu depuis le Plateau de Tapia*, in: Alexander von Humboldt, *Vues des Cordillères*, 1811, Tafel 25, Universität Bern, Fotografie Hans Grunert. S. 97: Ausschnitt aus: Vgl. S. 96. *(Le Chimborazo vu depuis le Plateau de Tapia)*. S. 98: *Geschichte der Pflanzen (Der Vierwaldstätter See), Naturgemälde*, Manuskript, aus dem Nachlass Alexander von Humboldt, © bpk/Staatsbibliothek zu Berlin. S. 99: Oben: *Limite inférieure des Neiges perpétuelles à différentes Latitudes*, in: *Atlas géographique et physique des régions* équinoxiales *du Nouveau Continent*, 1814, Tafel 1, Universität Bern, Fotografie Hans Grunert. Unten: *Culminations-Punkte (höchste Gipfel) und mittlere Höhen (Kammhöhen) der Gebirgsketten von Europa, America und Asien*, in: *Umrisse von Vulkanen aus den Cordilleren von Quito und Mexico. Ein Beitrag zur Physiognomik der Natur*, Stuttgart/Tübingen: J. G. Cotta 1853, Tafel 12, Universität Bern, Fotografie Hans Grunert. S. 101: Fotografie Hans Grunert. S. 103: *Tableau physique des Iles Canaries. Géographie des Plantes du Pic de Ténériffe*, in: Alexander von Humboldt, *Atlas géographique et physique des régions* équinoxiales *du Nouveau Continent*, 1817, Tafel 2, Universität Bern, Fotografie Hans Grunert. S. 104: Oben: Fotografie Adrian Möhl. Unten: *A view of Mount Ararat from the Three Churches*, in: Joseph Pitton de Tournefort, *A voyage into the Levant*, 1718 (Anhang zu S. 248), public domain. S. 106–107: *Géographie des plantes* équinoxiales. *Tableau physique des Andes et Pays voisins*, in: Alexander von Humboldt, *Essai sur la géographie des plantes, accompagné d'un tableau physique des régions* équinoxiales, Universität Bern, Fotografie Hans Grunert. S. 109: Alexander von Humboldt, *Esquisse des Principales Hauteurs des Deux Continents*, 1813, *David Rumsey Historical Map Collection*, public domain. S. 111: *Radeau de la rivière de Guayaquil*, in: Alexander von Humboldt, *Vues des Cordillères*, 1813, Tafel 63, Universität Bern, Fotografie Hans Grunert. S. 113: Aus: Fernando Ortiz, *Contrapunteo cubano del tabaco y el azúcar*, Madrid, Cátedra1987 (S. 133). S. 115: *South American Indians preparing an arrow poison of curare*, © Wellcome Collection (CC-BY-4.0). S. 116: *Acacia peregrina Willd.*, in: Alexander von Humboldt, *Mimoses et autres plantes légumineuses du Nouveau Continent*, 1821, Tafel 30, © Fines Mundi. S. 117: Fotografie Adrian Möhl. S. 120: *Cinchona officinalis* (Gelber Chinarindenbaum), Wikimedia Commons (H. Zell CC-BY-SA-3.0). S. 121: *Quinine plant*, in: Robert Bentley, *Medical plants*, 1880, © Wellcome Collection (CC-BY-4.0). S. 123: *Carte de l'île de Cuba*, in: Alexander von Humboldt, *Essai politique sur l'île de Cuba*, Band 1, Paris: Gide fils 1826, Universität Bern, Fotografie Hans Grunert. S. 124: Elias Durnford, *A View of the city of Havana, taken from the road near Colonel Howe's battery*, veröffentlicht 1765 von Thomas Jefferys, London, public domain. S. 125: Links: Alexander von Humboldt, *Meteorologische Aufzeichnungen und Notizen o. D.*, aus dem Nachlass Alexander von Humboldt, SBB-PK Nachl. Alexander von Humboldt, gr. Kasten 1, Mappe 2, Nr. 11a Bl. 12r, © bpk/Staatsbibliothek zu Berlin. Rechts: Alexander von Humboldt, *Vorlesungsmanuskript zur Geographie der Pflanzen o. D.*, aus dem Nachlass Alexander von Humboldt, SBB-PK Nachl. Alexander von Humboldt, gr. Kasten 13, Nr. 29 Bl. 73r, © bpk/Staatsbibliothek zu Berlin. S. 128: Innen: Cyanometer von Horace Bénédict de Saussure, um 1789, Bibliothèque de Genève, Archives de Saussure 66/7, Stück 8, © Bibliothèque de Genève. Außen: Fotografien Adrian Möhl. S. 130: Ausschnitt von S. 76 (Friedrich Georg Weitsch, *Bildnis Alexander von Humboldt)*. S. 131: Ausschnitt von S. 68 (Eduard Ender, *Humboldt und Bonpland am Orinoco*). S. 132: Chronometer von Arnold and Son, um 1778, British Museum, London, Fotografie Regine Balmer. S. 133: Sextant von John Stancliffe, zwischen 1770 und 1800, Musée d'histoire des sciences naturelles, Genève/Wikimedia Commons (Rama CC-BY-SA-3.0). S. 135: *Calyplectus speciosus*, in: *Nova genera et species plantarum*, Tafel 548 (b). © Fines Mundi. S. 137: Nicolas-Jean-Baptise Raguenet, *Vue de l'île Saint Louis avec Notre-Dame de Paris*, 1752, public domain. S. 140: Montage der 1260 Pflanzen aus Humboldts *Voyage*, Universität Bern. S. 142–143: *Geographie der Pflanzen in den Tropen-Ländern; ein Naturgemälde der Anden*, in: Alexander von Humboldt, *Ideen zu einer Geographie der Pflanzen nebst einem Naturgemälde der Tropenländer*, Paris: Schoell/Tübingen: J. G. Cotta 1807. S. 145 oben: Alexander von Humboldt, *Geografía de las plantas cerca del Ecuador. Tabla física de los Andes y países vecinos, levantada sobre las observaciones y medidas tomadas en los lugares en 1799–1803, 1803*, Colección Museo Nacional de Colombia, reg 1204, © Museo Nacional de Colombia, Bogotá. Unten: Johann Wolfgang von Goethe, *Höhen der alten und neuen Welt bildlich verglichen. Ein Tableau vom Hrn. Geh. Rath v. Göthe mit einem Schreiben an den Herausgeber*, in: *Allgemeine Geographische Ephemeriden*, Band 41, Mai 1813, Reproduktion Tamara Ulrich, Bern. S. 146: Oben: *Geographiæ plantarum lineamenta*, in: *Nova genera et species plantarum*, 1816, Frontispiz, public domain. Unten: *Voyage vers la cime du Chimborazo*, in: *Atlas géographique et physique des régions* équinoxiales *du Nouveau Continent*, 1825, Tafel 9, Universität Bern, Fotografie Hans Grunert. S. 147: Joseph Pitton de Tournefort, 1656–1798, public domain. S. 149: Oben: Carl Linné, in: Sarah Knowles Bolton, *Famous Men of Science*, New York: Thomas Y. Crowell & Co., 1889, public domain. Unten: Carl Linné, *Systema Naturae*, 1735 (Erstausgabe), Titelseite, public domain. S. 152: Aus: Georg Dionysius Ehret, *Methodus Plantarum Sexualis*, gelegentlich mit der Erstausgabe von Carl Linnés *Systema Naturae* (vgl. S. 149 unten) zusammengebunden, public domain. S. 155: Michail Iwanowitsch Machajew/ Grigory Anikiyevich Kachalov, *Vues des bords de la Neva en descendant la rivière entre le Palais d'hyver des Sa Majesté Imperiale & les batimens de l'Academie des Sciences*, St. Petersburg, 1753, public domain. S. 156: Oben: Alexander von Humboldt, *Bergketten und Vulcane von Inner-Asien*, Falttafel zu: Alexander von Humboldt, «Über die Bergketten und Vulcane von Inner-Asien und über einen neuen vulcanischen Ausbruch in der Andes-Kette», in: *Annalen der Physik und Chemie*, Band 18 (=94), Stück 1, 1830, S. 1–18; Band 18, Stück 3, 1830, S. 319–354, Universität Bern, Fotografie Hans Grunert. S. 156: Unten drei Fotos: Moose aus dem Reiseherbarium von Christian Gottfried Ehrenberg, Botanisches Museum der Freien Universität Berlin, Fotografie Hans Grunert. S. 157: Alexander von Humboldt, *Asie centrale. Recherches sur les chaînes de montagnes et la climatologie comparée*, Paris: Gide 1843, Titelseite, Universität Bern, Fotografie Hans Grunert. S. 160: Fotografie Anne-Laure Junge. S. 161: Fotografie Anne-Laure Junge. S. 163 oben: Adrian Möhl, unten: loup gris; Wikicommons C.C-3.0. S. 165: Hermann Baumann, *Tübingen vom nördlichen Österberg*, 1828, public domain. S. 166: Links: Alexander von Humboldt, *Kosmos*, 5 Bände, 1845–1862, Titelseite, Reproduktion Oliver Lubrich. Rechts: Joseph Stieler, *Portrait Alexander von Humboldts* (mit dem Manuskript des *Kosmos*), Öl auf Leinwand, 1843, public domain. S. 167: Eduard Hildebrandt, *Alexander von Humboldt sitzend in seinem Bibliothekszimmer in der Oranienburger Strasse 67 in Berlin*, Farblithographie, 1856, bpk/Kunstbibliothek, SMB/Dietmar Katz. S. 168: Verbreitungsbezirke der wichtigsten Kulturgewächse, in: Heinrich Berghaus, *Physikalischer Atlas*, 1846, Abteilung 5, Tafel 2, www.davidrumsey.com. S. 169: aus Heinrich Berghaus, *Physikalischer Atlas*, 1846, Abteilung 5, Tafel 4: Botanisch-geografisch-statistische Karte von Europa, www.davidrumsey.com. S. 171: George Richmond, *Charles Darwin*, um 1830, public domain. S. 172: Conrad Martens, *Afareaitu*, Skizze, 1834–1835, public domain. S. 175: Links: Fotografie Adrian Möhl. Rechts: Charles Darwin, *The Origin of Species*, 1859, Titelseite, public domain. S. 177: *Catasetum maculatum*, in: Alexander von Humboldt, *Nova genera et species plantarum*, Band 7, 1824, Tafel 630, © Fines Mundi. S. 179: Julius Schrader, *Alexander von Humboldt vor dem Chimborazo*, 1859, public domain. S. 180: *Vue du Cajambé*, in: Alexander von Humboldt, *Vues des Cordillères*, 1812, Tafel 42, Universität Bern, Fotografie Hans Grunert. S. 181: Oben: Frederic Edwin Church, *Cayambe*, 1858, public domain. Unten: Fotografie Kryptonit, public domain. S. 182: Links: *Chute du Tequendama*, in: Alexander von Humboldt, *Vues des Cordillères*, 1810, Tafel 6, Universität Bern, Fotografie Hans Grunert. Rechts: Frederic Edwin Church, *The Falls of the Tequendama near Bogota*, 1854, public domain. S. 183: *Salto de Tequendama*, Wikimedia Commons (Xemenendura CC-BY-SA-3.0). S. 184: Johann Moritz Rugendas, *Praya Rodriguez*, 1835, public domain. S. 185: Yadegar Asisi, *Amazonien Panorama*, 2009, Wikimedia Commons (Fotografie Yadegar Asisi, CC-BY-SA-4.0). S. 186: Andrés Fischer, *Frailejones*, Fotografie Hans Grunert. S. 187: Frederic Edwin Church, *The Andes of Ecuador*, ca. 1855, public domain. S. 190: Frederic Edwin Church, *The Heart of the Andes*, 1859, Metropolitan Museum of Art, New York, public domain. S. 191: Ausschnitt aus: Vgl. S. 190. S. 192: Fotografie Adrian Möhl. S. 193: Fotografie Adrian Möhl. S. 195: F. Delamare, *Vista de las Islas de Chincha*, 1864, public domain. S. 197: *Workings and Guano Deposit on the Chincha Islands*, in: Henry Walter Bates, *Illustrated travels. A record of discovery, geography and adventure*, 1825–1892, S. 144, public domain. S. 198: *The Guano and Peruvian Booby Birds*, Wikimedia Commons (Alex Proimos CC-BY-SA-2.0). S. 199: *Mittelamerika. Panamakanal*, in: *Lange-Diercke. Sächsischer Schulatlas*, Braunschweig: Westermann/Dresden: Adler 1930, public domain. S. 200: *The Chincha (Guano) Islands. Middle Island, as seen from North Island (Peru)*, in: *The Illustrated London News*, 21. Februar 1863, S. 200: Wikimedia Commons (Manuel González Olaechea y Franco CC-BY-SA-3.0). S. 202: T. Taylor, *Guano Beds. Cincha Islands* (1875), in: Elisée Reclus et al., *The Earth and its Inhabitants. South America*, New York: D. Appelton 1894–1895 (Anhang zu S. 326), public domain. S. 204: Fotografie Adrian Möhl. S. 205: Union Guano Company (New York, USA), *Union Fertilizers advertisement*, in: *List of premiums and rules and regulations of the North Carolina State Fair*, 1907, public domain. S. 207: Zerstörter Herbarflügel/Hof, © Archiv des Botanischen Garten und Botanischen Museums, Freie Universität Berlin. S. 208: Vgl. S. 69 unten rechts (*Ibatia cumanensis* (Willd. Ex. Schult.), Morillo, *Apocynaceae*, erhalten gebliebenes Blatt von Alexander von Humboldt aus dem Berliner Generalherbar, © Herbarium, Botanisches Museum Berlin, Freie Universität Berlin.) S. 209 Oben: © Fields Museum of Natural History. S. 209 unten: Fotografie Hans Grunert. S. 211 beide: © Fields Museum of Natural History. S. 213: © Fred Stauffer, Conservatoire et Jardin botaniques de la Ville de Genève. S. 214: © Conservatoire et Jardin botaniques de la Ville de Genève. S. 215 beide: © Conservatoire et Jardin botaniques de la Ville de Genève. S. 217: Werbung von Chocolat Poulain, public domain. S. 218: Oben links: F. & J. Smith's Cigarettes, *Baron von Humboldt Cigarette Card*, aus der Reihe *Famous Explorers*, Digital Collections der New York Public Library, public domain. Oben rechts: Lee Roy Myers & Co. (Savannah, Georgia, USA), *Humboldt Cigars*, public domain. S. 218 Walter Hellmann, unter Verwendung von Alexander von Humboldts *Tableau physique*, Umschlag zu Daniel Kehlmanns *Die Vermessung der Welt*, Hamburg: Rowohlt 2005, © Rowohlt Verlag. S. 219 von links nach rechts: Filmstill aus *Die Besteigung des Chimborazo* von Rainer Simon, 1989, © DEFA-Stiftung/Roland Dressel, Alfred Hirschmeier; Humboldt-Tasse, Fotografie Adrian Möhl; Humboldt-Dünger, Fotografie Adrian Möhl; CD-Cover zum Album *Humboldt Beginnings* von *The Pharcyde*, 2004, Fotografie Oliver Lubrich. S. 220: Humboldt-Statue Mexico City, public domain. S. 221: Fotografie Adrian Möhl. S. 222: Pico Humboldt, Sierra Nevada, Mérida, Wikimedia Commons (Hendrick Sánchez CC-BY-SA-3.0). S. 223: Francisco José de Caldas, Wellcome Collection (CC-BY-SA-4.0). S. 225: *Salix humboldtiana Willd. Femina*, in: Alexander von Humboldt, *Nova genera et species plantarum*, Band 2, 1817, Tafel 99, © Fines Mundi. S. 226: *Salix humboldtiana*, Wikimedia Commons (Patricio Novoa CC-BY-SA-2.0). S. 227: *Perilomia scutellarioides*, in: Alexander von Humboldt, *Nova genera et species plantarum*, Band 2, 1818, Tafel 159, © Fines Mundi. S. 228: *Mammillaria humboldtii*, Wikimedia Commons (Markoz CC-BY-SA-3.0). S. 231: *Urticularia Humboldtii*, in: Charles Morren (Hrsg.), *Annales de la Société royale d'Agriculture et de Botanique de Gand, Journal d'horticulture*, Band 1, 1845, Tafel 34, public domain. S. 233: Oben: *Dracula vampira*, Wikimedia Commons (Eric Hunt CC-BY-SA-3.0). Unten: *Lilium humboldtii*, Wikimedia Commons (Steve Berardi CC-BY-SA-2.0). S. 234 Oben: Fotografie Adrian Möhl. S. 234–235: Fotografie Adrian Möhl. S. 237: *Quercus Humboldtii*, in: Alexander von Humboldt, *Plantes équinoxiales*, Band 2, 1817, Tafel 130, © Fines Mundi. S. 238: Fotografie Gustavo Hassemer. S. 239: *Plantago Humboldtiana*, Gustavo Hassemer und Nina Ronsted CC-BY-SA-4.0. S. 241 Links: Johann Rudolf Huber, Gemälde von Albrecht von Haller, um 1737, © Burgerbibliothek Bern. Rechts: Alexander Roslin, *Carl von Linné*, 1775, Öl auf Leinwand, Nationalmuseum Stockholm, public domain. S. 242: Oben: Vgl. S. 179 (Julius Schrader, *Alexander von Humboldt vor dem Chimborazo*, 1859, public domain). Unten: Charles Darwin, veröffentlicht 1881 von Francis Darwin, Fotografie Elliot Fry, public domain. S. 244: beide Fotografien Adrian Möhl. S. 247: *Update of Humboldt's Tableau*, in: Naia Morueta-Holme et al., *Strong upslope shifts in Chimborazo's vegetation over two centuries since Humboldt*, erschienen in: *Proceedings of the Academy of Sciences of the United States of America*, Band 112, Nummer 41 (13. Oktober 2015, S. 12744), Figur 3. S. 249: alle Fotografien Adrian Möhl. S. 252: Ausschnitt aus: Vgl. S. 2. (*Geographie der Pflanzen in den Tropen-Ländern; ein Naturgemälde der Anden*, in: Alexander von Humboldt, *Ideen zu einer Geographie der Pflanzen nebst einem Naturgemälde der Tropenländer*, Paris: Schoell/Tübingen: J. G. Cotta 1807.) S. 253 Ausschnitt aus der *Montage der 1260 Pflanzen* aus Humboldts *Voyage*, Universität Bern.

Die Autoren danken Juliana Zafiroski für die Redaktion des Abbildungsverzeichnisses und Martin Lind für die Erstellung des Registers.

LITERATURVERZEICHNIS

1 Alexander von Humboldt

Mineralogische Beobachtungen über einige Basalte am Rhein. Mit vorangeschickten, zerstreuten Bemerkungen über den Basalt der ältern und neuern Schriftsteller, Braunschweig: Schulbuchhandlung 1790.

Florae Fribergensis specimen plantas cryptogamicas praesertim subterraneas exhibens. Edidit Fredericus Alexander ab Humboldt. Accedunt aphorismi ex doctrina physiologiae chemicae plantarum. Cum tabulis aeneis, Berlin: Heinrich August Rottmann 1793.

– daraus: *Aphorismen aus der chemischen Physiologie der Pflanzen*, übersetzt von Gotthelf Fischer, Leipzig: Voss und Compagnie 1794.

Versuche über die gereizte Muskel- und Nervenfaser nebst Vermuthungen über den chemischen Process des Lebens in der Thier- und Pflanzenwelt, 2 Bände, Erster Band mit Kupfertafeln, Posen: Decker und Compagnie/Berlin: Heinrich August Rottmann 1797.

Ueber die unterirdischen Gasarten und die Mittel ihren Nachtheil zu vermindern. Ein Beytrag zur Physik der praktischen Bergbaukunde, Braunschweig: Friedrich Vieweg 1799.

Versuche über die chemische Zerlegung des Luftkreises und über einige andere Gegenstände der Naturlehre. Mit zwei Kupfern, Braunschweig: Friedrich Vieweg 1799.

Relation historique du Voyage aux régions équinoxiales du Nouveau Continent, fait en 1799, 1800, 1801, 1802, 1803 et 1804, 3 Bände, Paris: F. Schoell 1814 [–1817], N. Maze 1819 [–1821], J. Smith/Gide fils 1825 [–1831].

Vues des Cordillères et monumens des peuples indigènes de l'Amérique, Paris: F. Schoell 1810 [–1813].

Atlas géographique et physique des régions équinoxiales du Nouveau Continent, fondé sur des observations astronomiques, des mesures trigonométriques et des nivellemens barométriques, Paris: F. Schoell 1814 [–1838].

Examen critique de l'histoire de la géographie du Noveau Continent, et des progrès de l'astronomie nautique aux quinzième et seizième siècles, Paris: F. Schoell 1834 [–1838].

Recueil d'observations de zoologie et d'anatomie comparée, faites dans l'Océan Atlantique, dans l'intérieur du Nouveau Continent et dans la Mer du Sud pendant les années 1799, 1800, 1801, 1802 et 1803, 2 Bände, Paris: F. Schoell/G.[el] Dufour 1811 [1812], J. Smith/Gide [1813–] 1833.

Essai politique sur le royaume de la Nouvelle-Espagne. Avec un atlas physique et géographique, fondé sur des observations astronomiques, des mesures trigonométriques et des nivellemens barométriques, 2 Bände, Paris: F. Schoell [1808–] 1811.

Atlas géographique et physique du royaume de la Nouvelle-Espagne, fondé sur des observations astronomiques, des mesures trigonométriques et des nivellemens barométriques, Paris: F. Schoell [1808–] 1811.

Recueil d'observations astronomiques, d'opérations trigonométriques, et de mesures barométriques, faites pendant le cours d'un voyage aux régions équinoxiales du Nouveau Continent, depuis 1799 jusqu'en 1803, par Alexandre de Humboldt; Rédigées et calculées, d'après les Tables les plus exactes, par Jabbo Oltmanns. Ouvrage auquel on a joint des recherches historiques sur la position de plusieurs points importans pour les navigateurs et pour les géographes, 2 Bände, Paris: F. Schoell 1810 [1808–1811], [1809–] 1810.

Essai sur la géographie des plantes, accompagné d'un tableau physique des régions équinoxiales, Fondé sur des mesures exécutées, depuis le dixième degré de latitude boréale jusqu'au dixième degré de latitude australe, pendant les années 1799, 1800, 1801, 1802 et 1803. Avec une planche, Paris: Fr. Schoell/Tübingen: J.G. Cotta 1807.

Plantes équinoxiales, recueillies au Mexique, dans l'île de Cuba, dans les provinces de Caracas, de Cumana et de Barcelone; aux Andes de la Nouvelle-Grenade, de Quito et du Pérou, et sur les bords du Rio-Negro, de l'Orénoque et de la rivière des Amazones, 2 Bände, Paris: F. Schoell/Tübingen: J.G. Cotta [1805–] 1808, Paris: F. Schoell 1809 [1808–1817].

Monographie des Melastomacées, comprenant Toutes les Plantes de cet ordre recueillies jusqu'à ce jour, et notamment au Mexique, dans l'île de Cuba, dans les provinces de Caracas, de Cumana et de Barcelone, aux Andes de la Nouvelle-Grenade, de Quito et du Pérou, et sur les bords du Rio-Negro, de l'Orénoque et de la rivière des Amazones, 2 Bände, Band 1: *Melastomes*, Band 2: *Rhexies*, Paris: Librairie grecque-latine-allemande [1806–] 1816, Gide fils [1806–] 1823.

Nova genera et species plantarum quas in peregrinatione orbis novi collegerunt, descripserunt, partim adumbraverunt Amat. Bonpland et Alex. de Humboldt. Ex schedis autographis Amati Bonplandi in ordinem digessit Carol. Sigismund. Kunth. Accedunt tabulæ æri incisæ, et Alexandri de Humboldt notationes ad geographiam plantarum spectantes, 7 Bände, Paris: Librairie grecque-latine-allemande 1815 [1816], 1817 [–1818], 1818 [–1820], N. Maze 1820, 1821 [–1823], Gide fils 1823 [–1824], 1825 [1824–1826] (In Band 7 veränderter Titel: […] *in peregrinatione ad plagam aequinoctialem orbis novis* […].)

– daraus: *De distributione geographica plantarum secundum coeli temperiem et altitudinem montium, prolegomena*, Paris: Librairie grecque-latine-allemande 1817.

Mimoses et autres plantes légumineuses du Nouveau Continent, recueillies par MM. de Humboldt et Bonpland, décrites et publiées par Charles-Sigismond Kunth. Avec figures coloriées, Paris: Librairie grecque-latine-allemande 1819 [–1824].

Révision des Graminées publiées dans les Nova genera et species plantarum de Humboldt et Bonpland; précedée d'un travail général sur la famille des Graminées; par Charles-Sigismond Kunth. Dédié au Roi, 3 Bände, Band 1: *Ouvrage accompagné de cent planches coloriées d'après les dessins de Madame Eulalie Delile*, Paris: Gide Fils 1829 [–1830]; Band 2: *Supplément accompagné de cent planches coloriées d'après les dessins de Madame Eulalie Delile*, Paris: Gide fils 1829 [1830–1832]; Band 3: *Troisième et dernière partie, accompagné de vingt planches coloriées d'après les dessins de Madame Eulalie Delile*, Paris: Gide 1829 [1834].

[Von Kunth, mit Beiträgen von Humboldt:] *Synopsis plantarum, quas, in itinere ad plagam aequinoctialem orbis novi, collegerunt Al. de Humboldt et Am. Bonpland. Auctore Carolo Sigism. Kunth*, 4 Bände, Paris: F.G. Levrault 1822 [–1826].

Essai politique sur l'île de Cuba. Avec une carte et un supplément qui renferme des considérations sur la population, la richesse territoriale et le commerce de l'archipel des Antilles et de Colombia, 2 Bände, Paris: Gide fils 1826.

Ansichten der Natur mit wissenschaftlichen Erläuterungen, Tübingen: J.G. Cotta 1808.

Ansichten der Natur mit wissenschaftlichen Erläuterungen. Zweite verbesserte und vermehrte Ausgabe, 2 Bände, Stuttgart und Tübingen: J.G. Cotta 1826.

Ansichten der Natur mit wissenschaftlichen Erläuterungen. Dritte verbesserte und vermehrte Ausgabe, 2 Bände, Stuttgart und Tübingen: J.G. Cotta 1849.

Essai géognostique sur le gisement des roches dans les deux hémisphères, Paris: F.G. Levrault 1823.

Fragmens de géologie et de climatologie asiatiques, 2 Bände, Paris: Gide/A. Pihan Delaforest/Delaunay 1831.

Asie centrale. Recherches sur les chaînes de montagnes et la climatologie comparée, 3 Bände, Paris: Gide 1843.

Kleinere Schriften. Geognostische und physikalische Erinnerungen, Stuttgart und Tübingen: J.G. Cotta 1853.

Umrisse von Vulkanen aus den Cordilleren von Quito und Mexico. Ein Beitrag zur Physiognomik der Natur, Stuttgart und Tübingen: J.G. Cotta 1853.

Kosmos. Entwurf einer physischen Weltbeschreibung, 5 Bände, Stuttgart und Tübingen: J.G. Cotta 1845–1862.

Schriften zur Geographie der Pflanzen, herausgegeben von Hanno Beck, Darmstadt: Wissenschaftliche Buchgesellschaft 1989.

Essay on the Geography of Plants, übersetzt von Sylvie Romanowski, herausgegeben von Stephen T. Jackson, Chicago: University of Chicago Press 2009.

Zentral-Asien, herausgegeben von Oliver Lubrich, Frankfurt: S. Fischer 2009.

Das graphische Gesamtwerk, herausgegeben von Oliver Lubrich unter Mitarbeit von Sarah Bärtschi, Darmstadt: Lambert Schneider 2014.

Der Andere Kosmos. 70 Texte, 70 Orte, 70 Jahre, herausgegeben von Oliver Lubrich und Thomas Nehrlich, München: dtv 2019.

Sämtliche Schriften, 10 Bände, herausgegeben von Oliver Lubrich und Thomas Nehrlich, München: dtv 2019.

Botanische Schriften

«Lettre à L'Auteur de cette Feuille; sur le Bohon-Upas, par un jeune Gentilhomme de cette ville», in: *Gazette littéraire de Berlin* 1270 (5. Januar 1789), S.4–8; 1271 (12. Januar 1789), S.11–13.

«Observatio critica de Elymi hystricis charactere», in: *Magazin für die Botanik* 3:7 (1790), S.3–6; 3:9 (1790), S.32.

«Verhandeling over de inlandsche Plantgevvassen [...]; door Steven Jan van Geuns, Matth. Z. Haarlem 1789. 8.» [Besprechung], in: *Magazin für die Botanik* 4:10 (1790), S.149–151.

[Kurze Nachrichten], in: *Magazin für die Botanik* 4:11 (1790), S.185–188.

«Auszüge aus Briefen», in: *Annalen der Botanick* 1:2 (1791), S.193.

«Beobachtungen auf Reisen nach dem Riesengebirge, von Johann Jirasek, Thaddaeus Haenke, Abbé Gruber und Franz Gerstner, mit Kupfern. Dresden, bey Walther. 1791. 4. (270 Seit.)» [Besprechung], in: *Annalen der Botanick* 1:1 (1791), S.78–83.

«Chr. Phil. Ripke – Dissert. de meritis Hamburgensium in historiam naturalem. Hamburgi 1791. 4. (Seiten 31.)» [Besprechung], in: *Annalen der Botanick* 1:1 (1791), S.87–91.

«Gramina pascua or a Collection of Specimens of the commun pasture grasses by G. Swayne, Vicar of Pucklechurch, Gloucestershire. 6 plates (nemlich aufgeklebte Gräser) Richardson. 1790. fol.» [Besprechung], in: *Annalen der Botanick* 1:1 (1791), S.91.

«Practical Observations on the British Grasses best adapted to the laying down, or improving of Meadows, to which is added an enumeration of the British Grasses. by William Curtis. London 1790. 8. (67 Seiten.)» [Besprechung], in: *Annalen der Botanick* 1:1 (1791), S.84–87.

[Ankündigung von Carl von Linnés *Praelectiones in Ordines naturales plantarum*], in: *Annalen der Botanick* 1:1 (1791), S.172–174.

«Beobachtungen über die Staubfäden der Parnassia palustris», in: *Annalen der Botanick* 1:3 (1792), S.7–9.

«Lettre de M. de Homboldt, à M. Delamétherie, sur la couleur verte des végétaux qui ne sont pas exposés à la lumière», in: *Observations sur la physique, sur l'histoire naturelle et sur les arts* 40:1:2 (Februar 1792), S.154–155.

«Mineral. Beobacht. über einige Basalte am Rhein. 1790. p. 85.», in: *Annalen der Botanick* 1:3 (1792), S.243–244.

«Plantas subterraneas descripsit Fr. A. ab Humboldt», in: *Annalen der Botanick* 1:3 (1792), S.53–58.

«Ueber eine zweifache Prolification der Cardamine pratensis», in: *Annalen der Botanick* 1:3 (1792), S.5–7.

«Versuche und Beobachtungen über die grüne Farbe unterirrdischer Vegetabilien», in: *Journal der Physik* 5:2 (1792), S.195–204.

«Von Hr. von Humboldt», in: *Annalen der Botanick* 1:3 (1792), S.236–239.

«Vom Hrn. v. Humboldt in Freyberg», in: *Chemische Annalen für die Freunde der Naturlehre, Arzneygelahrtheit, Haushaltungskunst und Manufacturen* 9:1:3 (1792), S.254–255.

[Selbstanzeige von *Florae Fribergensis specimen*], in: *Intelligenzblatt der Allgemeinen Literatur-Zeitung* 54 (1. Juni 1793), Sp. 428–429.

«Einleitung über einige Gegenstände der Pflanzenphysiologie», in: Jan Ingenhousz, *Über Ernährung der Pflanzen und Fruchtbarkeit des Bodens. Aus dem Englischen übersetzt und mit Anmerkungen versehen von Gotthelf Fischer [...]. Nebst einer Einleitung über einige Gegenstände der Pflanzenphysiologie von F. A. von Humboldt*, Leipzig: Schäferische Buchhandlung 1798, S.3–44.

«On the Effects of Oxygen in accelerating Germination», in: *The Philosophical Magazine* 1:3 (1798), S.309–311.

«Ueber das Keimen der Saamen in oxygenirter Kochsalzsäure», in: *Annalen der Botanik* 8:23 (1799), S.1–3.

«Briefe des Herrn Alexander von Humboldt», in: *Neue Berlinische Monatschrift* 6 (August 1801), S.115–141.

«Extrait d'une lettre de M. Humboldt, au C. Fourcroy», in: *Bulletin des sciences, par la société philomatique de Paris* 3:50 (Floréal an 9 [April/Mai 1801]), S.9–11.

[Brief an Carl Ludwig Willdenow], in: *Berlinische Nachrichten von Staats- und gelehrten Sachen* 86 (18. Juli 1801), S.4–5; 87 (21. Juli 1801), S.4–6.

«Briefe des Herrn Oberbergraths von Humboldt», in: *Neue Berlinische Monatschrift* 10 (Oktober 1803), S.241–272.

«Extracto de la carta que el Baron de Humboldt escribió desde México en 22 de Abril de 1803 á D. Antonio Josef Cavanilles», in: *Anales de ciencias naturales* 6:18 (Oktober 1803), S.281–287.

«Geografía física. Ideas sobre el límite inferior de la nieve perpétua, y sobre la geografía de las plantas», in: *Aurora. Correo político-económico de la Havana* 220 (2. Mai 1804), S.137–144.

[Préface de *Plantes équinoxiales*], in: *Magasin encyclopédique, ou Journal des Sciences, des Lettres et des Arts* 4 (1805), S.198–205.

«Ideen zu einer Physiognomik der Gewächse», in: *Magazin für den neuesten Zustand der Naturkunde, mit Rücksicht auf die dazu gehörigen Hülfswissenschaften* 11:4 (April 1806), S.310–322.

«Aracacha», in: *Berlinische Nachrichten von Staats- und gelehrten Sachen* 125 (17. Oktober 1807), S.4.

«Über die Chinawälder in Südamerika», in: *Der Gesellschaft naturforschender Freunde zu Berlin Magazin für die neuesten Entdeckungen in der gesammten Naturkunde* 1 (1807), S.57–68, 104–120.

«Geografía de las Plantas», in: *Semanario del Nuevo Reyno de Granada* 16 (23. April 1809), S.127–128; 17 (30. April 1809), S.129–136; 18 (7. Mai 1809), S.137–[144]; 19 (14. Mai 1809), S.145–152; 20 (21. Mai 1809), S.153–160; 21 (28. Mai 1809), S.161–163.

«Ideen zu einer Geographie der Pflanzen», in: *Archiv für Welt-, Erde und Staatenkunde, ihre Hilfswissenschaften und Litteratur* 1:3 (1811), S.231–270; 1:4 (1811), S.315–340.

«Sur les Lois que l'on observe dans la distribution des formes végétales», in: *Annales de chimie et de physique* 1 (März 1816), S.[225]–239.

«Alex. v. Humboldt's neueste Ansicht von der Wanderung der Pflanzen», in: *Flora oder Botanische Zeitung welche Recensionen, Abhandlungen, Aufsätze, Neuigkeiten und Nachrichten, die Botanik betreffend, enthält* 1 (1818), S.122–126.

«Sur le Lait de l'arbre de la Vache et le Lait des végétaux en général», in: *Annales de chimie et de physique* 7 (1818), S.182–191.

«Ueber die natürliche Familie der Gräser», in: *Isis oder Encyclopädische Zeitung* 2:2 (1818), Sp. 307–310.

«Observations on the Orchidea. From the Latin of Alexander Baron Von Humboldt», in: *The journal of science and the arts* 6:11 (1819), S.67–70.

«Sur les lois que l'on observe dans la distribution des formes végétales», in: Georges Cuvier et al., *Dictionnaire des sciences naturelles*, 61 Bände, Strasbourg/Paris: F. G. Levrault/Le Normant 1816–1845, Band 18 (1820), S.422–436.

«Anzahl der von Humboldt und Bonpland auf ihrer Reise nach Süd-Amerika entdeckten Pflanzen», in: *Botanisches Taschenbuch oder Conservatorium aller Resultate, Ideen und Ansichten aus dem ganzen Umfange der Gewächskunde 1* (1821), S.225.

«Mutis (Don Josef-Celestino)», in: *Biographie universelle, ancienne et moderne, ou histoire, par ordre alphabétique, de la vie publique et privée de tous les hommes qui se sont fait remarquer par leurs écrits, leurs actions, leurs talents, leurs vertus ou leurs crimes*, 85 Bände, Paris: L. G. Michaud 1811–1862, Band 30 (1821), S.499–506.

«Nova Genera et Species plantarum, quas in peregrinatione ad plagam aequinoctialem orbis novi collegerunt, descripserunt, partim adumbraverunt Amat. Bonpland et Alex. de Humboldt; in ordinem digessit Carol. Sigism. Kunth», in: *Botanisches Taschenbuch oder Conservatorium aller Resultate, Ideen und Ansichten aus dem ganzen Umfange der Gewächskunde* 1 (1821), S.203–222.

«Nouvelles Recherches sur les lois que l'on observe dans la distribution des formes végétales», in: *Annales de chimie et de physique* 16 (1821), S.267–296.

«Recensio Palmarum ex opere Humboldtii et Bonplandii a Runthio edito, inscripto: Nova Genera et Species plantarum etc. Tom. I. p. 250–255», in: *Botanisches Taschenbuch oder Conservatorium aller Resultate, Ideen und Ansichten aus dem ganzen Umfange der Gewächskunde* 1 (1821), S.183–202.

«War poison of the indians», in: *The Philosophical Magazine and Journal* 58:281 (September 1821), S.231–234.

[Die berühmte Akauete], in: *Daily National Intelligencer* 9:2688 (24. August 1821), [o. S.].

«A. v. Humboldts Ansicht über die Verschiedenheit der Erzeugnisse nach den Erdstrichen», in: *Notizen aus dem Gebiete der Natur- und Heilkunde* 2:32/10 (April 1822), Sp. [145]–147.

«Rapport verbal fait à l'Académie des Sciences sur un ouvrage de M. Auguste de Saint-Hilaire, intitulé: Plantes usuelles des Brasiliens», in: *Annales des sciences naturelles* 1 (1824), S.410–416.

«Rapport verbal sur la Flore du Brésil méridional de M. Auguste de Saint-Hilaire. (Fait à l'Académie des Sciences, séance du 19 septembre 1825)», in: *Annales des sciences naturelles* 6 (1825), S.222–224.

«Nouvelles récentes de M. de Bompland, extraites d'une Lettre adressée par M. de Humboldt à M. Arago, secrétaire perpétuel de l'Académie des Sciences», in: *Annales des Sciences Naturelles* 26 (Mai–August 1832), S.391–393.

«Botanische Notizen», in: *Allgemeine botanische Zeitung* 20 (28. Mai 1834), S.320.

«Palma de cera. Ceroxilon Andicola», in: *Memorias de la sociedad patriotica de la Habana* 12 (1841), S.395–397.

«Der Kaiserliche botanische Garten zu St. Petersburg im Jahre 1850», in: *Preußischer Staats-Anzeiger* 51 (21. Februar 1850), Beilage, S.305–306.

«Der Pflanzenwuchs in den Tropen», in: Franz Adolph Moschzisker, *A Guide to German Literature; or, Manual to facilitate an acquaintance with the German Classic Authors*, 2 Bände, London, J. J. Guillaume 1850, Band 2, S.480–482.

«Carl Sigismund Kunth», in: *Archiv der Pharmacie* 67 (1851), S.209–213.

«M. de Humboldt et M. Bonpland. – Lettre Adressée par le premier aux Professeurs-administrateurs du Muséum d'Histoire Naturelle», in: *Bulletin de la société de géographie*, 4. Folge, 2:8–9 (August und September 1851), S.232–234.

«Le dragonier d'Orotava», in: *La Belgique Horticole. Journal des jardins, des serres et des vergers* 2 (1852), S.79–86.

«Les palmiers, par M. Alexandre De Humboldt», in: *La Belgique Horticole, Journal des Jardins, des Serres et des Vergers* 2 (1852), S.13–20.

[Brief an Seemann], in: *Bonplandia. Zeitschrift für die gesammte Botanik* 1:18 (1. September 1853), S.179–180.

«Briefe Bonpland's an A. v. Humboldt», in: *Bonplandia. Zeitschrift für die gesammte Botanik* 2:18/19 (15. September 1854), S.220–224. [Humboldts Einleitung S.220–221.]

«A. Bonpland's Biographie und Portrait», in: *Bonplandia. Zeitschrift für die gesammte Botanik* 3:3 (15. Februar 1855), S.46–47. [Humboldts Nachtrag S.47.]

[Brief], in: Pedro de Angelis, «Bibliografia. Amado Bonpland», in: *El Universal. Periodico Politico y Literario* 12:477 (20. Juni 1855), S.2.

«Aimé Bonpland's Aufnahme in die Akademie [Briefauszug an Esenbeck]», in: *Bonplandia* 5:6 (1. April 1857), S.96.

[Humboldt an Ehrenberg v. 1. 10. 1857, betr. 1. Neugegründete Humboldt-Stadt in Kansas, 2. Prof. Burmeisters Zeichnung der Cordilleren von Chile, 3. Nachrichten von Bonpland], in: *Zeitschrift für allgemeine Erdkunde* 3 (1857), S.374–375 [Sitzung der geographischen Gesellschaft vom 3. Oktober 1857].

«Neueste Nachrichten über den Botaniker Aimé Bonpland», in: *Berlinische Nachrichten von Staats- und gelehrten Sachen* [Spenersche Zeitung] 160, 13. Juli 1858, S.4.

«Sur les collections et les manuscrits de M. Bonpland», in: *Comptes rendus hebdomadaires des séances de l'Académie des Sciences* 47:2 (1858), S.461–463 [Sitzung vom 20. September 1858, N° 12].

[Brief an Benjamin], in: *Bonplandia. Zeitschrift für die gesammte Botanik* 6 (1858), S.168.

[Humboldt über den Tod Bonplands], in: *Fremden-Blatt* 12:184 (13. August 1858), S.[4].

«Ein Schriben Humboldt's», in: *Bonplandia. Zeitschrift für die gesammte Botanik* 7:7 (15. April 1859), S.85.

2 Weitere Primärquellen

Achim von Arnim, *Der Wintergarten*, Berlin: Realschulbuchhandlung 1809, S. 481–485.

Johann Wolfgang von Goethe, «Höhen der alten und neuen Welt bildlich verglichen. Ein Tableau vom Hrn. Geh. Rath v. Göthe mit einem Schreiben an den Herausgeber», in: *Allgemeine Geographische Ephemeriden* 41 (15. Mai 1813), S.3–8.

Carl von Linné, *Systema Naturae, sive regna tria naturæ systematice proposita per classes, ordines, genera, & species*, Leiden: Theodor Haak 1735.

Gustav Rose, *Reise nach dem Ural, dem Altai und dem Kaspischen Meere auf Befehl Sr. Majestät des Kaisers von Russland im Jahre 1829 ausgeführt von A. von Humboldt, G. Ehrenberg und G. Rose. Mineralogisch-geognostischer Theil und historischer Bericht der Reise*, 2 Bände, Berlin: Sandersche Buchhandlung 1837, 1842.

3 Forschungsliteratur

Andrés Arteaga & Joerg Esleben, «The Myth of Enlightenment in Pre-Independence Nueva Granada. José Celestino Mutis' and Alexander von Humboldt's Encounter in 1801», in: *Cumaná 1799. Alexander von Humboldt's Travels between Europe and the Americas*, herausgegeben von Oliver Lubrich und Christine Knoop, Bielefeld: Aisthesis 2013, S. 231–241.

Hanno Beck & Wolfgang-Hagen Hein, *Humboldts Naturgemälde der Tropenländer und Goethes ideale Landschaft. Zur ersten Darstellung der Ideen zu einer Geographie der Pflanzen*, Stuttgart: Brockhaus Antiquarium 1989.

Michael Bies, *Im Grunde ein Bild. Die Darstellung der Naturforschung bei Kant, Goethe und Alexander von Humboldt*, Göttingen: Wallstein 2012, S. 239–334.

Marie-Noëlle Bourguet, «‹Enfin M. H…› Ein botanisches Duell mit stumpfen Degen in Paris nach 1800», übersetzt von Tom Heithoff, in: «*Mein zweites Vaterland*». *Alexander von Humboldt und Frankreich*, herausgegeben von David Blankenstein, Ulrike Leitner, Ulrich Päßler und Bénédicte Savoy, Berlin: De Gruyter 2015, S. 113–130.

Robert Bye & Thomas Janota, «Did Humboldt Shift his Paradigm of Botanical Exploration upon his Arrival in New Spain?», in: *Cumaná 1799. Alexander von Humboldt's Travels between Europe and the Americas*, herausgegeben von Oliver Lubrich und Christine Knoop, Bielefeld: Aisthesis 2013, S. 243–263.

Jorge Cañizares-Esguerra, «‹How Derivative Was Humboldt?› Microcosmic Nature Narratives in Early Modern Spanish America and the (Other) of Humboldt's Ecological Sensibilities», in: *Colonial Botany. Science, Commerce, and Politics in the Early Modern World*, herausgegeben von Londa Schiebinger und Claudia Swan, Philadelphia: University of Pennsylvania Press 2005, S. 148–165.

Alexandra Cook, «Rousseau's Anticipation of Plant Geography», in: Raymond Erickson, Mauricio A. Font und Brian Schwartz (Hrsg.), *Alexander von Humboldt. From the Americas to the Cosmos*, New York: City University of New York 2004, S. 387–401.

Laura Dassow Walls, «Rediscovering Humboldt's Environmental Revolution», in: *Environmental History* 10:4 (2005), S. 758–760.

Mauritz Dittrich, «Alexander von Humboldt und die Pflanzengeographie», in: Johannes F. Gellert (Hrsg.), *Alexander von Humboldt. Vorträge und Aufsätze anläßlich der 100. Wiederkehr seines Todestages am 6. Mai 1959*, Berlin (DDR): VEB Verlag der Wissenschaften 1960, S. 25–42.

Klaus Dobat, «Alexander von Humboldt als Botaniker», in: *Alexander von Humboldt. Leben und Werk*, herausgegeben von Wolfgang-Hagen Hein, Frankfurt: Weisbecker 1985, S. 167–194.

Horst Fiedler und Ulrike Leitner, *Alexander von Humboldts Schriften. Bibliographie der selbständig erschienenen Werke*, Berlin: Akademie 2000.

Val Gendron, *The Dragon Tree. A Life of Alexander, Baron von Humboldt*, New York/London/Toronto: Longmans, Green & Co. 1961.

Matthias Glaubrecht, «‹Un peu de géographie des animaux›. Die Anfänge der Biogeographie als ‹Humboldtian Science›», in: edition humboldt digital, Berlin: BBAW 2018, https://edition-humboldt.de/themen/biowissenschaften.xql (05. 12. 2018).

– ders., «Der Ökobaron. Über ein historisches Missverständnis», in: *Die Welt*, 10.12.2016, S. 2.

– ders., «Überschätzter Universalgelehrter. Eine neue Biographie verklärt den Naturforscher», in: *Der Tagesspiegel*, 28. 12. 2016, S. 26.

Alberto Gómez-Gutiérrez, «Alexander von Humboldt in the Correspondence of James Edward Smith», in: *The Linnean* 32:1 (April 2016), S. 17–22.

– ders., «Alexander von Humboldt y la cooperación transcontinental en la Geografía de las plantas: una nueva apreciación de la obra fitogeográfica de Francisco José de Caldas», in: *Humboldt im Netz* 17:33 (2016), S. 22–49.

Annette Graczyk, «Alexander von Humboldts Naturgemälde als Synthese von Wissenschaft und Kunst», in: *Das literarische Tableau zwischen Kunst und Wissenschaft*, München: Wilhelm Fink 2004, S. 253–429.

Paul Hiepko, «Humboldt und die Botanik», in: Frank Holl (Hrsg.), *Netzwerke des Wissens*, Berlin: Haus der Kulturen der Welt 1999, S. 52–53.

Brigitte Hoppe, «Physiognomik der Vegetation zur Zeit von Alexander von Humboldt», in: *Alexander von Humboldt. Weltbild und Wirkung auf die Wissenschaften*, herausgegeben von Uta Lindgren, Köln/Wien: Böhlau 1990, S. 77–102.

Otto Huber, «Die ‹Geographie der Pflanzen›», in: Frank Holl (Hrsg.), *Netzwerke des Wissens*, Berlin: Haus der Kulturen der Welt 1999, S. 100–103.

Alice Jenkins, «Alexander von Humboldt's *Kosmos* and the Beginnings of Ecocriticism», in: *Interdisciplinary Studies in Literature and Environment* 14:2 (2007), S. 89–105.

Jan Keith, «Humboldts Blattgold», in: *mare* 77 (Dezember 2009/Januar 2010), S. 68–75.

Hans Walter Lack, «Botanische Feldarbeit: Humboldt und Bonpland», in: *Annalen des Naturhistorischen Museums Wien* 105 (2004), S. 493–514.

– ders., «Trabajo de campo botánico: Humboldt y Bonpland», in: Frank Holl (Hrsg.), *Alejandro de Humboldt. Una nueva visión del mundo*, Barcelona/Madrid: Lunwerg 2005, S. 108–115 (Anmerkungen: S. 212–213).

– ders., *Alexander von Humboldt und die botanische Erforschung Amerikas*, München: Prestel 2009.

– ders., «Botanik», in: *Alexander von Humboldt-Handbuch. Leben – Werk – Wirkung*, herausgegeben von Ottmar Ette, Stuttgart: J. B. Metzler 2018, S. 133–139.

Oliver Lubrich, «Humboldts Bilder: Naturwissenschaft, Anthropologie, Kunst», in: Alexander von Humboldt, *Das graphische*

Gesamtwerk, herausgegeben von Oliver Lubrich unter Mitarbeit von Sarah Bärtschi, Darmstadt: Lambert Schneider 2014, S.7–28.

Naia Morueta-Holme, Kristine Engemann, Pablo Sandoval-Acuña, Jeremy D. Jonas, R. Max Segnitz & Jens-Christian Svenning, «Strong upslope shifts in Chimborazo's vegetation over two centuries since Humboldt», in: PNAS 112:41 (13. Oktober 2015), S.12741–12745.

Ulrich Päßler, «Im freien Spiel dynamischer Kräfte. Pflanzengeographische Schriften, Manuskripte und Korrespondenzen Alexander von Humboldts», in: edition humboldt digital, Berlin: BBAW, Version 3 vom 14.09.2018, https://edition-humboldt.de/v3/H0016431 (18.03.2019).

Aaron Sachs, «The Ultimate ‹Other›: Post-Colonialism and Alexander von Humboldt's Ecological Relationship with Nature», in: *History and Theory* 42:4 (2003), S. 111–135.

– ders., *The Humboldt Current. Nineteenth-Century Exploration and the Roots of American Environmentalism*, New York: Viking 2006.

Alexis Scamoni, «Alexander von Humboldts *Essai sur la Géographie des Plantes* und *Ideen zu einer Geographie der Pflanzen*», in: *Wissenschaftliche Zeitschrift der Humboldt-Universität zu Berlin* (Mathematisch-Naturwissenschaftliche Reihe) 9:1 (1959–1960), S. 27–31.

Fred W. Stauffer und Johann Stauffer, «The palm (Arecaceae) collections gathered by Bonpland and Humboldt in their American journey: origin and fate of the specimens and typifications», in: *Candollea* 72 (2017), S.5–22.

Florence Thinard, *Das Herbarium der Entdecker. Humboldt, Darwin & Co. Botanische Forscher und ihre Reisen*, Bern: Haupt 2013.

Carl Troll, «Die Lebensformen der Pflanzen – A. von Humboldts Ideen in der ökologischen Sicht von heute», in: Heinrich Pfeiffer (Hrsg.), *Alexander von Humboldt. Werk und Weltgeltung*, München: R. Piper 1969, S.197–246.

Volkmar Vareschi, *Geschichtslose Ufer. Auf den Spuren Humboldts am Orinoko*, München: Bruckmann [1959] 1971.

Petra Werner, «In der Naturgeschichte ›etwas Höheres suchen‹. Zu Humboldts Konzept der Pflanzengeographie», in: *Humboldt im Netz* 16:30 (2015), S.84–98.

Sabine Wilke, «Alexander von Humboldt's *Ansichten der Natur* and the Colonial Roots of Nature Writing», in: Bonnie Roos und Alex Hunt (Hrsg.), *Postcolonial Green. Environmental Politics & World Narratives*, Charlottesville: University of Virginia Press 2011, S.197–212.

Andrea Wulf, *The Invention of Nature: Alexander von Humboldt's New World*, New York: Knopf 2015.

4 Literatur zu den botanischen Kapiteln

Bohon-Upas – der Javanische Giftbaum

«*Antiaris toxicaria*», *World Agroforestry-Artikel:* www.worldagroforestry.org/usefultrees/pdflib/Antiaris_toxicaria_UGA.pdf

Michael R. Dove, «Dangerous Plants in the Colonial Imagination: Rumphius and the Poison Tree», in: *Allertonia* 13 (2014), S.29–46.

Alexander von Humboldt, «Lettre à L'Auteur de cette Feuille [Le Bauld de Nans]; sur le Bohon-Upas, par un jeune Gentilhomme de cette ville» [datiert: 1. Januar 1789], in: *Gazette littéraire de Berlin* 1270 (5. Januar 1789), S.4–8; 1271 (12. Januar 1789), S.11–13.

Brigitte Kopp & al., «Analysis of some Malaysian dart poisons», in: *Journal of Ethnopharmacology* 36:1 (1992), S.57–62.

Georg Eberhard Rumpf, *The Poison Tree: Selected Writings of Rumphius on the Natural History of the Indies* (edited and translated by E. E. Beekman), Amherst: University of Massachusetts Press 1981.

Grottenbotanik oder warum Pilze keine Pflanzen sind

Hermann Heilmeier, *Humboldts Florae Fribergensis specimen*, Vortrag zur Humboldt-Festveranstaltung 6. Mai 2009, TU Bergakademie Freiberg (https://tu-freiberg.de/sites/default/files/media/geschichte/heilmeier_florae-fribergensis.pdf).

Alexander von Humboldt. *Florae Fribergensis specimen plantas cryptogamicas praesertim subterraneas exhibens*, Berolini: Rottmann 1793.

Hans Walter Lack, «Botanik», in: *Alexander von Humboldt-Handbuch. Leben – Werk – Wirkung*, herausgegeben von Ottmar Ette, Stuttgart: J.B. Metzler 2018, S.133–139.

Ilse Jahn & Frits G. Lange (Hrsg.), *Die Jugendbriefe Alexander von Humboldts: 1787–1799*, Berlin: Akademie 1973.

Peter Korneffel, *Die Humboldts in Berlin*, Berlin: Elsengold 2017.

Robert H. Whittaker, «New concepts of kingdoms of organisms», in: *Science* 163:3863 (1969), S.150–160.

Aimé Bonpland – der Schattenbotaniker

Stephen Bell, *A life in shadow. Aimé Bonpland in southern South America, 1817–1858*, Stanford: Stanford University Press 2010.

Henri Cordier, *Papiers inédits du naturaliste Aimé Bonpland, Comptes rendus des séances de l'Académie des Inscriptions et Belles-Lettres*, Paris: Alphonse Picard et fils 1910.

Alexander von Humboldt, *Reise in die Aequinoctial-Gegenden des neuen Continents* [übersetzt von Paulus Usteri und Ferdinand Gottlob Gmelin], 6 Bände, Stuttgart/Tübingen: J.G. Cotta 1815–1832.

Daniel Kehlmann, *Die Vermessung der Welt*, Reinbek: Rowohlt 2005.

H. Walter Lack, «Botanische Feldarbeit: Humboldt und Bonpland im tropischen Amerika (1799–1804)», in: *Annalen des Naturhistorischen Museums in Wien. Serie B für Botanik und Zoologie* 105 (2003), S.493–514.

Wilhelm Schulz, *Aimé Bonpland. Alexander von Humboldts Begleiter auf der Amerikareise, 1799–1804. Sein Leben und Wirken, besonders nach 1817 in Argentinien*, Mainz: Verlag der Akademie der Wissenschaften und der Literatur 1960.

Fred W. Stauffer & al., «Bonpland and Humboldt Specimens, Field Notes, and Herbaria; New Insights from a Study of the Monocotyledons Collected in Venezuela», in: *Candollea* 67:1 (2012), S.75–130.

Der Kanarische Drachenbaum

David J. Bogler & Beryl B. Simpson, «Phylogeny of Agavaceae based on ITS rDNA sequence variation», in: *American Journal of Botany* 83:9 (1996), S. 1225–1235.

Alfred Gebauer, *Alexander von Humboldt. Seine Woche auf Teneriffa 1799: Beginn der Südamerika-Reise. Sein Leben – sein Wirken*, Santa Ursula (Spanien): Zech 2009.

David J. Mabberley, *Mabberley's Plant-book. A Portable Dictionary of Plants, their Classification and Uses*, Cambridge: Cambridge University Press 2017.

Der Berliner in den Tropen und die Botanische Deutung eines Gemäldes

Rebecca Hilgenhoff & al., «Passiflora emarginata», in: *Curtis's Botanical Magazine* 35:2 (2018), S. 149–165.

Alexander von Humboldt, *Reise in die Aequinoctial-Gegenden des neuen Continents in den Jahren 1799, 1800, 1801, 1802, 1803 und 1804* [übersetzt von Paulus Usteri und Ferdinand Gottlob Gmelin], 6 Bände, Stuttgart/Tübingen: J. G. Cotta 1815–1852.

H. Walter Lack, *Alexander von Humboldt und die botanische Erforschung Amerikas*, München: Prestel 2018.

David J. Mabberley, *Mabberley's Plant-book. A Portable Dictionary of Plants, their Classification and Uses*, Cambridge: Cambridge University Press 2017.

Plants of the World online: powo.science.kew.org.

Torsten Ulmer & John M. MacDougal, *Passionflowers of the World*, Portland: Timber Press 2004.

Joseph S. Wright, «Plant diversity in tropical forests: a review of mechanisms of species coexistence», in: *Oecologia* 130:1 (2002), S. 1–14.

Die höchste Palme der Welt

Alexander von Humboldt, *Pittoreske Ansichten der Cordilleren und Monumente americanischer Völker*, [Teilübersetzung wahrscheinlich von Ph. J. v. Rehfues], Tübingen: Cotta 1810.

María José Sanín & Gloria Galeano, «A revision of the Andean wax palms, *Ceroxylon* (Arecaceae)», in: *Phytotaxa* 34:1 (2011).

Fred W. Stauffer & Johann Stauffer, «The palm (Arecaceae) collections gathered by Bonpland and Humboldt in their American journey: Origin and fate of the specimens and typifications», in: *Candollea* 72:1 (2017), S. 5–22.

Die Botanik kommt in Bewegung – Von der Linnéschen Taxonomie zu pflanzengeografischen Gebirgsprofilen

Hugo Bretzl, *Botanische Forschungen des Alexanderzuges*, Leipzig: Teubner 1903.

Alfred Gebauer, *Alexander von Humboldt. Seine Woche auf Teneriffa 1799: Beginn der Südamerika-Reise. Sein Leben – sein Wirken*, Santa Ursula (Spanien): Zech 2009.

Alexander von Humboldt, *Ideen zu einer Physiognomik der Gewächse*, Tübingen: Cotta 1806.

Georg Töpfer, *Historisches Wörterbuch der Biologie*, Stuttgart: J. B. Metzler 2011.

Niopo, Pfeilgift und Chinarinde – Humboldts Cocktails unter der botanischen Lupe

María I. Eguíllor García, *Yopo, shamanes y hekura: Aspectos fenomenológicos del mundo sagrado yanomami*, Caracas: Libreria Editorial Salesiana 1984.

Marcel Granier-Doyeux, «Native Hallucinogenic Drugs Piptadenias», in: *Bulletin on Narcotics* 17:2 (1965), S. 29–38 (www.unodc.org).

Alexander von Humboldt, *Reise in die Aequinoctial-Gegenden des neuen Continents in den Jahren 1799, 1800, 1801, 1802, 1803 und 1804* [übersetzt von Paulus Usteri und Ferdinand Gottlob Gmelin], 6 Bände, Stuttgart/Tübingen: J. G. Cotta 1815–1852.

Umberto Quattrocchi, *CRC World Dictionary of Medicinal and Poisonous Plants Common Names, Scientific Names, Eponyms, Synonyms, and Etymology*, Boca Raton: CRC Press 2012.

Johann Claudius Renard, *Die inländischen Surrogate der Chinarinde in besonderer Hinsicht auf das Kontinent von Europa*, Mainz: Kupferberg 1809.

Jens Soentgen & Klaus Hilbert, «Präkolumbianische Chemie. Entdeckungen der indigenen Völker Südamerikas », in: *Chemie in unserer Zeit* 46:5 (2012), S. 322–334.

Michael Wink & Ben-Erik van Wyk, *Mind-Altering and Poisonous Plants of the World*, Portland: Timber Press 2008.

Cyanometer & Sextant – Messen mit Humboldt

Friedrich L. Brand, *Alexander von Humboldts physikalische Meßinstrumente und Meßmethoden*, Berlin: Alexander-von-Humboldt-Forschungsstelle 2001.

Götz Hoeppe, *Blau. Die Farbe des Himmels*, Heidelberg: Spektrum 1999.

Alexander von Humboldt, *Schriften zur Geographie der Pflanzen*, herausgegeben von Hanno Beck, Darmstadt: Wissenschaftliche Buchgesellschaft 1989.

Werner Richter & Manfred Engshuber, *Alexander von Humboldts Messtechnik: Instrumente – Methoden – Ergebnisse*, Berlin: epubli 2014.

Linnés Botanik oder wie man vor lauter Bäumen den Wald kaum sieht

Felix Bryk, «Linne und die Species Plantarum», in: *Taxon* 2:3 (1953), S. 63–73.

Alexander von Humboldt, *Schriften zur Geographie der Pflanzen*, herausgegeben von Hanno Beck, Darmstadt: Wissenschaftliche Buchgesellschaft 1989.

Malcolm Nicolson, «Alexander von Humboldt, Humboldtian Science and the Origins of the Study of Vegetation», in: *History of Science* 25:2 (1987), S. 167–194.

Sandra Rebok, *Alexander von Humboldt und Spanien im 19. Jahrhundert. Analyse eines wechselseitigen Wahrnehmungsprozess*, Frankfurt: Vervuert 2006.

William T. Stearn, «The background of Linnaeus's contributions to the nomenclature and methods of systematic biology», in: *Systematic Zoology* 8:1 (1959), S. 4–22.

Herbst, Gräser und Trockenheit – die zweite große Expedition

Friedrich Ehrendorfer, «Geobotanik», in: E. Strasburger, *Lehrbuch der Botanik für Hochschulen*, 31. Auflage, Kapitel IV, Stuttgart: Gustav Fischer 1978, S. 862–987.

Raoul H. Francé, *Die Welt der Pflanzen*, München: Südwest 1962.

Alexander von Humboldt, *Zentral-Asien. Untersuchungen zu den Gebirgsketten und zur vergleichenden Klimatologie*, nach der Übersetzung von Wilhelm Mahlmanns aus dem Jahr 1844, herausgegeben von Oliver Lubrich, Frankfurt a. M.: S. Fischer 2009.

Alexander von Humboldt, *Im Ural und Altai, Briefwechsel zwischen Alexander von Humboldt und Graf Georg von Kankrin aus den Jahren 1827–1832*, Leipzig: Brockhaus 1869.

Jörg S. Pfadenhauer & Frank A. Klötzli, *Vegetation der Erde*, Berlin/Heidelberg: Springer 2014.

Die Botanik bewegt sich weiter: Humboldt, Darwin und die Geburtsstunde der evolutionären Botanik

Juan L. Bouzat, «Darwin's diagram of divergence of taxa as a causal model for the origin of species», in: *The Quarterly Review of Biology* 89:1 (2014), S. 21–38.

Alexander von Humboldt, *Schriften zur Geographie der Pflanzen*, herausgegeben von Hanno Beck, Darmstadt: Wissenschaftliche Buchgesellschaft 1989.

Ernst Mayr, *Das ist Biologie. Die Wissenschaft vom Leben*, Heidelberg: Spektrum 2000.

Andrea Wulf, *The Invention of Nature. Alexander von Humboldt's New World*, New York: Knopf 2015.

Im Herzen der Anden oder wie Wissenschaft die Malerei erobert

Kevin J. Avery, *Church's Great Picture «The Heart of the Andes»*, New York: Metropolitan Museum of Art 1993.

David C. Huntington, *The Landscapes of Frederic Edwin Church: Vision of an American Era*, New York: George Braziller 1966.

Deborah Poole, «Landscape and the Imperial Subject: U.S. Images of the Andes, 1859–1930», in: G.M. Joseph & al. (Hrsg.), *Close Encounters of Empire: Writing the Cultural History of U.S.-Latin American Relations*, Durham: Duke University Press 1998, S. 107–138.

John Wilmerding, «In Review: The Landscapes of Frederic Church», in: *The Massachusetts Review* 8:1 (1967), S. 208–212.

Guano – Fluch und Segen eines Mitbringsels

Ottmar Ette, *Alexander von Humboldt und die Globalisierung. Das Mobile des Wissens*, Frankfurt: Insel 2009.

«Guano», Wikipedia-Artikel: https://de.wikipedia.org/wiki/Guano.

Alexander von Humboldt, «Chemische Untersuchung des Guano, aus den Inseln der Peruanischen Küste», als Einschub auf S. 301–306, in: M.H. Klaproth, *Beiträge zur Chemischen Kenntnis der Mineralkörper*, Band 4, Posen: Decker und Compagnie 1807, Kapitel CLV, S. 299–313, zitiert in: Bärbel Rott, «Alexander von Humboldt brachte Guano nach Europa – mit ungeahnten globalen Folgen», in: *Internationale Zeitschrift für Humboldt-Studien* XVII: 32 (2016), S. 82–109.

Herbargeschichten

Wilhelm Barthlott, «Alexander von Humboldt und die Entdeckung des Kosmos der Biodiversität», in: *Alexander von Humboldt und Charles Darwin. Zwei Revolutionäre wider Willen*, Göttingen: Wallstein 2011, S. 35–42.

H. Walter Lack, *Alexander von Humboldt und die botanische Erforschung Amerikas*, München: Prestel 2018.

Ulrike Moheit (Hrsg.), *Alexander von Humboldt. Briefe aus Amerika 1799–1804*, Berlin: Akademie 1993.

Fred W. Stauffer & al., «Bonpland and Humboldt Specimens, Field Notes, and Herbaria; New Insights from a Study of the Monocotyledons Collected in Venezuela», in: *Candollea* 67:1 (2012), S. 75–130.

Humboldtiella, Humboldtia und Humboldii

Richard K. Brummitt & C. Emma Powell, *Authors of plant names*, Kew: Royal Botanic Gardens 1992.

Gustavo Hassemer & Nina Rønsted, «Yet another new species from one of the best-studied neotropical areas: *Plantago humboldtiana* (Plantaginaceae), an extremely narrow endemic new species from a waterfall in southern Brazil», in: PeerJ, 4, e2050 (2016), https://peerj.com/articles/2050/

The International Plant Names Index: www.ipni.org.

David J. Mabberley, *Mabberley's Plant-book. A Portable Dictionary of Plants, their Classification and Uses*, Cambridge: Cambridge University Press 2017.

John McNeill & al. (Hrsg.), *International Code of Botanical Nomenclature (Vienna Code) adopted by the Seventeenth International Botanical Congress Vienna, Austria, July 2005*, Ruggell: Ganter 2006.

John McNeill & Nicholas J. Turland, «Major changes of the Code of Nomenclature – Melbourne, July 2011», in: *Taxon* 60:5 (Oktober 2011), S. 1495–1497.

Plants of the World online: powo.science.kew.org.

Humboldts Forschung in Zeiten globaler Erwärmung

Naia Morueta-Holme & al., «Strong upslope shifts in Chimborazo's vegetation over two centuries since Humboldt», in: *Proceedings of the National Academy of Sciences of the United States of America* 112:41 (2015), S. 12741–12745.

Juli G. Pausas & William J. Bond, «Humboldt and the reinvention of nature», in: *Journal of Ecology* 107:3 (2019), S. 1031–1037.

Pierre Moret, Priscilla Muriel, Ricardo Jaramillo & Oliver Dangles: *Humboldt's Tableau physique revisted.* PNAS first published May 28, 2019.

REGISTER

A
Aira, César 182
Alpen 95
Altai 159
Amazonas 67, 74
Amazonien 185
Anden 81, 86, 95
Anguloa superba 70
Ansichten der Kordilleren 57, 87
Ansichten der Natur 17, 137
Antiaris toxicaria 20–27
Asie centrale 157, 163
Asisi, Yadegar 185
Asterophora lycoperdoides 39

B
Barometer 130
Bergakademie Freiberg 29–31, 34
Bergbau 29
Berlin 15, 167, 207
Berlin Negatives 208–209
Bohon-Upas 20–27, 225
Boletus striatus 37
Bonpland, Aimé 43–51, 67, 75, 79, 82, 207, 210
Bonplandia trifoliata 49, 113
Botanischer Garten Berlin 18
Botanisieren 43
Buddleja humboldtiana 238
Byssus clavata 37
Byssus speciosa 37

C
Cabrera, Victoria 220–223
carguero 83–84, 86
Casiquiare 47
Catasetum maculatum 177
Cayambé 180–181
Ceroxylon andicola 82
Ceroxylum quindiuense 86–93
Chimborazo 95–96, 139, 179, 249
Chimborazo, Besteigung des 95–96, 146
Chinarinde 113–121
Chronometer 129–130
Church, Frederic Edwin 188
Cumaná 67
Curare 112, 115
Cyanometer 43, 126, 128, 132

D
Darwin, Charles 169–174, 241–242
Die Vermessung der Welt 45, 122–129, 139, 213, 217–218
Dracaena draco 14, 19, 53, 56–58, 60–65
Drachenbaum 14, 19, 53, 56–58, 60–65
Dracula vampyra 233
Drogen 112
Dünger 200–205

E
Ehrenberg, Christian Gottfried 155–156
Escallonia pedula 69
Espeletia hartwegiana 244
Evolutionslehre 170–174

F
Feldforschung 16, 43
Fenchelporling 39
Fieberrindenbaum 113
Field Museum of Natural History, Chicago 207, 215
Flechten 36
Florae Fribergensis specimen 30–33, 36
Forschungsinstrumente 43, 126–133
Fotosynthese 30, 36, 127
Freiberg 29

G
Géographie des plantes près de l'Equateur 144
Giftbaum, Javanischer 20–27
Gloeophyllum odoratum 39
Goethe, Johann Wolfgang von 42, 109, 141, 144, 199
Guano 196–198, 200–205
Guano-Abbau 197
Guano-Boom 203
Guayaquil 111

H
Haller, Albrecht von 103, 241
Havanna 123–124
Herbarium, Humboldts 207–208, 211
Humboldt, Wilhelm von 67
Humboldt-Eiche 93
Humboldt-Forschung 254
Hyetometer 131
Hypsometer 130

I
Ibatia cumanensis 208
Interdisziplinarität 31, 68, 140, 251
Islas Chinchas 196–198, 202

J
Javanischer Giftbaum 20–27
Journal botanique 48, 68–69, 75

K
Kehlmann, Daniel 45, 122, 139, 213, 217–218
Kindheit 15
Klima und Vegetation 243–248
Klimawandel 10

Kolonialismus 20
Kosmos. Entwurf einer physischen Weltbeschreibung 14, 59, 165–169, 184, 188, 242
Kunst 254
Kunstdünger 204–205

L
Lehnstuhl-Botanik 16
Lichen verticillatus 37
Lilium humboldtii 233, 236
Limnocharis emarginata 71
Linné, Carl von 9, 22, 37, 64, 103, 140, 147–151, 241
Linnésches System 22, 37, 64, 72, 102–109, 140, 147–151
Lupinus alopecuroides 244

M
Malaria 114, 119
Mammillaria humboldtii 228
Meriania speciosa 76–78
Mutualismus 37

N
Napoleon 53
Naturbegriff 10
Niopo 112, 114–121

O
Oberbergmeister 29
Oberbergrat 29
Ökologie 140, 251
Orinoco 67, 72, 74

P
Panama-Kanal 199
Paris 41, 137
Passiflora alnifolia 215
Passiflora emarginata 76–79
Passionsblume 76–79
Pfeilgift 26, 112, 114–121
Pflanzengeografie 9, 140, 151–153, 248, 251
Phosphat 201
Pilze 34–39
Pitton de Tournefort, Joseph 103, 105, 147
Plantago humboldtiana 238

Q
Quercus humboldtii 93, 235, 237
Quetzal 191
Quindío-Pass 81, 86, 91
Quindío-Wachspalme 86–93
Quintero-Vallejo, Estela María 220–223

R
Regenwald 74
Reisen 254
Relation historique du Voyage aux régions équinoxiales du Nouveau Continent 43, 50, 82, 137–140, 171
Restrepia antennifera 71
Rhexia speciosa 68, 76–78
Rhinocarpus excelsus 7
Rose, Gustav 155, 158

S
Salix humboldtiana 225, 235
Salvia tortuosa 53
Schiller, Friedrich 42
Schlammvulkane von Turbaco 83
Schloss Tegel 15–16
Schweiz-Reisen 97
Scutellaria scutellarioides 227
Sextant 130–131
St. Petersburg 155
Stäubender Zwitterling 39
Steppe 158–163
Südamerika 49, 67

T
Tableau physique 100, 106–107, 126, 130, 139, 142–143
Taxonomie der Pflanzen 138, 140
Taxonomie der Lebewesen 35
Teide 54, 60, 103
Teneriffa 54, 60, 103
Tequendama, Wasserfall von 182–183
The Andes of Ecuador 187–190
The Heart of the Andes 180, 190
The Origin of Species 169, 171, 175
Theophrast 102
Thunberg, Carl Peter 17, 22
Tibouchina urvilleana 76–78
Tournefortia foliginosa 13
Trichoceros antennifer 69
Tropen 67, 73
Turpinia laurifolia 215

U
Ural 159
Utricularia humboldtii 231

W
Wachspalme 82
Wallace, Alfred Russell 173
Wasserfall von Tequendama 182–183
Weitsch, Friedrich Georg 46, 68, 75–77
Willdenow, Carl Ludwig 16, 30, 41, 48, 213, 235